边际异化信息嵌入理论

BIANJI YIHUA XINXI QIANRU LILUN

张思宁　著

人民出版社

责任编辑:雍　谊

装帧设计:王　舒

版式设计:刘泰刚

图书在版编目(CIP)数据

边际异化信息嵌入理论/张思宁著. —北京:人民出版社,2012.8

ISBN 978-7-01-010483-6

I.①边… Ⅱ.①张… Ⅲ.①哲学理论 Ⅳ.①B

中国版本图书馆 CIP 数据核字(2011)第 259210 号

边际异化信息嵌入理论

BIANJI YIHUA XINXI QIANRU LILUN

张思宁　著

人 民 出 版 社出版发行

(100706　北京朝阳门内大街 166 号)

环球印刷(北京)有限公司印刷　新华书店经销

2012 年 8 月第 1 版　2012 年 8 月北京第 1 次印刷

开本:710 毫米×1000 毫米　1/16

印张:13.25　字数:285 千字

ISBN 978-7-01-010483-6　定价:32.00 元

邮购地址 100706　北京朝阳门内大街 166 号

人民图书销售中心　电话 (010)65250042　65289539

前　言

边际异化信息嵌入理论的建立，是以精神系统形成与发展规律为基础的。我一直从事精神系统的理论研究，研究发现精神系统的形成与和发展遵循迭代生成规律，亦即精神系统的总是从零开始，形成过程是外界环境信息嵌入；而且，信息的每一次嵌入都以上一次的嵌入为基础，精神系统就这样滚雪球式的嵌入生成了。精神系统由诸多子系统组成，诸如情绪系统、潜意识系统、思维系统等等，这些子系统的形成与发展和精神系统的形成与发展一样，遵循同样的规律。在这种背景下，我提出了嵌入生成系统的概念，进一步研究发现，嵌入生成系统不仅是精神、心理和思维的共同活动规律，也是宇宙、生物、经络和社会的共同活动规律，这意味着可以在信息层面上将耗散结构理论、协同学、超循环论、混沌理论、突变论和自组织理论统一起来。系统演化都是边际异化信息迭代过程的异化作用和经验作用的结果，在异化作用和经验作用的极限趋于零时，会出现系统稳定状态和突变，边际异化信息迭代过程的异化作用和经验作用在系统演化过程中达到了高度统一，不仅如此，物质演化和非物质演化也达到了高度统一。

耗散结构理论、协同学、突变论、超循环理论和自组织理论从各自不同的角度论述了系统形成和发展机制，耗散结构理论只能看到了"生"的物质层面的机制，包括其微观解释，但是物质层面的机制并不是"生"的机制的全部，甚至不是"生"的机制的本质，或者仅仅是"生"的机制在物质层面的表象。边际异化信息嵌入理论突破了物质形态认识的局限，触摸到非物质存在的关系存在，这就涉及另一个深层次问题，就是以非物质形态存在的关系存在。

大脑皮质第三级区的生长为非物质形态存在的关系存在提供了证据，倘若前苏联著名神经心理学家鲁利亚还活着，一定会兴奋不已。然而，传统意义上的存在必须是以物质形式的存在，具有质量和能量。不仅如此，哲学关于世界本原的追问，以及与存在相关的理论，都以物质存在为始点。传统唯物主义一元论认为，物质不仅是客观世界的本原，还是客观世界自身存在的依据，除此之外的一切事物和现象都由物质派生，是物质的具体存在形式、属性和状态；传统唯物主义二元论认为，客观世界由物质（质量和能量）和精神构成，物质是存在于精神这种主观存在之外的客观实在，精神之外只能是客观存在的世界，存在由物质和精神构成。这里精神的存在形式肯定不是物质，就是精神本身，正因为如此，也就隐含了客观实在等于客观存在。其实，在客观存在领域，除客观实在以外，还存在客观不实在，诸如关系存在；在唯物主义二元论中，客观实在与客观存在具有完全相同的内涵和外延，进而客观存在也就等于物质，于是，就可以推证出精神这种客观存在是物质，这与二元论相悖的结论。事实上，当存在被界定为物质和精神两大范畴时，客观实在等于客观存在的推论就已经难以成立了，精神属于客观存在，却不是客观实在。

非物质存在提出后，一切都清晰了，客观世界存在不仅有物质，还有非物质，这拓展了存在的内涵与外延。倘若物质是客观实在，那么，在客观实在以外，还有非物质存在，一种客观不实在的关系存在。在传统哲学的存在范畴中，客观的就一定是实在的，不可能是不实在的，客观实在等同于客观存在，客观不实在是绝对不存在的。然而，客观世界确实存在客观不实在，客观不实在确实是客观存在，诸如太阳系中恒星之间的数学关系是客观存在，却不实在。由此可见，存在不等于实在，还有存在不实在的存在。物质范畴不能囊括精神以外的全部世界，在物质和精神之间存在传统科学和哲学未曾关注的非物质范畴。在物质与非物质双重存在的客观世界，边际异化信息嵌入理论将确立一种新的世界观，物质与非物质的对立将成为哲学理论的新前提。

边际异化信息嵌入理论是物质和非物质双重存在和双重演化的理论，为哲学的价值论研究提供了全新视角，这将导致对价值存在范畴和价值本质，以及价值发生的具体机制的全新理解。在非物质存在没有提出之前，价值问题也只能局限在人的范围内。更确切地说，在精神与物质对立的框架中，很难找到以自然本体为基础的价值参照系，很难摆脱以人的存在价值为中心，或者以人的存在价值为标准，衡量物质存在的价值。

边际异化信息嵌入理论是辽宁社会科学院重点课题资助项目，涉猎了哲学研究中诸多前沿问题，给出了一种新的世界观和方法论。边际异化信息嵌入理论中的存在由物质与非物质构成，精神不过是非物质的高级形态而已。物质与非物质的对立统一关系，不是生物进化到一定阶段的产物，而是从宇宙大爆炸时开始的，所以，物质与非物质的对立统一关系的始点或原点，与宇宙大爆炸的始点和原点是重合的，这才符合哲学意义上的那种无条件的绝对的对立统一。

在边际异化信息嵌入理论框架下展开的价值参照系，任何存在都可以从物质和非物质两个维度诠释，都可以从物质系统和非物质系统的演化水平上去评价。价值永远都离不开价值参照系，存在的价值只有在价值参照系中才具有确定的意义，价值有了属于自己的定义。

目 录

第一篇　解析精神学原理

第一章　精神系统的形成与发展 ／ 1

　一、精神系统形成的前阶段 ／ 3

　二、精神系统形成的第一阶段 ／ 3

　三、精神系统形成的第二阶段 ／ 4

　四、精神系统发展的第一阶段 ／ 6

　五、精神系统发展的第二阶段 ／ 7

　六、精神系统演化与边际异化信息嵌入 ／ 8

　七、精神系统演化的本质 ／ 10

第二章　思维系统的形成与发展（一） ／ 12

　一、思维的定义 ／ 12

　二、形成概念的前阶段 ／ 14

　三、概念的形成阶段 ／ 14

　四、简单判断的形成阶段 ／ 17

　五、综合判断的形成阶段 ／ 17

　六、关于个体思维的讨论 ／ 18

第三章　思维系统的形成与发展（二） ／ 20

　一、形成逻辑思维的前阶段 ／ 21

　二、数概念形成阶段 ／ 22

三、运算关系形成阶段 / 24

四、关于个体逻辑思维的讨论 / 25

五、思维系统是嵌入生成系统 / 26

第四章 情绪系统的形成与发展 / 27

一、语言系统与情绪系统的关系 / 28

二、情绪符号系统与情绪系统同构 / 29

三、语言在情绪交流中的作用 / 29

四、思维能量转化为心理能量 / 30

五、心理能量转化为思维能量 / 33

六、情绪系统是嵌入生成系统 / 36

第五章 无意识系统的形成与发展(一) / 37

一、记忆与精神系统的关系 / 37

二、记忆与情绪记忆的关系 / 41

三、两种不同的记忆形式 / 42

四、关于无意识(遗忘、梦的根源)的重新探讨 / 42

第六章 无意识系统的形成与发展(二) / 44

一、文化与集体无意识 / 44

二、原始意象与文化心理情结 / 46

三、文化情结对思维和心理的影响 / 47

四、无意识系统是嵌入生成系统 / 49

第二篇 边际异化信息嵌入理论与非物质存在

第七章 边际异化信息嵌入理论与系统理论 / 51

一、边际异化信息嵌入理论的核心 / 51

二、边际异化信息迭代与自组织理论 / 53

三、边际异化信息迭代与耗散结构理论 / 55

四、边际异化信息迭代与协同学 / 57

五、边际异化信息迭代与突变论 / 60

六、边际异化信息迭代与超循环理论 / 61

七、系统演化与边际异化信息嵌入理论 / 64

第八章　精神系统与非物质存在 / 66

一、精神系统的生理物质基础 / 67

二、边际异化信息与大脑皮质生长 / 70

三、大脑机能结构与非物质存在 / 73

四、大脑功能与关系存在 / 77

第九章　非物质存在的本质 / 82

一、非物质存在与边际异化信息的提出 / 83

二、边际异化信息的非物质存在形式 / 86

三、边际异化信息的非物质存在意义 / 90

第十章　非物质存在的功能 / 93

一、边际异化信息迭代的功能 / 93

二、边际异化信息迭代的本体论意义 / 95

三、非物质存在本体论的哲学意义 / 97

第十一章　系统演化与关系存在 / 99

一、关系存在的全息性 / 99

二、演化未来的全息关系存在 / 102

三、系统演化的全息系列关系存在 / 103

四、系统演化的全息内在关系存在 / 105

第三篇　系统演化与非物质存在

第十二章　宇宙系统演化 / 107

一、边际异化信息迭代与宇宙系统演化 / 107

二、边际异化信息嵌入理论与热寂 / 110

三、边际异化信息嵌入理论与黑洞 / 112

四、边际异化信息嵌入理论与统一场论 / 113

第十三章　生物系统的演化 / 116

一、生物系统演化与边际异化信息嵌入 / 118

二、达尔文与生物系统演化论 / 120

三、生物系统演化与边际异化信息迭代 / 121

四、自然选择与生物系统演化 / 125

五、遗传与生物系统演化 / 127

六、食物链与生物系统演化 / 128

第十四章　自然人的形成与发展 / 132

一、人类的形成 / 132

二、从猿到人的生理遗传进化 / 136

三、从猿到人的心理模式进化 / 138

四、从猿到人的行为方式进化 / 142

五、人类生理、心理和行为的全息进化 / 143

六、人与社会的同步进化 / 145

第十五章　社会人的形成与发展 / 150

一、社会化与社会人的形成 / 150

二、社会化与心理成长 / 153

三、从自然选择到社会选择 / 156

四、社会化与社会发展 / 158

第十六章　经络系统与非物质存在 / 161

一、经络与关系存在 / 162

二、经络系统中的边际异化信息迭代 / 164

三、穴位是肌体与外界环境相互作用的切点 / 165

第十七章　人类社会的演化 / 169

一、人类社会的形成与发展 / 170

二、社会物质财富与社会系统演化 / 173

三、社会组织与社会系统演化 / 174

四、制度与社会系统演化 / 177

第四篇　非物质价值论

第十八章　非物质的价值存在与价值本质 / 179

　　一、关于价值的定义 / 179

　　二、价值存在的范畴 / 180

　　三、价值的本质 / 182

　　四、价值与非物质存在 / 184

第十九章　价值的事实、反映与评价 / 185

　　一、事实与效应事实 / 185

　　二、价值反映与非价值反映 / 186

　　三、认知性发现和评价性发现 / 188

　　四、价值评价的层次 / 189

第二十章　价值哲学的范畴体系及价值形态的发展 / 191

　　一、关于价值过程的描述 / 191

　　二、价值哲学的范畴体系 / 192

　　三、客观价值与主观价值 / 193

　　四、价值形态的发展 / 195

第二十一章　现实社会与虚拟社会的价值冲突 / 197

　　一、人的异化价值 / 197

　　二、虚拟社会与现实社会的价值冲突 / 198

　　三、自我与非我之间的价值冲突 / 200

第一篇　解析精神学原理

第一章　精神系统的形成与发展

　　精神系统是脑器官机能活动的结果，囊括了思维、心理、情绪、意识和潜意识的活动。精神系统活动是思维、心理、情绪、意识和潜意识综合活动的结果，至于思维、心理、意识和潜意识不过是精神系统活动的某一方面而已。自从冯特最早提出对心理的无意识研究以来，当代心理学已得到了充分的发展。但是，精神系统的形成与发展问题，始终是困惑着心理学家们的基本问题。对此感兴趣的心理学家从不同的角度论述了人类童年的经验对成年以后的精神活动的影响，以及潜意识如何不知不觉地影响成年后的生活方式，诸如感觉、行为等等。毫无疑义，任何复杂的精神活动都以简单的精神活动为基础，简单的精神活动决定复杂精神活动的方向，这一点可以从野兽抚养大的孩子那里透视出来。精神系统从零开始形成，有极大的可塑性，外界环境在精神系统的形成和发展中起了巨大作用。精神活动过程总是以同样的方式进行的，只是影响精神活动过程的外界环境因素不同。

　　精神活动过程是人与外界环境相互作用的结果，精神活动的依据是那些通过不同感觉器官进入大脑的信息。不论是视觉、听觉、触觉和嗅觉，还是内在感觉信息，都表现为一定的神经活动，但已经不是纯粹的信息，所以，将进入大脑的刺激称之为边际异化信息。之所以称之为边际异化信息，是因为外界环境的信息是通过边际（视觉、听觉、触觉、嗅觉和内在感觉），这个外界环境与人相互作用的切点进入大脑的；异化是因为大脑中的这些信息不是大脑固有的，而且以特有的形式而存在。

　　任何刺激与反应之间都要经过精神活动过程，在大脑中精神活动过程体现为边际异化信息之间的关系，所以，也可以将精神活动过程称为边际异化信息

1

迭代过程。这里涉及迭代是因为最初的精神系统是一片空白，随着进入大脑的边际异化信息的增加，精神活动过程越来越复杂，边际异化信息之间的联系越来越复杂，这是一个不断迭代的过程，个体所有的边际异化信息迭代过程的总和称为精神系统。边际异化信息迭代过程隐含着两种完全不同的功能，就是边际异化信息迭代过程的异化作用和经验作用。边际异化信息迭代过程的异化作用是指边际异化信息迭代过程就是边际异化信息嵌入的过程，边际异化信息嵌入本身就是建构精神系统的生理基础。尽管大脑皮质有生长的潜在可能，但是，倘若没有外界环境的作用，没有边际异化信息嵌入，大脑皮质是不可能从低级区域向高级区域发展的。大脑皮质能够从低级区域向高级区域发展的本质，就是边际异化信息迭代过程的异化作用，边际异化信息嵌入不仅建构了大脑皮质，也使边际异化信息迭代过程越来越复杂。

边际异化信息既可以作为短时记忆，也可以作为长时记忆储存在大脑中，而且，边际异化信息迭代过程还实现了边际异化信息之间的联系。边际异化信息迭代的经验作用是指对于正在进行的边际异化信息迭代过程而言，只要边际异化信息迭代过程中的边际异化信息与记忆中已有的边际异化信息相同，就会引起新的边际异化信息迭代过程，使得刚刚进入大脑的边际异化信息与记忆中的边际异化信息形成新的联系。边际异化信息迭代过程的经验作用就是使得精神系统演化不断地从低级到高级，从无序到有序，从简单到复杂发展。

意识取决于边际异化信息迭代过程（加工、分析、判断、推理、综合等）的结果，边际异化信息迭代过程是个体自身不可意识和控制的过程。边际异化信息迭代的经验作用能流畅地按顺序捡出个体生活环境的规律，使边际异化信息迭代的规律与这些规律相一致，从而实现自然、社会与个体精神活动规律的统一。人的精神成长的历程在生命的早期阶段是同步的，恩格斯早就指出"正如母腹内的人的胚胎发展史仅仅是我们的动物祖先从虫豸开始的几百万年的肉体发展史的一个缩影一样，孩童的精神发展也不过是我们的动物祖先、至少是比较近的动物祖先的智力发展的一个缩影而已"。① 只有精神系统演化到一定阶段以后，个体的精神发展才产生巨大的差异。大约在十二岁左右，许多先天的行为程序被个体异化性程序所取代，这种异化性体现为人生长过程对于生长的社会环境的适应，这种适应如同大气加于人身体上的重量一样，难于感觉出来。

---

① ［德］恩格斯：《自然辩证法》，人民出版社1955年版，第145页。

但是，许多先天的行为程序并不是被消灭，而是以一种新的形式表现出来，或者以它特有的活动规律直接影响着人的精神活动。

一、精神系统形成的前阶段

婴儿脱离母体后，由遗传所限定的生理活动规律控制其整个生命过程。生理系统的平衡维持生命体的存在，各器官的协调作用保证整个有机体的活动，保持自身的内部状态。由于这种生理平衡依赖的能量是外界环境提供的，也就是生理平衡与外界环境紧紧联系，在传出神经与传入神经之间有一个处在外界环境中的因素，即母亲的乳房或奶瓶，自我调节就超出了纯体内平衡所控制的范围。这样，就出现了有联系而且意义不同的两个过程：一方面食物与胃的作用；另一方面乳房和奶瓶通过感觉器官在大脑皮质中的兴奋点，与胃活动在大脑皮质中的兴奋点的同时活动过程。根据巴甫洛夫的条件反射原理[1]，在这种生理上的无条件反射的基础上，形成了以母乳或奶瓶为条件的条件反射。这种活动的意义在于母乳或奶瓶在众多的信息中有了特殊的意义，它与胃的活动联系起来，这种联系通过大脑皮质进行边际异化信息迭代。一旦胃被供给了一定数量的食物，它就按照它的消化的一般规律开始活动。通过感觉器官的那些没有成为"条件"的食物，不能引起胃的活动，这就是边际异化信息迭代过程的经验作用结果。大脑皮质的活动依赖于以本能为基础的生理活动，巴甫洛夫的条件反射原理不过是边际异化信息迭代过程的经验作用结果。美国心理学家斯托曼认为，人从遗传那里继承的本能的情绪活动，是精神活动的基础，而任何情绪活动都伴随着相应的心理生理过程。[2] 因此，情绪活动不仅涉及与外界环境有关的肌体以外的过程，还有与之相应的心理生理过程，这样本能的情绪活动与外界环境中的一些因素在大脑皮质中形成了联系。这种情绪活动在人的精神活动中有着极其重要的意义，为人的精神系统的形成提供了基础。

二、精神系统形成的第一阶段

虽然人的生命总是以一种神奇的方式受到生物学上所谓个体发生的法则支配，并且其中总要经过顺序大致固定的生命阶段，但是就人类的生活环境而言，

---

① ［美］艾·阿·阿斯拉强：《伊·彼·巴甫洛夫生平和科学创作》，第90页。
② ［美］K·T·斯托曼：《情绪心理学》，第75页。

人类的适应性并不仅仅依赖于生物学的先天法则，相反，首先表现为社会生活的语言。婴儿出生后便生活在语言环境中，在其活动过程中要与外界环境的许多事物发生联系，并常常伴随着语言。巴甫洛夫的研究结果表明：能由肌体内外的任何变化造成条件反射，只要是这种变化被神经系统感受到了的话。[1] 这样，就建立起语言符号作用过程的二级条件反射，也就是在边际异化信息迭代过程中，语言符号嵌入其中。二级条件反射就是在原有的条件反射基础上，当不以食物刺激，而以食物的语言符号代码（食物的名称）刺激时，所产生的与之相应的生理活动。这时语言符号代码与食物意象在大脑皮质中具有相同的地位。随着儿童活动的增加，语言符号代码不仅与食物的意象在大脑皮质中具有相同的地位，而且语言符号代码也与生理代码（感受代码）在大脑皮质中具有相同的地位。这样就建立了从一种符号到另一种符号的最初级的边际异化信息迭代过程，在大脑皮质中，当一种符号进入意识时，边际异化信息迭代过程将在意识中给出另一些符号。精神系统最初级的边际异化信息迭代过程建立在条件反射基础之上，大脑皮质将所有的边际异化信息迭代过程自动地记录下来。

三、精神系统形成的第二阶段

在精神系统形成的第一阶段，边际异化信息迭代过程嵌入了语言符号。这不过是从一种兴奋层次到另一种兴奋层次的变换过程，但却在人的精神发展中有着重要意义——从单纯的意象兴奋到符号兴奋的转化。语言作为意识的外壳积累着人类世代的文化成果，实现着人类意识的世代遗传。人类世代延续中的每一个人在社会中都要承受这种遗传的既定的人类意识——语言、概念、范畴等等。人类从意识的"获得性遗传"中取得了"先在"（而不是康德的"先验"）的概念、范畴、语言等，并以此为工具去理解、确定新的情况，使意识复杂化。由于遗传上的支持，模仿成为儿童的主要活动形式，且在获得语言的实验中，他们会创造一些结构，与成人语言的形式对应，但在细节上又显然不同。儿童很快就能将这结构修改成正确的语法结构，也就是儿童对于语言的边际异化信息迭代过程与语法规律相一致，与此同时，概念嵌入了边际异化信息迭代过程。概念嵌入边际异化信息迭代过程以后，精神系统就能超越特定环境的限制，使同样概念的事件加入原有的边际异化信息迭代过程成为可能。诸如

---

① ［美］艾·阿·阿斯拉强：《伊·彼·巴甫洛夫生平和科学创作》，第86页。

4

经过训练的黑猩猩会在缸里舀水灭火，但不懂得到河里舀水灭火。因为它不懂得缸里的水和河里的水是一样的水，它没有"水"这个概念。而儿童有"水"的概念，尽管对于儿童来说，还可能将汽油看成"水"。如果我们把边际异化信息迭代过程称为函数，把适应于边际异化信息迭代过程的所有事件的集合叫定义域，这时，同样的函数，定义域在原来的基础上增大了。在上面的例子中，原来的定义域是缸里的水，而有了概念以后，无论是缸里的水，还是河里的水，或者是杯里的水，只要是水，在上述的函数关系下就成立。这时边际异化信息迭代过程不包括行为（模仿），精神系统还不能将两个客观上有联系的边际异化信息迭代过程协调起来。例如无法将"阿姨给我苹果"和"我喜欢阿姨"结合成"阿姨给我苹果所以我喜欢她"。

上面的讨论可以得出人精神活动的一个很重要的规律，即精神系统对于任何函数定义域中的值，都将自动地给出结果；也就是说，精神系统对于任何函数定义域中的值，关于函数的边际异化信息迭代将自动地给出结果，这个值以及与这个值相对应的结果进入意识。弗洛伊德曾举过一个例子，可以进一步说明精神活动规律（虽然这个例子在原书上所要说明的问题与此处要说明的问题不一样，还是选择了这个例子）。星期天晚上人们照常在纽约一家大餐厅晚餐，谈兴正浓，甲忽然停下来向其太太说了一句不相关的话："不知道饶医师在匹兹堡工作如何？"甲的太太望着甲十分吃惊地说："哎，那正是前几秒我一直在想着的事哪！不是你把这个心思传给了我，就是我传给了你！这么奇怪的事情你怎么解释？"甲的确答不出来。他们谈话的内容一直与饶医师风马牛不相及，最近以来，尽他们所能记起的，也不曾听到别人谈起该医师。作为一个怀疑论者，甲拒绝承认其中有什么神秘成分，然而内心着实有些发毛。老实说，甲是被眩惑了。但是这种迷惘并没有持续太久。他们偶然向门口的衣帽室一看，大吃一惊，饶医师竟在那里，差点就要向他打招呼，再仔细一看，才知道认错了人。这个人与饶医师真是像得不得了！从位置关系推想起来这个人出去以前一定经过他们这一桌，当时他们正一心在谈话，意识里没注意到他，但视像搅起了对饶医师的想念，他们的相同思想便没什么奇怪了。饶医师临别时曾说要去匹兹堡开业，他们都深知初出茅庐的苦楚，事业成败难以预料，所以都同样关怀饶医师的运气可好。[①] 从这个例子中可以看出，就是函数定义域中的值不进入意

---

① ［奥］弗洛伊德：《日常生活的心理分析》，第158页。

识，精神系统也有可能进行边际异化信息迭代。

值得注意的是，由于缺乏适当的社会性刺激，聋哑儿童与正常儿童相比是落后的，可事实证明他们有同正常儿童相似的边际异化信息迭代过程。所以，在概念嵌入边际异化信息迭代过程中出现的这个基本转折点，不能只归因于语言，而应归因于符号功能，产生这种功能的根源则是在发展中的模仿行为，由边际异化信息构成的行为模式，以动作的形式表现出来。换言之，从原有的实物反射性行为过渡到概念化的活动不仅是由于社会生活，也是由于模仿活动内化为意象的作用形式。

四、精神系统发展的第一阶段

从前面的讨论可知，儿童的精神系统对于外界环境刺激已经具有一定的处理能力，但这种处理能力仅限于经验范围。儿童的精神系统对于那些事实上存在，但不包括在其精神系统中的规律是不能做出任何反应的，儿童还不能从整体上去理解世界，所以，在这个阶段，儿童的精神活动是孤立的、静止的、片面的。例如成年人与一个三岁半的女孩去公园，在这个公园里还有一个小花园，女孩先跑进了小花园，然后对大人喊："快出来呀！"平时在家时，她是能正确的使用"出来"或"进去"的，在这里她对"出来"的误用的原因在于不懂得概念。由于这时儿童的精神系统已经具有一定的处理能力，对有些来自视觉或听觉的与儿童自身活动无关的活动规律，儿童也能将它们纳入自身的精神系统。诸如儿童在听故事或看电影、看电视的过程中，分不开直接经验与间接经验。只有在解除了自身中心化，懂得概念意义的前提下，儿童才能将自身看成是整个世界的一部分。正如皮亚杰所说的：活动的内化以其在高级水平上的重新构成为先决条件，随之而来的是一系列不能归结为低级水平的中介结构的新特性的产生。[①] 由于各种直接经验和间接经验的内化，也就是直接经验和间接经验的边际异化信息的嵌入，精神系统内两个或多个有联系的边际异化信息迭代过程产生了协调，这种协调依赖于别人的经验，而不是靠尝试错误。诸如小女孩的母亲总是将煮好的鸡蛋放入凉水后再给她，一天，别人将鸡蛋给她，她接过鸡蛋后，将它放入凉水中，再剥皮；别人将鸡蛋直接剥皮，以后，别人再给她鸡蛋，她不再将鸡蛋放入凉水中，而直接剥皮了。与此同时，儿童精神系统内部

---

① ［瑞士］皮亚杰：《发生认识论原理》，第29页。

的协调也在进行，儿童能将"阿姨给我苹果"和"我喜欢阿姨"协调成"阿姨给我苹果所以我喜欢她"，也就是精神系统将两个有关的边际异化信息迭代过程协调成了一个边际异化信息迭代过程。这样，精神系统在不断地形成新的边际异化信息迭代过程，同时又通过自身的协调使得原有的边际异化信息迭代过程产生变形，重建一些新的边际异化信息迭代过程。如果 $y=f(x)$、$x=g(t)$ 分别表示两个相关的边际异化信息迭代过程，那么在协调之后，就变成 $y=f[g(t)]$ 的复合函数形式。

五、精神系统发展的第二阶段

七岁以后，是儿童尝试错误最多的阶段，这时儿童常常与成人发生冲突。这就要求儿童重建其行为模式（一方面是行为的，另一方面是精神系统中的边际异化信息迭代过程），这个重建过程可以说是强迫性的，是将成人的行为模式强加于儿童。这个重建过程与上个阶段有着本质上的不同，实际上是禁止儿童原来的行为模式，新的行为模式是成人提供的。这样就出现了同样的外界环境刺激，适应着两种不同的边际异化信息迭代过程，对应于这两种不同的边际异化信息迭代过程将得到两个不同的结果，儿童总是设法实现自己喜欢的那个结果，但又不与成人发生冲突。例如一个儿童想逃避一次考试，他就会告诉他的妈妈说："我头痛。"这样他妈妈就不会让他去学校了。假如他告诉他妈妈说他想逃避考试，他妈妈不仅一定要求他参加考试，而且还要告诉他不应该逃避考试。儿童为了实现自己的目的说谎了，虽然"我头痛"不与客观事实相对应，但却代表着一定的意义。这时，儿童能把现实纳入可能性与必然的范围之内，无需具体事物作中介，与发生在时间上的物理位移相反，在本质上超时间。儿童避开冲突过程，出现了精神活动的产物——谎言。这时，对于定义域中同样一个值 x，同时适应于两个或两个以上的函数 $y=f(x)$ 和 $y=g(x)$，边际异化信息迭代过程将几乎同时得到两个不同的结果，对应于这两个结果，又出现了另一个函数 $y=h(x)$，而这个 $y=h(x)$ 的结果将表现出来，就是我们上面提到的谎言。$y=h(x)$ 通常是 $y=f(x)$ 或 $y=g(x)$ 的反函数，比如必须参加考试是 $y=f(x)$，那么 $y=h(x)$ 就是与之相对应的"我头痛"不能参加考试。

由上面的讨论可知，精神系统中包括很多边际异化信息迭代过程，由边际异化信息迭代可以得出另外两条精神活动的规律，即边际异化信息迭代的连锁原理和可意识控制原理。**边际异化信息迭代的连锁原理**：对于任何进入意识的刺激，精神系统都将进行边际异化信息迭代，边际异化信息迭代的结果进入意识；如果进入意识的结果又符合精神系统中其他的边际异化信息迭代过程，就会有与之相应结果进入意识，这个过程可以继续下去，直到精神系统不提供支持为止。**可意识控制原理：**引起边际异化信息迭代的外界环境刺激与结果均进入意识，由边际异化信息迭代的连锁原理可知，对于一个刺激可能有多个结果进入意识，但许多结果并不表现出来。

学习在人生中经历了漫长的阶段，整个学习过程是将各种规律同化于精神系统的过程。科学规律与个体的边际异化信息迭代过程相一致，达到了精神活动规律与科学规律的统一。人的生活是多方面的，生活的很多习惯、风俗、礼仪等在这个阶段也与人的精神系统活动达到了统一。

由于在这个阶段建立了众多的边际异化信息迭代过程，使得精神系统的活动丰富起来。这些边际异化信息迭代过程大多数不是个体所经验的。由于精神活动伴随着一定的情绪感受，人存在着生物上的特点，总是追求好的感受（这个特点可以从斯金纳的工具条件反射①看出），于是，就出现了幻想这个精神活动过程。它的产生是由于精神活动将自身纳入感受好的边际异化信息迭代过程，这是精神系统发展到一定阶段的结果。

六、精神系统演化与边际异化信息嵌入

精神系统演化是边际异化信息迭代过程的经验作用的结果，经验作用一方面是在边际异化信息之间形成新的联系，另一方面就是不断地进行边际异化信息嵌入。马克思早在 19 世纪中叶就指出："不是人们的意识决定人们的存在，相反，是人们的社会存在决定人们的意识。"② 每一代人进入生活时，都会遇到某些早已为他们的生存准备好了的起始条件，即社会和文化环境。社会和文化环境有其自身的条理和规范，人受到社会文化、宗教规律和风俗的直接影响，以及道德、制度和法律的限制。人适应于社会生活体现在这些规律作用于人，使之形成与之相对应的精神系统。人类的发展已经到了这样的阶段，以至于没有精神系统就不能适应现有的生活。正如卡西尔所说："人是在不断地与自身打交道，而不是在他是如此的使自己被包围在语言的形式、艺术的想象、神话的

---

① 《实验心理学》，赫葆源等著，第 666 页。
② 《马克思恩格斯选集》第 2 卷，《政治经济学批判》序言，人民出版社 1972 年版，第 72 页。

符号以及宗教的仪式之中，以致除非凭借这些人为媒介物的中介，他就不可能看见或认识任何东西。"① 精神系统完全决定了人对于外界环境刺激的反应。人生活在不同的环境中，不同人的精神系统的边际异化信息迭代过程有着很大的差异，可以说，人生活在自己的世界中，对于同样一个问题，在不同人那里会得到不同的答案，因为人们会从不同的角度去谈论同样的事情。贝弗里奇说："在乡间，植物学家会注意到不同的植物，动物学家注意到不同的动物，地质学家注意到不同的地质结构，农夫注意庄稼、牲畜等等。一个没有这些爱好的市民见到的则可能只是悦目的风景。"② 但是，许多人类社会的规律至今还不被认识，各种盲目的、邪恶的规律仍然控制着许多人。"任何感觉者的感觉方式都可以表明是包含了一种固有的偏见，它极大地影响着感觉到的东西。"③ 比如巫医治病，巫医只能在精神上给病人及病人的亲人安慰，对生理上的疾病无任何作用。

值得注意的是，每一个边际异化信息迭代过程都是变化的，在外界环境刺激的作用下，边际异化信息迭代过程会自动地进行修改。这一点也可以从神经心理学的研究成果看出：它们在脑皮质中的定位并不是固定的、不变的，这种定位不论是儿童发育的过程中，还是在连续的练习阶段上都是发生变化的。④ 在生活中对于同样的问题，在不同的时间里会得出不同的答案，其实问题本身并没有变化，变化的是边际异化信息迭代过程。也就是精神系统的每一个边际异化信息迭代过程都会在原来的基础上自动地进行修改，而且一经修改就再不会回到原来的过程中。

精神需要是精神系统活动到一定阶段的产物，只有受正确规律支配的人才能产生精神需要。不要忘记，人是动物，受到遗传法则的支配。普列汉诺夫就认为，人的心理本性的一般规律的活动在任何时代都不会停止。但是，因为在各个不同的时代，由于社会关系不同，进入人的头脑里的材料就完全不一样，所以毫不足怪，它的加工的结果也就完全不同了。⑤ 精神需要也是建立在本能基础上的，心理学家麦独孤曾论述过各种本能与情绪的联系：逃跑本能和恐惧情

---

① ［德］卡西尔：《人论》，第33页。
② ［澳］贝弗里奇：《科学研究的艺术》，第104页。
③ ［英］特伦斯·霍克斯：《结构主义和符号学》，第8页。
④ ［苏］鲁利亚：《神经心理学原理》，第72页。
⑤ ［俄］普列汉诺夫：《论艺术（没有地址的信）》第一分册，1964年版，第36页。

绪；拒绝本能与厌恶情绪；好奇本能与惊奇情绪；好斗本能和愤怒情绪；抚育本能与温柔情绪。[①] 情绪的发生不仅有一定的感受，而且还有与之相应的心理生理过程。精神需要也是同情绪的感受及相应的心理生理过程相联系的。由前面的论述可知，在人的精神系统的发展过程中，只是边际异化信息迭代过程从低级向高级发展，与之相应的心理生理过程是不变的。但只有正确的边际异化信息迭代过程才有可能从低级向高级发展，因为错误的规律是不与客观事实相对应的，它或者被正确的规律所取代，或者保持现状。

有很多本能的行为在社会生活中受到了不同程度的禁忌，禁忌的本身表明人有可能超越禁忌，所以任何禁忌的背后都意味着惩罚。人总是回避惩罚，按社会规范活动的，但这并不能将本能的活动取代。这一点与精神分析的观点不同，弗洛伊德说，原始心理的组成，也就是本能，并没有被禁制所消除，它只是被压抑而消失在潜意识里面，禁制和本能二者，都仍然继续存在着：本能仅仅是被压制着而不是被消灭了。而禁制，要是它停止作用的话，那么本能将穿过意识层次而从事行动。[②] 这就是说本能在受压抑的情况下，将不能引起精神活动。于是，可以得出结果：被禁止的本能的活动与符合社会要求的活动同时进行。对于发生冲突的情形，人总是选择符合社会要求答案，或者是以谎言的形式出现。玛格丽特·米德写道，她们必须检点自己的道德心、宗教观以及社会行为；必须遵循各种伦理准则，甚至连个人费用中最微小的规定也得小心谨慎，因为稍有出轨，便会蒙受经济威胁。[③] 我们从薄伽丘的《十日谈》中所描写的神父也可以看出这一点。对于道德以及个体生活中的秘密、偏见和心理障碍，总有解脱的办法与之对应。

七、精神系统演化的本质

精神系统是一个开放的系统，这是精神系统形成和发展的前提和条件。精神系统演化是从零开始的，这里用 S 表示精神系统，精神系统的初始状态为 $S_0 = 0$。精神系统的形成与发展是精神系统与外界环境相互作用的结果，这表现为边际异化信息迭代过程，用 $f_i = f_i(x_1, x_2, \cdots, x_i)$　　$i = 1, 2, \cdots, n$，x_i 表示

① ［英］麦独孤：《西方心理学家文选》。
② ［奥］弗洛伊德：《图腾与禁忌》，第45页。
③ ［美］玛格丽特·米德：《萨摩亚人的成年》——为西方文明所作的原始人类的青年心理研究，第189页。

不同的边际异化信息。

最初关于边际异化信息 x_1 的边际异化信息迭代过程为 $f_1 = f_1(x_1)$，第二个关于边际异化信息 x_1 边际异化信息迭代过程为 $f_2 = f_2(x_1, x_2)$，由于在 $f_2 = f_2(x_1, x_2)$ 中含有边际异化信息 x_1，在边际异化信息迭代过程的经验作用下，将继续进行边际异化信息迭代，边际异化信息迭代过程可以表达为：$f_3 = f_3(x_1, x_2, x_3) = f_1(x_1) + f_2(x_1, x_2)$，这样，经过 n 次边际异化信息迭代后，边际异化信息迭代可以表达为：$f_n = f_n(x_1, x_2, \cdots, x_n)$。

$$f_n = f_n(x_1, x_2, \cdots, x_n) = \{ \sum f_i = f_i(x_1, x_2, \cdots, x_i) \quad i = 1, 2, \cdots, n-1 \}$$

由此可见，由于边际异化信息迭代过程的经验作用，最初的边际异化信息 x_1，经过 n 次边际异化信息迭代后，与众多的边际异化信息形成了联系。

精神系统 S 可以表达为所有的边际异化信息和所有的边际异化信息迭代过程构成的集合，而且初始条件为 0：

$$S = \{ x_i, f_i(x_1, x_2, \cdots, x_i) \quad i = 1, 2, \cdots, n \}, \quad S_0 = 0$$

我们将满足下面条件的系统 S 称为嵌入生成系统，①满足初始条件为零 $S_0 = 0$；②在系统与外界环境相互作用的过程中，不断地通过边际异化信息迭代过程将边际异化信息嵌入系统；③边际异化信息迭代过程对系统的物质结构具有异化作用，对系统与外界环境的关系具有经验作用，而且异化作用和经验作用总是同时发生，而且都是边际异化信息迭代过程的结果。

精神系统是嵌入生成系统，在精神系统形成过程中，边际异化信息迭代过程的经验作用，形成了边际异化信息之间的联系。这些边际异化信息还原为它们所代表的意义时，既可以表现为思维能力，也可以表现为一定的心理活动，还可以表现为潜意识活动，因为边际异化信息既包括来自于外界环境的各种信息，诸如外界环境直接作用的信息、语言和影像等等，也包括来自身体内部的各种信息，诸如欲望、满足、需要等等。总之，精神系统的形成与发展，是边际异化信息迭代过程的经验作用的结果。然而，从抽象的意义上讲，精神系统演化过程就是边际异化信息迭代过程，这种迭代过程使得精神系统从简单到复杂、从低级到高级、从无序到有序的方向发展。从更加抽象的意义上说，对于初始条件等于零的开放系统，在与外界环境相互作用的过程中，来自于外界环境的边际异化信息不断地嵌入，边际异化信息迭代过程不断地形成边际异化信息之间新的联系，而且，系统演化总是在前一时刻演化的基础上进行，已经嵌入的边际异化信息决定系统演化的方向。

精神系统又由诸多系统构成，诸如思维系统、心理系统、情绪系统和潜意识系统。由于精神活动总是涉及思维、心理、情绪和潜意识，思维系统、心理系统、情绪系统和潜意识系统在演化过程中总是在精神层面上相互作用，亦即任何精神活动过程都包括来自思维系统、心理系统、情绪系统和潜意识系统的边际异化信息，与之相对应的边际异化信息迭代过程实现着思维系统、心理系统、情绪系统和潜意识系统之间的联系，但是，这些系统作为独立存在的系统都满足嵌入生成系统的条件，而且，精神系统演化由这些系统演化，以及这些系统之间的相互关系所决定。

第二章　思维系统的形成与发展（一）

思维是大脑对边际异化信息进行编码、储存和提取的过程，思维是大脑的功能。大脑对边际异化信息的编码、提取是由个体行为在文化环境中形成的概念、判断的作用所决定的，因此思维的发生必然要经过概念的前阶段、概念的阶段、简单判断的阶段、复合判断的阶段才能发生。

一、思维的定义

哲学、心理学关于思维的定义是："人脑对客观事物的本质和事物内在的规律性关系的概括与间接的反映。"此定义指逻辑思维，对于个体来说，思维并不局限于逻辑思维所研究的范畴。逻辑思维研究的对象是客观事物的本质和事物内在的规律性关系，个体的思维研究的对象是传入大脑的所有边际异化信息。思维是大脑的功能，大脑的功能只有通过边际异化信息迭代才能表现出来。大脑对边际异化信息的作用表现为编码、储存和提取。在感觉阈限内，外界环境信息作用于感觉器官后，引起感觉器官的神经活动，神经活动将外界环境信息转化为边际异化信息后输入大脑。同样，在情绪发生时，也通过神经活动将边际异化信息传入大脑。传入大脑的边际异化信息称为编码。不同的边际异化信息引起的神经活动不同，在大脑中的编码是不同的，根据边际异化信息传入大脑的途径不同，可以把思维定义为：①通过视觉传入大脑的客观事物的边际异化信息的编码称为事件编码；②通过视觉传入大脑的符号的边际异化信息的编码称为符号编码；③通过听觉传入大脑的言语的边际异化信息的编码称为言语编码；④通过其他感觉器官（嗅觉、味觉、触觉）传入大脑的边际异化信息的编码称为一般编码；⑤情绪活动传入大脑的边际异化信息的编码称为情绪编码；⑥面部表情及四肢活动传入大脑的边际异化信息的编码称为行为编码。编码有两种状态，一种是兴奋状态，编码被意识；另一种是抑制状态，编码被储存。相互联系的信息在大脑中的编码是相互联系的，将这种相互联系的编码称为思维过程，也就是边际异化信息迭代过程。

我们感兴趣的是储存的编码是怎样被提取的。根据心理学对记忆的众多的研究结果得出：只要边际异化信息迭代过程中的部分编码重新兴奋，便能引起边际异化信息迭代过程中所有的编码的兴奋，并将它称为编码的提取规则。储存中的编码在不断地增加。如果传入大脑的边际异化信息的边际异化信息迭代过程中的某编码与储存的边际异化信息迭代过程中的某编码相同，根据编码的提取规则，将引起包含此编码的储存的边际异化信息迭代过程中所有编码的兴奋。对于边际异化信息的编码、储存和提取被大脑的生理功能所决定。思维就是边际异化信息传入大脑、形成编码的过程，如果此边际异化信息迭代过程中的某编码与储存的边际异化信息迭代过程中的某编码相同，或者此边际异化信息迭代过程中的某编码所表达的意义与储存的边际异化信息迭代过程中的某编码所表达的意义相同，那么，将引起包含此编码的储存的边际异化信息迭代过程中所有编码的兴奋，由于编码的相同或在意义上的等价、所属等关系，将形成编码间新的联系，即判断、推理、解决问题等过程。

文化作为个体的思维的结果，积累了人类世代的经验。文化不仅对个体的思维发展起到十分重要的作用，而且又在个体的思维中不断地得到发展与完善。个体的思维发展似乎是人类的思维发展的全息缩影，遗传和社会文化环境决定了个体的思维发展按特定的方向发展。在个体的思维发展的不同阶段，同样的边际异化信息在大脑中的编码是不同的，思维发展水平决定了对于信息的编码。个体生活在信息的环境中，哪些信息能被选择受多种因素影响，生理需要与精神需要（马斯洛的理论），以及储存的编码都影响个体对信息的选择。在个体的思维发展的早期，思维发展完全由生理发展决定，而且边际异化信息在大脑中的编码很多不能被长时储存。但是，边际异化信息与大脑的作用却有着重要的意义。现代脑科学认为，脑的结构、组织起因于遗传，但是后天的学习和思维活动可以对脑结构产生改建效应，即可以维持或防止丢失已经生长出来的神经结构。某些新形成的神经结构（如儿童在生长期）如果得不到正常的充分的刺激，就会因不使用而萎缩。

二、形成概念的前阶段

我们将从个体对信息的反映以及信息的意义讨论个体的思维发展。个体出生后，基本情绪的活动控制着整个生命过程。情绪心理学的研究结果表明：每一基本情绪都有一定的生理反应模式，而且在个体的一生中都不变化。但是，基本情绪的活动与外界环境信息的联系却在不断地变化。最早传入大脑的边际异化信息的编码是情绪编码和与基本情绪活动相联系的外界事物的信息的事件编码，在此阶段，可以通过个体在生理发展的不同阶段对兴趣目标的反映来研究思维发展。兴趣可以由任何新异的外界环境信息对感觉器官作用而产生。实际上使兴趣发生的是某种生物化学物质，这种生物化学物质是由于新异的外界环境信息通过感觉器官将物理过程转化为神经活动过程时，由于与之对应的神经活动从未发生过，这种神经活动能导致某种生物化学物质的产生。兴趣目标在一定的时间内有效，随着兴趣目标的信息对于感觉器官作用次数的增加，将引起与之对应的神经活动的疲劳，导致个体对兴趣目标的兴趣的消失。最初，儿童注视玩具（兴趣目标），当玩具被拿走时，儿童便开始哭；当玩具被重新拿回来时，就不哭了。在儿童的大脑中，玩具的事件编码与兴趣的情绪编码相联系。过些时候，儿童能反映兴趣目标的更多的信息。皮亚杰做过一个实验：女儿躺在摇篮里，上面挂着一个拨浪鼓，系着一根绳子，开始拉它，引起拨浪鼓发出响声和摇晃。之后，皮亚杰在离摇篮有一段距离的地方晃动钟表，他一停止这个动作，他的女儿就立即转向体验过的手段——拉绳子，以便使有趣的感知印象继续下去。从这个实验中可以看出，躺在摇篮里的女儿反映了挂在摇篮上的拨浪鼓、拨浪鼓的响声和摇晃的信息。边际异化信息迭代过程由拨浪鼓的事件编码、摇晃的事件编码、兴趣的情绪编码和行为编码构成。当皮亚杰晃动钟表时，晃动的钟表的边际异化信息传入大脑，引起了晃动的事件编码的兴奋，根据编码的提取原则，引起了边际异化信息迭代过程中的兴趣的情绪编码和行为编码的兴奋，于是，儿童就去拉绳子。从这里，我们看到了个体对传入大脑的边际异化信息的反映水平。

三、概念的形成阶段

生理发展影响着思维发展。由于个体生活在社会文化环境中，当思维发展到一定水平时，文化对于个体的作用成为必然。文化对于个体的作用是通过语言进行的。尽管概念用确定的词来表示，但是，个体对于概念的内涵的信息的反映，随着思维发展而变化。外界环境信息不仅来源于事物，也来源于文化。概念是特定的信息或特定意义的信息在大脑中的反映，用词来标志，在大脑中表现为非言语编码与言语编码的联系，或者言语编码与言语编码的联系。概念所反映的特定的信息或特定意义的信息，称为概念的内涵。概念所反映的那一类事物称为概念的外延。对于个体来说，概念作为"先在的"，它的内涵是确定的。有的概念的内涵是信息通过感觉器官传入大脑的编码、情绪活动传入大脑的编码与特定的言语编码的联系，思维发展的早期获得的就是这样的概念。有的概念的内涵与其他概念相联系，这样的概念只能在思维发展的较高水平上才能获得。虽然在思维发展的较低水平上不能反映某些概念的内涵，却能反映此事物的某些其他的信息，这些信息的非言语编码与此概念的言语编码相联系，而且与言语编码相联系的非言语编码是随思维发展而变化的。外界环境信息是通过感觉器官传入大脑的，同一个事物，它的信息可以通过不同的感觉器官传入大脑，通过不同感觉器官传入大脑的关于同一个事物的边际异化信息的编码构成了边际异化信息迭代过程，也就是知觉。如果将此边际异化信息迭代过程与某个言语编码相联系，构成新的边际异化信息迭代过程，也就获得了概念。在边际异化信息迭代过程中，除言语编码外，任何非言语编码兴奋时，由编码的提取原则，将引起言语编码的兴奋。当边际异化信息的编码被储存后，编码将不依赖于具体的事物而存在，当有相同的边际异化信息重新传入大脑时，由编码的提取原则可知，将引起包含此边际异化信息的编码的边际异化信息迭代过程中的所有编码的兴奋。由此可以看出，概念的内涵从具体的事物那里获得，对于概念的外延中的所有事物个体都能做出反映。个体的思维发展先于语言发展。

在上阶段，个体的思维发展先于语言发展，语言的发生是在一定的思维发展水平和言语机制生理成熟的基础上进行的。在正常情况下，百分之八十的信息是通过视觉传入大脑的，生物学的实验说明：人的头脑中存在选择物体的某些特征的专门机制。事件编码反映的是信息的某些特征，由于物体离观察者的距离不同，亮度大小及照明的光谱特点等的不同，物体在视网膜上的成像是不同的，事件编码所反映的信息的某些特征不受这些因素的影响。最早传入大脑的边际异化信息的事件编码所反映的特征是简单的。语言学家伊夫·克拉克认为，这个儿童赋予她最初使用的词的含义是超范围或超概括化的，即她给予那些词的定义要比成人的更广。诸如她不仅在看见到狗时说"小狗",而且在她意指猫、牛、马、兔子或其他四足动物时,也可能说"小狗"。根据克拉克的见解,概念的外延超出了范围,超出外延范围的原因是由于个体对内涵所反映的特征少于内涵所包含的特征。当个体获得新的词时,个体便能从这个词的言语编码与非言语编码的联系中获得这个词所表达的概念的内涵。这样,由于内涵的增加,个体逐渐地缩小那些超出外延范围的概念外延的范围。当个体学习"牛"这一词时,就把哞哞的声音的编码和牛的奶头的事件编码加到由四条腿和会动的事件编码构成的边际异化信息迭代过程中,个体能从狗的概念的内涵中分离出牛的概念的内涵。随着个体获得概念的增加,个体将从整体的信息中分离出部分信息,使得这部分信息的事件编码与言语编码相联系。诸如眼的信息是脸的信息的一部分,对眼的概念的内涵的获得,必须从脸的信息中将眼的信息分离出来,使得眼的事件编码与眼的言语编码相联系。同样的信息,在思维发展的任何水平,通过嗅觉、味觉和触觉传入大脑的边际异化信息的编码是相同的。

个体最初词汇中常见的词有:奶、蛋、鞋、娃娃、积木、狗、猫、汽车、打、洗、跑、走、看、抱、怕、疖、臭、冷等,每个词在大脑中能表现为非言语编码与言语编码的联系。非言语编码是外界环境信息通过感觉器官传入大脑的,由信息及个体的遗传特征决定,遗传特征是人类所共有的。在成人的教授下,非言语编码与言语编码相联系,个体获得了词。至于非言语编码是否反映了词所表达的概念的内涵,那不一定。随着时间的推移,个体能反映较复杂的信息,对"姨"、"姐"这一类词,个体用来称呼非法律关系的其他个体,"姨"、"姐"是个体对成年女子和小女孩的称呼,个体能在获得词的言语编码的同时,获得非言语编码,非言语编码反映的信息的特征是从整体的特征中选择也不明显的特征。诸如儿童能准确使用"姨"、"姐",可是有一次他称呼脸长得像儿童的成年女子为"小姐姨"。还有一次,让他称呼一个比他小的女孩为"姨"时,他却称呼这个小女孩为"妹妹",再让他称呼小女孩为"姨"时,他却很困惑。

虽然个体能获得出非言语编码构成的边际异化信息迭代过程,但是,还不能给出与非言语编码相联系的言语编码构成的边际异化信息迭代过程。开始,用一个词(一个句子)表达边际异化信息迭代过程,后来用两个词表达这个边际异化信息迭代过程,用两个词表达的边际异化信息迭代过程,词的次序是与事件编码的次序相同的,不按语法规则。研究跨文化的心理语言学家丹·斯洛宾指出:"如果你忽略了词序,通读我们研究过的不同语种的双词句抄本,读出的语句就像是一些语种的相互直译。"最后,个体将由非言语编码构成的边际异化信息迭代过程自动地给出与之相应的、按语法规则、由言语编码构成的边际异化信息迭代过程，语言发展与思维发展同步。

四、简单判断的形成阶段

客观事物是极其复杂的，只有概念是不够的，还必须有判断。简单的判断有两个概念组成，分两种情况：①一个概念（或词）反映的是被断定对象的概念（或词），另一个概念反映的是被断定对象具有或不具有某种属性的概念（或词），用词"是"或"不是"来表达。②一个概念（或词）反映的是整体的概念（或词），另一个概念反映的是整体的组成部分的概念（或词），用词"有"或"没有"来表达。在此阶段，判断所反映的信息是通过视觉传入大脑的。信息传入大脑后，由于非言语编码与言语编码的联系，就形成了与言语编码相联系的非言语编码之间的关系，用词"是"或"有"来标志。诸如在形成概念的前阶段，脸、红色的球的边际异化信息传入大脑的是事件编码；在概念的形成阶段，个体能说出：球、红色的、红色的球、脸、眼；在此阶段，个体能反映不同的非言语编码的联系，能说出球是红色的，脸上有眼睛，即个体能获得表达概念之间关系的概念。

由上面的讨论可知，个体能获得表达概念之间关系的概念，以下讨论表达概念之间关系的其他概念。有些概念如"大"、"小"、"上"、"下"、"高"、"矮"、"长"、"短"等，它的内涵是两个物体的事件编码的比较关系：用词来标志的。概念"我"、"你"、"他"的内涵反映的是不同个体间的相对关系。个体能从成人那里获得由言语编码构成的边际异化信息迭代过程，并能转化为由事件编码构成的边际异化信息迭代过程。诸如成人说"阿姨抱你"，儿童回答"抱你"。儿童能给出由事件编码构成的"阿姨抱你"的边际异化信息迭代过程，实际上，此边际异化信息迭代过程是"阿姨抱我"。但是，"我"的事件编码却与"你"的言语编码相联系，于是，儿童回答"抱你"。纠正"我"、"你"倒置，需要成人的帮助，即建立"我""你"转换的边际异化信息迭代过程。在儿童与成人的交往中，包含"他"的句子的信息传入大脑，儿童能从言语编码与事件编码的对应关系中获得"他"是指受话者以外的其他人。

五、综合判断的形成阶段

客观世界的事物、现象都是相互联系的，相互联系本身也是多种多样，其中有一种就是条件联系。某一现象的发生与存在，会引起另一现象的发生与存在；某一现象的不发生与不存在，也会伴随另一现象的不发生与不存在，这种联系就是条件，条件联系用词"如果……，那么……"来标志。在此阶段，个体能从信息所表达的意义中获得概念的内涵。在成人与个体的交往中，个体能从成人的言语表达和实际的对应关系中，反映出相对关系，并将这种相对关系与言语编码相联系。诸如概念"前"、"后"，在上阶段，个体能指出玩具相对自己的"前"、"后"，但是不能指出玩具相对桌子的"前"、"后"，在此阶段，个体能从成人说的"你在我前面"中获得"前"的相对于参照物的相对性，能指出物体相对于其他个体或事物的"前"、"后"。尔后，对应关系可以传递给任何物体，个体能指出位于 A 和 C 之间的物体 B，既在 A 的右边又在 C 的左边。

六、关于个体思维的讨论

以下按思维发展的阶段讨论个体的思维。在形成概念的前阶段，边际异化信息迭代过程由非言语编码构成，言语编码是作为非言语编码的伴随物传入大脑的，此时，非言语编码与言语编码的联系是模糊的，个体的行为方式受生理遗传的控制。信息传入大脑构成边际异化信息迭代过程，如果传入大脑的编码能提取储存的编码，将引起储存的包含此编码的边际异化信息迭代过程中的编码的兴奋，过去的边际异化信息迭代过程先支配个体的行为，尔后，新的边际异化信息迭代过程支配个体的行为，个体的思维发展都要经历这样的过程。皮亚杰做过一个实验，实验者给儿童一个玩具，再把它夺过来，放在床单 A 下面，而后实验者把玩具拿回来，慢慢地放在床单 B 的下面。儿童注视着实验者的动作，但是他没有立即在床单 B 下面找玩具。所有的儿童都从床单 A 下面开始寻找。由实验看出，玩具在床单 A 下面的信息传入大脑后，事件编码构成边际异化信息迭代过程 B，尔后，边际异化信息迭代过程 A 中的事件编码被储存。玩具在床单 B 下的信息传入大脑的事件编码构成边际异化信息迭代过程 A，由于边际异化信息迭代过程 A 中的玩具的事件编码与储存的边际异化信息迭代过程 A 中的玩具的事件编码相同，由编码的提取原则可知，将引起储存的边际异化信息迭代过程 A 中的所有事件编码的兴奋，于是个体的行为受到边际异化信息迭代过程 B 的支配，尔后才受边际异化信息迭代过程 A 的支配。

在概念的形成阶段，个体的行为方式不再受遗传控制。人体解剖学的研究结果：只有灵长类动物才有下行神经系统，下行神经活动是受大脑支配的。这样才能将社会群体中的非生理遗传的行为规则在个体那里实现。个体新异性兴趣激发模仿行为，个体从成人那里获得行为方式，成人行为活动的信息传入大脑，思维过程由行为对象的事件编码和成人行为的行为编码构成，大脑能按此边际异化信息迭代过程通过下行神经通道支配行为活动。由于在此阶段，思维发展与言语发展同步，在由事件编码、行为编码构成边际异化信息迭代过程的同时，能给出由言语编码构成的与之相应的边际异化信息迭代过程，支配个体行为活动的由言语编码构成的边际异化信息迭代过程。个体的模仿行为最初往往在象征性的游戏中实现，不管玩具、物体代表什么，对它做的动作都与它所象征的对象相适应。诸如一只盒子几分钟之内就变成洋娃娃的小床、锅子、盘子、儿童摇篮、浴盆和帆船等，虽然是象征性的游戏，重要的是支配行为活动的边际异化信息迭代过程由言语编码构成，象征物被赋予言语编码。所以，模仿行为的意义不仅在于行为活动的灵活、熟练，而在于行为对象和行为方式的联系，这种联系的边际异化信息迭代过程被储存。这样，个体对行为对象的作用，不仅受自己的经验影响，也受成人经验的影响。当信息传入大脑时，如果能提取储存的边际异化信息迭代过程，个体将能选择结果较为满意的行为方式。

在简单判断的形成阶段，个体获得了概念"是"、"有"。作为概念，"是"或"有"表达两个概念的关系，所以，对于包含"是"或"有"的言语编码的边际异化信息迭代过程，如果仅"是"或"有"的言语编码兴奋，是不能提取储存的包含"是"或"有"的言语编码的边际异化信息迭代过程的。提取储存的包含"是"或"有"的言语编码的边际异化信息迭代过程，取决于边际异化信息迭代过程中除"是"或"有"的言语编码外的其他编码的兴奋。

如果在两个包含"是"（或"有"）的言语编码的边际异化信息迭代过程中存在同一个概念的言语编码，边际异化信息迭代将根据"是"（或"有"）的对应关系，把相同的编码替换，形成新的边际异化信息迭代过程，也就是判断、推理。我们用符号表示：$X = \{x_i\}$（$i=1, 2, \cdots, n, \cdots$），$x_i$ 表示概念，X 是由概念组成的集合；$R = \{r_g\}$（$g=1, 2$），r_g 表示"是"或"有"，R 是由"是"或"有"组成的集合；符号 $\in$ 表示属于。如果 x_i、x_j、$x_k \in X$，$r_g \in R$，任何两个包含同一个概念的边际异化信息迭代过程可以表示为 $x_i r_g x_j$ 和 $x_j r_g x_k$，当 x_i、x_j、x_k，任何一个的言语编码或非言语编码兴奋时，由编码的提取原则，将得到新的边际异化信息迭代过程，$x_i r_g x_k$，这是等价的传递（等价是指同一个言语编码和相同内涵的非言语编码），是个体的思维的结果，新形成的边际异化信息迭代过程不一定符合实际。下面的例子是在两个包含"是"或"有"的言语编码的边际异化信息迭代过程中，等价通过言语编码传递。儿童从成人给他讲的儿童画报中知道"大老虎是坏蛋"，以后他又知道"爸爸是属大老虎的"，他说"爸爸是坏蛋"；问他为什么，他说"大老虎是坏蛋"。显然，儿童的边际异化信息迭代的结果"爸爸是坏蛋"是不符合实际的，是通过"大老虎"的言语编码进行的等价传递。另一个例子是在包含"是"或"有"的言语编码的边际异化信息迭代过程中，等价通过非言语编码传递。问儿童："你爸爸的爸爸是谁?"他回答"爷爷"，当言语编码构成的边际异化信息迭代过程被转化成非言语编码构成的边际异化信息迭代过程时，由于非言语编码的兴奋，非言语编码又被转化成言语编码，用语言表达出来，这个思维的结果是正确的，通过"你爸爸"和"你爸爸的爸爸"的非言语编码进行的等价传递。

在复合判断的形成阶段，个体能从信息所表达的意义中去获得概念的内涵，从而能对包含具有这样内涵的概念的边际异化信息迭代过程进行判断、推理。在个体不能获得某些概念的内涵时，对这些概念的判断是错误的。皮亚杰曾对守恒做了大量的研究，在相同年龄的不同个体那里得出了同样的结果。皮亚杰做过一个实验，有一个洋娃娃比另一个移动得快些，两个洋娃娃同时停下来，一个洋娃娃站在另一个洋娃娃的前面，在此阶段，个体能判断出两个洋娃娃跑的时间是一样的，这是因为在此阶段，个体获得了"时间"的概念。在前阶段，个体是不能做出正确判断的。

在此阶段，个体能从意义上去获得作为边际异化信息迭代结果的边际异化信息迭代过程所表达的意义，所以，个体的言语表达可能是思维的结果，而不是事实上所发生的事件的描述。从讨论中可知，在相同的语言环境中，在不同的个体那里，同一个词的言语编码相同，与言语编码相对应的非言语编码是不同的，在言语交往中，个体只能从自己所能反映的去反映对方所表达的意义。个体本身在思维发展的不同阶段对同样的信息的反映也是不同的。

第三章　思维系统的形成与发展（二）

个体的心理过程可分为意识过程和无意识过程。在意识过程中又分为逻辑思维过程和非思维过程。个体思维发生与发展，个体的早期思维是非逻辑思维，它的发生与发展依赖于生活在社会环境中的个体的生理发展。逻辑思维是在个体非逻辑思维发展到一定水平上，由成人的教授而发生和发展的。思维是大脑的功能，大脑的功能只有通过对信息的作用才能表现出来。外界环境的信息可以通过不同的途径传入大脑，这样，事件编码、符号编码、言语编码、一般编码和行为编码之间相互联系（这一点是与神经心理学的研究结果是一致的，尽管不同形式的编码在大脑中有不同的定位，高级思维活动是在三级联合区上进行的）。诸如，对于在双语环境下成长的儿童，对同样的信息，由不同语言的言语编码构成的边际异化信息迭代过程通过与之对应的事件编码构成的边际异化信息迭代过程而相互联系。"在人类中，言语在刺激泛化中起重要作用。两个刺激之间的相似性可以是物理的，也可以是知觉的或概念上的。"对于传入大脑的信息编码，大脑对信息的支持是这样的：第一种情况，此边际异化信息迭代过程中的编码与储存的边际异化信息迭代过程中的编码没有任何联系，那么大脑对此信息进行编码，并对编码储存；第二种情况，此边际异化信息迭代过程中的某编码与储存的边际异化信息迭代过程中的某编码相同，或者与此边际异化信息迭代过程中的某编码相联系的其他形式的编码与储存的边际异化信息迭代过程中的某编码相同，那么，将引起包含此编码的储存的边际异化信息迭代过程中所有的编码的兴奋，由于编码的相同或与此编码相对应的其他形式的编码，将形成编码间新的联系，即判断、推理、解决问题等。

一、形成逻辑思维的前阶段

个体思维发展的水平是以其获得概念以及概念间的关系为标志的。思维发展的水平是从低级向高级发展的，而且是连续的，后一阶段的发展总是以前一阶段的发展为前提。对于不同的个体，在相同的年龄段思维发展的水平可能不同，但个体思维发展所经历的过程是一致的。个体对于概念的内涵的反映，标志着思维发展的水平。在思维发展的早期，个体不能反映某些概念的内涵，反映的是与这些概念相应的表现在视觉上的特征，即表达此概念的词的言语编码与此概念的事件编码在大脑中相联系。在正常情况下，百分之八十的信息是通过视觉传入大脑的。就视觉的功能而言，在任何年龄对信息的支持都是一样的；就思维发展而言，事件编码所反映的客观事物的特征是从简单到复杂的。最早传入大脑的信息的事件编码所反映的客观事物的特征是简单的，诸如脸。个体将从整体的信息中分离出部分信息，使得这部分信息的事件编码与言语编码相联系，诸如眼的信息是脸的信息的一部分，对眼的词的获得，必须从脸的信息中将眼的信息分离出来，使得眼的事件编码与眼的言语编码相联系。个体所获得的词，与此词的言语编码相联系的事件编码反映的信息的特征是从整体的特征中选择出不明显的特征，诸如姨、姐。反映在视觉上的客观事物的特征可能由多种视觉特征组成，而且个体获得了与之对应的词，诸如在脸的信息中包含了眼、嘴、鼻的信息，红色的球不仅包含了红色的信息也包含了球的信息。个体在获得部分信息的事件编码与言语编码的联系后，能将事件编码的联系按语法规则将相应的言语编码相联系。这种按语法规则表达词或概念之间的联系，在大脑中表现为事件编码（或非言语编码）与言语编码的联系。在此基础上，个体获得的概念不仅依赖于信息表现在视觉上的特征，还能从信息所表达的意义中获得概念的内涵。个体能获得表达概念之间关系的概念，如大、小、上、下、高、矮、长、短等，它的内涵是两个物体的事件编码的比较关系，而与表现在视觉上的具体特征无关，在大脑中表现为言语编码的独立存在，与此言语编码相联系的不是具体的事件编码，而是事件编码之间的关系。个体能获得比较关系的概念，如前、后等，它的内涵是两个或多个物体的事件编码和相对关系，这种相对关系的获得在比较关系的获得之后，是因为比较关系表现在视觉上的特征是绝对的，从某种意义上说是确定的，而相对关系需要确定一个参照物，相对关系是相对于此参照物的，在大脑中表现为言语编码的独立存在，与此言语编码相联系的不是具体的事件编码，而是事件编码的关系。

非逻辑思维发展到此阶段为逻辑思维的发生提供了前提。个体逻辑思维的发生是以获得数的概念为标志的。在逻辑思维中，概念的内涵是确定的，数的概念是逻辑思维中最简单的概念。我们通过个体获得数的概念以及运算法则来研究个体逻辑思维的发生与发展。

二、数概念形成阶段

根据心理学的研究，数概念的内涵包括计数和数的组成两方面：计数包含理解数的实际意义，即懂得数值，如知道"1"是指一个物体，"3"是指三个物体，如此等等；计数还包含掌握数序，即认识数的顺序，如"4"在"5"之前，"5"在"4"之后，"4"比"5"小，"5"比"4"大等。数的组成就是指在自然数列里，除"1"以外，任何一个数都可以分成两个数，所分成的两个数合起来又是原来的数，如"4"可以分成"1"和"3"或"2"和"2"，"4"是由"1"和"3"或"2"和"2"组成的。

在个体获得的词中，有些没有获得概念的内涵，获得的是由感觉器官能反映的那部分信息，思维发展表现为信息在视觉上的特征是从具体到抽象的过程，在大脑中表现为言语编码与事件编码的联系到言语编码不与确定的事件编码联系。个体思维发展到在大脑中言语编码不与确定的事件编码联系的水平后，为数概念的获得提供了前提。数是抽象概括出来的关于客观事物数量的代表者，并有其自身的逻辑和法则。个体不再像古代祖先那样通过世代实践经验的积累，经过抽象概括去认识事物的数量和形成数概念，可以通过学习去获得它，从而，个体数概念发展的过程和古代祖先从客观事物逐步抽象概括出数概念的过程方向相反。在成人的教授下，背诵数，在大脑中表现为不与事件编码或其他编码联系的言语编码。最初个体获得的是 1 到 10 或更多的数，在大脑中表现为连在一起的数的言语编码，这个过程似乎在思维发展的较低水平上就能完成。只有在简单判断的形成阶段后，个体才能计数，即在数与物体（或图）之间建立一一对应的关系，在大脑中表现为数的言语编码与物体（或图）的事件编码的联系。在成人的教授下，同样的言语编码与不同物体（或图）的事件编码相联系，由于与数相对应的物体的泛化，这时数与物体（或图）的数量关系在大脑中表现为数的言语编码与物体（或图）事件编码在视觉上的独立特征相对应。有实验证明，客体的空间分布也会发生作用。诸如将围棋子排列成行，彼此之间有约半厘米的距离，或者彼此密接地排列，则儿童在前一种情况下点数成绩较好，在后一种情况下成绩较差。此时，数与物体的一一对应关系，在大脑中表现为同样物体的事件编码与不同的言语编码的联系，即几个同样的物体（或图），在个体点数的过程中，第一个物体（或图）与数"1"相对应，第二个物体与数"2"相对应……在成人的教授下，"1"是指一个物体，"2"是指两个物体，"3"是指三个物体，……所数的最后一个数是这一组物体的总数。对于几个物体（或图）所组成的集合，点数的最后一个数就是集合所包含的物体（或图）的总数。在大脑中表现为一个数的言语编码与同这个数相等的具有独立特征的物体（或图）的集合的事件编码的联系。此阶段，在成人的教授下，个体学习数的符号并书写，在大脑中表现为数的言语编码、符号编码、行为编码的联系，由于符号编码和行为编码与言语编码的联系，可使言语编码摆脱具体事件编码达到可能高度的抽象。

在复合判断的形成阶段，个体获得了反映相对关系的概念"前"、"后"，以及书写能力的获得，为数序内涵的获得提供了基础。"前"、"后"在复合判断的形成阶段，表达的是相对关系，表达最简单的次序关系的"前"、"后"在此阶段个体也能获得，表达的是客观事物的前后次序，在大脑中表现为"前"、"后"的言语编码与具有次序关系的两个事件编码（或一般编码）的联系。个体在学习中，总是按次序从 1 开始背诵数或书写数，在背诵数或书写数时的次序与表达次序的词"前"、"后"的内涵有类同的感觉，在成人的教授下，个体能获得数之间的次序，词"前"、"后"从表达客观事物的次序关系发展到表达数的次序关系。表达数的次序在大脑中表现为"前"、"后"的言语编码与两个相邻的数的言语编码、符号编码和行为编码的联系。个体能指出"3"在"4"之前，"5"在"4"之后。

个体数概念的获得不是自然发展的过程，是通过学习逐渐形成和发展的。个体数的组成的获得，是成人将一组（几个）物体（或图）分成两组。诸如将 5 个物体（或图）分解成 4 个物体（或图）和 1 个物体（或图），或将 5 个物体（或图）分解成 3 个物体（或图）和 2 个物体（或图）；将 4 个物体（或图）和 1 个物体（或图）组合成 5 个物体（或图），或将 3 个物体（或图）和 2 个物体（或图）组合成 5 个物体（或图）。由于此时个体具有计数的能力，即在数与物体（或图）之间建立一一对应的关系。在大脑中表现为三组物体（或图）的事件编码与相应的数的言语编码的联系，尔后又形成了只有数的言语编码的边际异化信息迭代过程。

三、运算关系形成阶段

数的系统是由数、运算关系构成的。数的系统用 S 表示。数的集合用 A 表示，A 是由整数、分数组成的集合。运算关系的集合用 F 表示，F 是由 f（+）、f（-）、f（×）、f（÷）四种运算关系组成的。S＝（A，F）物体（或图）的组合、分解关系在数的运算关系中表示为加法、减法运算，用 f（+）、f（-）表示。在数概念形成阶段，个体获得了运算关系 f（+）、f（-）的内涵。在此阶段，个体获得的是 f（+）、f（-）、f（×）、f（÷）对于 A 中的数的运算。运算是在纸、笔参与下完成的。在大脑中表现为由数、运算关系的言语编码、符号编码、行为编码构成的边际异化信息迭代过程。支持 f（+）、f（-）对 A 中的数运算的有储存在大脑中的 10 以内数的加或减的边际异化信息迭代过程。支持 f（×）、f（÷）对 A 中的数运算的有储存在大脑中的乘法口诀的边际异化信息迭代过程。

数的系统与客观事物是相对独立的，但又是相互联系的，运算关系表达了客观事物中一定的数量，以及组合、分解、倍数、等分关系，这些关系映射到数的系统中就表示为 A、f（+）、f（-）、f（×）、f（÷）。组合、分解、倍数、等分是客观事物中物体之间的关系，个体在学习中，将物体之间的这种关系建构到数之间的关系。F 在个体那里建构以后，便成为独立于客观事物的数的系统 S。但是，在大脑中，由于含有数量关系的组合、分解、倍数、等分的内涵与 f（+）、f（-）、f（×）、f（÷）的内涵一致，个体在反映客观事物的边际异化信息迭代过程，如果包含着数量以及组合、分解、倍数、等分的事件编码、言语编码、符号编码，那么，由思维的活动规律可知，在大脑中将自动地形成由 A、F 中元素构成的由言语编码、符号编码构成的边际异化信息迭代过程。

客观事物中组合、分解关系的内涵在数概念形成阶段个体已经获得，在数的系统 S 中，与之有相同内涵的运算关系为 f（+）、f（-）。客观事物中的倍数关系是建构在组合关系的基础上，它的内涵是对几个相同的物体组合，在数的系统中，与之有相同内涵的运算关系为 f（×）。客观事物中的等分关系是建构在倍数关系的基础上，它的内涵是将 1 组物体等分成几组相同的物体，在数的系统中，与之有相同内涵的运算关系为 f（÷）。客观事物中的数量，以及组合、分解、倍数、等分关系，由于内涵的一致将转化到数的系统 S 中。

四、关于个体逻辑思维的讨论

在逻辑思维中，概念的内涵有严格的定义。在逻辑思维发展的早期阶段，个体的思维活动处于感知水平，即在客观事物与数的系统之间的推理是由于客观事物中的组合、分解、倍数、等分关系与数的系统中的运算关系 f（+）、f（-）、f（×）、f（÷）内涵的一致，在大脑中表现为关于客观事物中包含组合、分解、倍数、等分关系的边际异化信息迭代过程中的言语编码、符号编码的内涵与数的系统中运算关系的边际异化信息迭代过程中的言语编码、符号编码的内涵的一致，由大脑对信息的支持可知，将形成边际异化信息的编码间新的联系，即判断、推理、解决问题。用符号表示为：a、$b \in A$，$G = \{g_i\}$（$i = 1, 2, 3, 4$），g_i 分别表示客观事物中的组合、分解、倍数、等分关系；$f_i \in F$，分别表示 f（+）、f（-）、f（×）、f（÷）；X、Y 为客观事物中的两个概念或词，用 X（a）、Y（b）分别表示 X 的数量为 a，Y 的数量为 b；g_i 与 f_i 的内涵一致，那么由 g_i [X（a），Y（b）]，就可以得到 f_i（a，b），由 a，b 按运算关系 f_i 进行运算，即通过内涵的等价而进行推理，获得新的边际异化信息迭代过程 f_i（a，b）。诸如一个数的告是 6，这个数是几？思维活动处于感知水平的个体这样推理：告是一半的意思，一个数的一半是6，那么这个数是12。

个体的逻辑思维遵循着运算法则、运算关系。运算法则、运算关系对于 A 中的任何数都支持。这样，个体在思维活动中，能从个别到一般，又从一般到个别进行抽象概括，判断推理。

五、思维系统是嵌入生成系统

思维活动属于精神活动的一部分，也是精神系统演化的最为重要的部分，在思维系统中主要是对更加抽象关系的认识。思维系统是一个开放的系统，这是思维系统形成和发展的前提和条件。思维系统演化是从零开始的，这里用 T 表示思维系统，思维系统的初始状态为 $T_0=0$。思维系统的形成与发展是思维系统与外界环境相互作用的结果，这表现为边际异化信息迭代过程，用 $f_i = f_i(x_1, x_2, \cdots, x_i)$，$(i=1, 2, \cdots, n)$，$x_i$ 表示不同的边际异化信息。

最初关于边际异化信息 x_1 的边际异化信息迭代过程为 $f_1 = f_1(x_1)$，第二个关于边际异化信息 x_1 边际异化信息迭代过程为 $f_2 = f_2(x_1, x_2)$，由于在 $f_2 = f_2(x_1, x_2)$ 中含有边际异化信息 x_1，在边际异化信息迭代过程的经验作用下，将继续进行边际异化信息迭代，边际异化信息迭代过程可以表达为：$f_3 = f_3(x_1, x_2, x_3) = f_1(x_1) + f_2(x_1, x_2)$，这样，经过 n 次边际异化信息迭代后，边际异化信息迭代可以表达为 $f_n = f_n(x_1, x_2, \cdots, x_n)$。

$$f_n = f_n(x_1, x_2, \cdots, x_n) = \left\{ \sum f_i = f_i(x_1, x_2, \cdots, x_i)\ i=1, 2, \cdots, n-1 \right\}$$

由此可见，由于边际异化信息迭代过程的经验作用，最初的边际异化信息 x_1，经过 n 次边际异化信息迭代后，与众多的边际异化信息形成了联系。

思维系统 T 可以表达为所有的边际异化信息和所有的边际异化信息迭代过程构成的集合，而且初始条件为 0：

$$T = \{ x_i, f_i(x_1, x_2, \cdots, x_i)\quad i=1, 2, \cdots, n \},\quad T_0=0$$

思维系统是嵌入生成系统，在思维系统形成过程中，边际异化信息迭代过程的经验作用，形成了边际异化信息之间的联系，这些边际异化信息还原为它们所代表的意义时，即可以表现为思维能力。思维系统的形成与发展，是边际异化信息迭代过程的经验作用的结果，然而，从抽象的意义上讲，思维系统演化过程就是边际异化信息迭代过程，这种迭代过程使得思维系统从简单到复杂、从低级到高级、从无序到有序的方向发展。

第四章 情绪系统的形成与发展

情绪是心理活动的基础，最基本的情绪有喜、怒、忧、思、悲、恐、惊七种。个体出生后，由于肌体生理需要，必然要与外界环境相互作用，而后，会通过情绪将需要与满足表达出来，随着生理需要和心理需要的增加，情绪活动越来越复杂。生理反应是情绪存在的必要条件，心理学家给那些不会产生恐惧和回避行为的心理病态者注射了肾上腺素，结果这些心理病态者在注射了肾上腺素之后和正常人一样产生了恐惧。每一种情绪有心理过程和心理生理过程，心理过程可以意识到，心理生理过程不仅意识不到，而且还有固定的心理生理模式，分泌相应的生物化学物质，并根据需要的满足程度作出判断。对个体而言，已经发生的情绪构成了情绪系统，尽管情绪的发生总是与思维相联系，但是，由于情绪总是伴有心理过程和心理生理过程，所以，情绪系统独立于思维系统而存在。由于情绪的心理过程可以被意识，也就可以被思维所控制，当然，控制的不是情绪本身，而是相应的情绪行为。

思维能量与心理能量的相互转化是精神系统活动最为重要的功能，思维系统与情绪系统关系的研究将有助于揭示理性与非理性之间不可分割的联系，以及思维系统与情绪系统在社会生活和个体生命中的意义。任何一个心理过程，都包含着思维系统与情绪系统的相互作用，以及思维能量与心理能量的相互转化。所有基本情绪的集合称为情绪系统，人的情绪系统是从遗传那里获得的。任何刺激与反应之间都要经过思维活动过程，将这个思维活动过程称为边际异化信息迭代过程。个体所有边际异化信息迭代过程的集合称为思维系统。在思维系统形成的前阶段，人从遗传那里继承的本能的情绪活动为思维系统的形成提供了基础。新生儿的情绪反应是在出生后改变了的环境刺激下的自然显露。在情绪发生时，与情绪活动相对应的是某种特定的外界刺激，这种特定的外界刺激通过感觉器官在大脑皮质中的兴奋点与情绪活动在大脑皮质中的兴奋点同时活动。所获得的边际异化信息迭代过程是具体形象与情绪活动在大脑皮质中兴奋点的对应。在思维系统形成阶段，所获得的边际异化信息迭代过程是代表具体形象的符号与情绪活动在大脑皮质中兴奋点的对应。

一、语言系统与情绪系统的关系

语言作为符号系统，是先于个体而存在的。个体总是生活在特定的语言环境中，语言作为意识的物质外壳积累着社会世代的成果，并实现着社会意识的世代遗传。人类世代延续中的每一个人在社会中都在承受这种遗传的既定的人类意识——语言、概念、习俗，等等。人的情绪系统是从遗传那里获得的，情绪发生时与外界的直接联系，为语言符号系统在个体那里的建构提供了基础，并成为人们相互交流、相互感应的工具。

语言符号系统在个体那里的建构在出生后发生，人的生命不仅受到生物学上所谓个体发生法则的支配，同时也受到社会生活的语言的作用。婴儿出生后便生活在语言环境中，在其活动过程中要与外界的许多事物发生联系，而且伴随着语言。婴儿脱离母体后，由遗传所限定的生理活动规律控制其整个生命过程。生理系统的平衡维持着生命体的存在，各器官的协调作用维系着整个有肌体的活动，保持着自身的内部状态。由于这种生理平衡依赖的能量是外界提供的，生理平衡与外界紧紧联系着，在传出神经与传入神经之间有一个处在外环境中的因素，即母亲的乳房或奶瓶，自我调节就超出了体内平衡所控制的范围。这样，就出现了有联系而且意义不同的两个过程：一方面食物与胃的作用；另一方面乳房或奶瓶通过感觉器官在大脑皮质中的兴奋点与胃活动在大脑皮质中的兴奋点的同时活动过程。根据巴甫洛夫的条件反射原理，在这种生理的无条件反射的基础上，形成了以母乳或奶瓶为条件的条件反射。这种活动的意义在于母乳或奶瓶在众多的信息中有了特殊的意义，它与胃的活动联系起来，而这种联系是通过大脑皮质进行的。由于婴儿生活在语言环境中，上述条件反射的建立，常伴有相应的语言，巴甫洛夫的研究结果是：能由肌体内外的任何变化造成条件反射，只要这种变化被神经系统感受到。这样就建立起符号作用过程中的二级条件反射。二级条件反射就是在原有的条件反射基础上，当不以食物刺激，而以食物语言代码（食物的名称）刺激时，所产生的与之相应的生理活动，这时语言代码与食物意象在大脑皮质中具有相同的地位。

婴儿的先天情绪反应在人类社会和与成人的应答中发生，情绪心理学的研究结果表明：情绪的原始模式作为一种先天预成的神经装置是贮存在下丘脑内的，每种具体情绪都有其独特的神经生理基础和体验特征，并表现为先天预成的行为程序。在情绪发生时，伴随着语言，在大脑皮质中，情绪的兴奋点与伴随着此情绪发生时的语言编码的兴奋点同时活动，这样，就建立了语言与情绪的条件反射。随着婴儿的成长，语言符号系统与情绪系统在大脑皮质中的联系，使得语言符号系统在个体那里建构。

二、情绪符号系统与情绪系统同构

在语言符号系统中，通过情绪发生而建构的语言符号系统中的语言符号的集合称为情绪符号子系统。语言是信息的重要载体，又是信息的主要形式。通过语言，人类相互沟通，信息交换成为可能。情绪符号子系统的重要功能一方面是用语言来影响受话人的情绪，即通过语言的情感要素来引发他人的情感；另一方面是表达自己的情感。对于个体而言，表达自己的情感是用情绪符号子系统中的语言为载体的；对于受话者来说，是通过其情绪符号子系统中的语言符号而引发情绪的。对于个体来说，在与其他个体交流时，语言所表达的是情绪，所以，情绪符号子系统与情绪系统同构。

在情绪符号子系统的建构过程中，情绪符号子系统与情绪系统在大脑中的编码不同，可是，情绪符号子系统在大脑中的编码与情绪系统在大脑中的编码是紧密联系的，尽管某情绪可能重复地发生，导致其在大脑中的编码与更多的情绪符号子系统在大脑中的编码相联系，它们之间的对应是不变的。这样，交流是不平等的，因为在交流过程中，也是儿童的社会化过程。人类的大多数习得行为是借助于人所独有的机能——语言而获得的，人类学家所知道的一切社会，不管他们属于什么样的社会，都有一个高度复杂的、口头的、象征的信息交流系统，也就是语言符号系统。语言的这种象征性特点，对社会文化的传递有着重大的意义。父母可以通过语言告诉孩子，属于其社会成员所普遍享有的、通过学习得到的共享的信息、价值观或行为特征。一种特定的习俗代表了一个社会对环境的适应，语言符号系统中，语言符号中的表达的概念的内涵是与其社会的社会环境密切相关的，对于个体来说，情绪符号子系统与情绪系统是同构的，而情绪符号子系统作为先于个体的存在，是其社会成员所共享的，这样，对于社会成员的不同个体来说，通过情绪符号子系统进行情绪交流成为可能。

三、语言在情绪交流中的作用

享有同样语言系统的成员，他们的情感交流不论是说者还是听者，都能从其情绪符号子系统中的语言符号所指的特定内涵中去理解所表达的意义。因为在情绪符号子系统在个体那里的建构过程中，概念的内涵是与特定的社会环境相联系的，有时是此社会以外的成员所不能理解或无法理解的，正如一种文化中的社会认为纹身是一种可以带来审美享受的艺术表现形式，但另外文化中的社会，却认为这是庸俗低下、不置一齿的东西。情绪的交流是通过语言进行的，而语言作为概念、习俗的载体，规范着个体的行为，在其特定的环境下有着特殊的意义，所以不享有共同的语言符号系统的个体之间是难于进行情绪交流的。

语言是习得的，一个社会中的成员是否可通过学习另一个社会的语言与其社会中的成员进行情绪交流呢？回答是可以的，但是，这种交流只能通过语义进行。由前面的讨论可知，情绪符号子系统的建构，是建立在条件反射的基础上的，而学习另一个社会的语言需要在大脑皮质中建立二级或三级条件反射。二级或三级条件反射是这样建构的：在已有的情绪符号子系统与情绪系统同构的基础上，另一社会的情绪符号系统中的语言符号在大脑中的语言编码与原有的情绪符号系统中相应的语言符号在大脑中的编码相对应，对此语言符号所表达的概念内涵是本社会的，即便是对另一社会的情绪符号系统中的语言符号所表达的概念的内涵有确切的理解，这种理解是在大脑中的语言符号编码过程、而不是建构过程；所以使用另一社会的情绪符号系统与此社会成员情绪交流，虽然可能，但在程度上与同本社会成员进行情绪交流是有差别的。

四、思维能量转化为心理能量

在思维系统的发展阶段，思维系统中两个相关的边际异化信息迭代过程可以"协调"起来形成一个新的边际异化信息迭代过程，原来的两个边际异化信息迭代过程被新的边际异化信息迭代过程取代后，便在思维系统中永远的消失。我们将依赖于外部刺激所获得的边际异化信息迭代过程称为基本边际异化信息迭代过程，将思维系统中两个或多个相关的边际异化信息迭代过程"协调"而产生的边际异化信息迭代过程称为生成边际异化信息迭代过程。"如果 $y=f(x)$、$x=g(t)$"分别表示两个相关的边际异化信息迭代过程，那么在"协调"之后，就变成 $y=f[g(t)]$ 的复合函数形式。这种"协调"的意义就在于因果性原则不能被观察，也不能被感知，而必须被理性地构造起来。而且这种公式一旦胜利完成以后，推理就一个接着一个，它们往往显示出一些预料不到的关系，远远超出这些原理所依据的实在的范围。由于思维系统具有这种生成功能，所以思维系统中的边际异化信息迭代过程才有可能逐渐的对应于客观规律，由此可以看出，边际异化信息迭代过程是分层次的，每一生成边际异化信息迭代过程都比原边际异化信息迭代过程高一层次，人们在思维活动中往往改变自己的思维活动规律，甚至改变那些使这些规律变化的规律。编泽过程是从低层次向高层次发展的，边际异化信息迭代过程在高层次上所具有的解释能力，在低层次上是没有的，也就是有些事实只能在边际异化信息迭代过程的高层次上加以说明，而在低层次上却做不到这一点。思维系统中的边际异化信息迭代过程是不稳定的，任何一个微小的外界刺激都可能导致思维系统中边际异化信息迭代过程的改变，这与混沌科学中的"蝴蝶效应"很相似。这样，同样的外界刺激在不同时间，思维系统中边际异化信息迭代过程给出的结果可能是不同的。

学习是将各种规律同化于思维系统的过程，通过学习而获得的边际异化信息迭代过程是与某个规律相对应的。如果某个与情绪相对应的基本的边际异化信息迭代过程和某个通过学习而获得的边际异化信息迭代过程相关，那么，在思维系统中，这两个相关的边际异化信息迭代过程将生成一个新的边际异化信息迭代过程。生成的边际异化信息迭代过程不仅包含了原来两个边际异化信息迭代过程的意义，而且还具有原来两个边际异化信息迭代过程所不具有的意义。基本的边际异化信息迭代过程被生成的边际异化信息迭代过程取代后，与之相对应的情绪活动便与生成的编泽过程相对应。这个情绪活动的意义从基本的边际异化信息迭代过程变成了生成的边际异化信息迭代过程。规律通过学习与情绪活动联系起来。通过反复的学习，所获得的边际异化信息迭代过程与思维系统中生成边际异化信息迭代过程相互作用，生成新的边际异化信息迭代过程，这种活动是不断地进行的，思维系统不依赖于情绪的活动而活动。这样，理性完全控制了非理性在理性中的意义，理性从非理性中解放出来。但是，理性只有通过非理性才在生命活动中产生意义。值得注意的是，在思维系统中，两个相关的边际异化信息迭代过程不仅能生成新的边际异化信息迭代过程，而且根据连锁边际异化信息迭代原理，对于任何进入意识的刺激，如果符合思维系统中的边际异化信息迭代过程，将有与这个刺激相对应的结果进入意识，如果进入意识的结果又符合思维系统中其他的边际异化信息迭代过程，根据自动编泽原理，就会有与之相应结果进入意识，这个过程可以继续下去，直到思维系统不提供支持为止。由此可知，在身体内部将导致复合情绪的发生，在情绪的许多理论中，按照普拉切克的三维结构理论："八种基本情绪的两轴复合产生 28 种，三轴复合产生 56 种，从而在一个强度水平上共发生 84 种情绪，四个强度水平上共发生 336 种情绪。"复合情绪在体内表现为基本情绪同时或几乎同时发生，而最根本的原因在于与不同的基本情绪相对应的边际异化信息迭代过程在思维系统中同时或几乎同时活动。马克思强调，在不同生产关系下存在的社会意识对人及生命活动的决定意义。他认为："特殊人格的本质不是人的胡子，血液，抽象的肉体和本性，而是人的社会本质。"生物系统在更新换代时保存和再现自己的结构，个体是通过个体遗传器官来传递遗传特征，而社会则是通过社会意识的作用来再现自己的。通过学习，可以获得与社会意识中各种制度相对应的边际异化信息迭代过程，这些边际异化信息迭代过程与思维系统中与情绪相对应的编泽过程相互作用，生成新的边际异化信息迭代过程，从而实现了社会意识与情绪活动的联系，思维能量转化为心理能量。这样，情绪活动就被赋予一定的社会意识因素。这种过程是在思维系统中，不断生成新的边际异化信息迭代过程而实现的。社会意识对于个体的作用是通过思维系统实现的，而思维系统中的边际异化信息迭代过程的获得也正是来源于社会意识。个体自身无法意识到社会意识对于他的作用。如果我们对不同社会意识下的人进行比较，就会发现社会意识对人情绪的决定作用。如果把道德看做是一种言论行动自由的尺度，或是一种宗教信仰，并在此基础上来观察不同国家的人在婚姻问题上的不同风俗习惯，你一定会感到十分惊奇。在这个地区这样做是名正言顺，换个地方这样做就是大逆不道。所以，对普通的人来说，其社会的思维模式常常显得绝对合乎逻辑。在一些具有本质差异的社会中，不同的思维模式各自认为对方是"违背逻辑"或"荒谬绝伦"。不同的社会意识将对人的情绪有着不同的意义。

情绪活动是受先天预成程序控制的，情绪一旦被激活，它的下阶段的活动便依赖于原始活动的位置和性质。个体的情绪，在思维系统发展的不同阶段对于社会生活和个体生活的意义也是不同的。马斯洛注意到了这点，他将需要分为"高级的"与"低级的"，高级需要与低级需要之间的各种差异，从发生学的角度讲，是由于在人的思维系统中边际异化信息迭代过程具有不同层次造成的。在思维系统中，边际异化信息迭代过程的层次高低在个体生命和社会生活中的意义是不一样的。对于个体生命的意义在于，生活在高级需要的水平上，意味着更大的生物效能，更长的寿命，更好的睡眠，胃口等等，高级需要的满足能引起更合意的主观效果，即更深刻的幸福感、宁静感，以及内心生活的丰富感，追求和满足高级需要代表了一种普遍的健康趋势，一种脱离心理病态的趋势；那些两种需要都满足过的人们通常认为高级需要比低级需要具有更大的价值。同时对于社会生活的意义在于，高级需要的实现要求有更好的外部条件，要让人们彼此相爱，而不仅是免于相互残杀，需要有更好的环境条件。需要的层次越高，爱的趋同范围就越广，即受爱的趋同作用影响的人数就越多，爱的趋同的平均程度也就越高；高级需要的追求与满足具有有益于公众和社会的效果；高级需要的满足比低级需要的满足更接近自我实现，高级需要的追求与满足导致更伟大、更坚强以及更真实的个性。社会意识对人思维系统的作用是逐步实现的，从而社会意识在人的生命的不同阶段的意义也不一样。

五、心理能量转化为思维能量

人的基本情绪的发生在不同时间可能被思维系统中不同的边际异化信息迭代过程所决定，而情绪的活动却不受思维系统中边际异化信息迭代过程的控制。情绪心理学的研究结果表明，情绪的原始模式作为一种先天预成的神经装置是贮存在下丘脑内的。从生理解剖结构上来说情绪中枢——丘脑是不识目的的，它的神经冲动要受到体现意识的大脑皮层的支配和调节。但是，生物学家们却普遍公认，本能是围绕着目的。生物界极普遍的事实都在支持这种看法，动物的食欲促使它去寻找食物，以不断补充肌体对营养的需要，排泄欲促使肌体排泄废物，运动欲促使肌体生长发育，性欲保证族类不至于断子绝孙等等。在情绪系统中，每种具体情绪都有其独特的神经生理基础和体验特征。在情绪发生时，体内的生物化学过程将产生与这种情绪相对应的特殊物质，如激素、儿茶酚胺等。这种特殊物质实际上是一种能量，它支持着先天预成的行为程序。这种行为和目的之间有着十分深刻的内在联系，这种能量是生物全部进化史的生存经验打在遗传物质上的印痕，是世世代代的行为留在遗传物质上的记忆，这种能量所支持的行为是指向目的的。诸如把产前24小时的雌鼠，产后24小时的雌鼠和一只处女鼠的动脉联结起来，血流很快可以进行交流，三者的血成分相同，这时，处女鼠即刻表现母爱行为，它会做窝，护养小鼠，而同样方法，如果处女鼠接受的不是产前或产后的雌仓鼠的血液，它就不表现这种母爱行为，这说明产前产后有一种激素在对上述行为起作用。在情绪系统中，由于不同情绪所产生的能量的成分不一样，从而这种能量所支持的行为也是不同的。这种能量是生理的，它的性质在人生活的各个阶段是不变的。

在思维系统中，边际异化信息迭代过程的不同层次为同一基本情绪在发生时所产生的能量提供的释放方式是不一样的。与决定这种情绪发生的边际异化信息迭代过程的层次相对应，在这个层次上，思维系统将给出释放这种能量的方式。这种能量是生理的，它最终要实现的是最基本的心理本能，就是追求快感和躲避痛感。能量的释放，作为原本的、先天的模式以内刺激进入意识。这种内刺激进入意识后，便受思维系统活动规律的控制。诸如两只老鼠互相打架，没注意到玩具娃娃，当合适的攻击对象不见之后孤单的老鼠就转移攻击对象而向无辜的旁观者进攻。最合适的攻击对象是产生挫折的物体，人们经常控制自己对产生挫折的来源不予攻击。如有人在上司面前受挫，但由于害怕失业，他却不想攻击上司，这种攻击就移置到"无辜的旁观者"身上，诸如他的秘书或妻子。无论是人，还是动物，能量的释放方式是由先天提供的。当这种原始模式进入意识后，思维系统给出的支持方式就是攻击上司，由连锁边际异化信息迭代原理可知，如果实现攻击上司，就会有失业的可能，根据自动边际异化信息迭代原理（思维系统对于任何函数定义域中的值，都将自动地给出结果。这个值以及与这个值相对应的结果进入意识），如果我们把边际异化信息迭代过程称为函数，把适应于边际异化信息迭代过程的所有事件的集合叫定义域，可知，可以将攻击上司中的上司，变成秘书或妻子，因为上司、秘书或妻子同在适合攻击上司这个函数的定义域中。移置在心理学中得到了注意，它实际上是在能量释放的原始模式进入意识后，思维系统活动的结果。它的意义在于释放能量以实现最基本的心理本能——追求快感和躲避痛感。移置既能实现能量的释放，又能使思维系统为能量释放的方式提供具有合理性和可行性。总之，思维系统为能量释放提供可行的方式，这样，心理能量必须转化为思维能量才能得到实现；能量的释放过程实际上是心理能量转化为思维能量的过程。

当某种能量释放的原始模式进入意识时，思维系统可能不提供释放能量的方式，在心理学中称作压制。压制与压抑不同，压抑是指那威胁性太强的冲动或记忆被排除于活动或意识之外。总之，在这两种情况中，能量都得不到释放。在情绪系统中，与不同的基本情绪相对应的能量，具有不同的贮存能力。情绪是需要是否得到满足的反映，马斯洛的研究提供了满足需要的动机层次。如果所有的需要都不满足，那么支配有肌体行为的能量将根据自己的优先级而释放这种能量，也就是能量所具有的贮存能力。当能量产生后得不到释放时，就会自动地将这种能量贮存起来，对于贮存的能量，它只有生理的意义，即只保留原本的先天模式。因为在思维系统中，边际异化信息迭代过程的层次是在不断地变化的，也就是引起这种能量产生的边际异化信息迭代过程早已不存在于思维系统中，所以，为释放能量提供支持方式的总是思维系统中边际异化信息迭代过程的最高层次。

当有肌体受到来自情境的情绪刺激，生理唤醒水平提高，器官被激活时，所发生的情绪激动程度或紧张程度也随之提高，体内生物化学过程所产生的特殊物质增多，能量增大。对于某种基本情绪，在不同时间被激活时所产生的特殊物质在量上可能不同，它依赖于激活这种情绪的外界刺激的强度。能量释放是在行为中得到实现的，而释放能量的行为是靠能量来支持的，能量的大小，影响着这种行为的程度。在情绪系统中，对于某种基本情绪，如果它有一定的能量贮存，当这种情绪被激活时，它将产生同样的特殊物质，这样，在肌体内部就产生了能量的叠加。由于这种能量的增大，这时需要释放的能量是这种能量的总和。能量如果超出了它的阈值，根据精神分析的理论，将造成感觉或运动系统机能性障碍。

童年的经验是怎样影响着成年的生活呢？更确切地说，过去的经验对于现实产生怎样的影响。对于思维系统中的边际异化信息迭代过程的层次，高层次是以低层次为基础的，但却不可能回到低层次，也就是当低层次的边际异化信息迭代过程被高层次的边际异化信息迭代过程取代后，它便在思维系统中消失了。只有没获得释放的能量才对现实生活产生影响。但是这种没有获得释放的能量，它只保留原本的先天模式，它的释放方式是由思维系统中边际异化信息迭代过程的最高层次提供的，它的作用在于：第一，对于贮存的能量，如果最高层次的边际异化信息迭代过程所决定的某种情绪发生所产生的能量与这种能量发生叠加，这时需要释放的能量是这种能量的总和，这样就会加大释放这种行为的强度；第二，贮存的能量，在不被人知的情况下影响着我们对周围人和事的反应。弗洛伊德认为，兴奋过程在意识系统中变成有意识的，但不在该系统中留下持久的痕迹。这种兴奋被传导到位于意识系统之下的那些系统中，并且在这些系统中留下了它的痕迹。贮存的能量被外界刺激无意识地唤醒，它的原始模式进入意识后，思维系统中边际异化信息迭代过程的最高层次可能提供释放这种能量的方式，这种贮存的能量可能支配着现实的行为。如果我们寻求在成人那里找到引起情绪的外在刺激和与这种情绪表现相对应的外在对象上的因果关系，那将导致根本的错误。因为在能量支配的行为中，能量总是叠加的总量。由此可以看出，贮存的能量不仅影响着现实生活，也是人格发展的重要因素。自上面的讨论可知，思维系统和情绪系统在不停地进行能量交换，而人的全部心理过程都被它们的活动所控制。

六、情绪系统是嵌入生成系统

情绪活动属于心理活动的一部分，情绪系统是一个开放的系统，这是情绪系统形成和发展的前提和条件。情绪系统演化是从零开始的，这里用 E 表示情绪系统，情绪系统的初始状态为 $E_0=0$。情绪系统的形成与发展是情绪系统与外界环境相互作用的结果，这表现为边际异化信息迭代过程，用 $f_i=f_i$（x_1，x_2，…，x_i）（$i=1$，2，…，n），x_i 表示不同的边际异化信息。

最初关于边际异化信息 x_1 的边际异化信息迭代过程为 $f_1=f_1$（x_1），第二个关于边际异化信息 x_2 边际异化信息迭代过程为 $f_2=f_2$（x_1，x_2），由于在 $f_2=f_2$（x_1，x_2）中含有边际异化信息 x_1，在边际异化信息迭代过程的经验作用下，将继续进行边际异化信息迭代，边际异化信息迭代过程可以表达为 $f_3=f_3$（x_1，x_2，x_3）$=f_1$（x_1）$+f_2$（x_1，x_2），这样，经过 n 次边际异化信息迭代后，边际异化信息迭代可以表达为 $f_n=f_n$（x_1，x_2，…，x_n）。

$$f_n=f_n（x_1，x_2，…，x_n）=\{\sum f_i=f_i（x_1，x_2，…，x_i）\quad i=1，2，…，n-1\}$$

由此可见，由于边际异化信息迭代过程的经验作用，最初的边际异化信息 x_1，经过 n 次边际异化信息迭代后，与众多的边际异化信息形成了联系。

情绪系统 E 可以表达为所有的边际异化信息和所有的边际异化信息迭代过程构成的集合，而且初始条件为 0：

$$E=\{x_i，f_i（x_1，x_2，…，x_i）\quad i=1，2，…，n\}，\quad E_0=0$$

情绪系统是嵌入生成系统，在情绪系统形成过程中，边际异化信息迭代过程的经验作用，形成了边际异化信息之间的联系。情绪系统的形成与发展，是边际异化信息迭代过程的经验作用的结果，情绪系统演化过程就是边际异化信息迭代过程，这种迭代过程使得情绪系统从简单到复杂、从低级到高级、从无序到有序的方向发展。

第五章　无意识系统的形成与发展（一）

精神系统与记忆的关系实际上就是关于无意识根源的重新探讨，被誉为影响二十世纪推动人类历史进程的心理学家弗洛伊德，将人的精神活动分成三个层面，由低到高为潜意识、前意识、意识。弗洛伊德认为，任何精神活动，若无法被意识到或经过努力集中也不能浮现于意识中，即属精神的最深区域——潜意识；若通过联想，努力集中注意而能被意识到的，则属于前意识；任何能被我们清醒地知觉到的，则属于意识层面。潜意识中的内容主要是个人的原始冲动，本能欲望和感情。由于这些往往与父母、师长等所教授的社会道德规范和行为标准相抵触，会受到社会舆论的谴责，所以被个人压抑或排挤到潜意识中去，而不愿和不能想起，只有在克服压抑的作用或压抑解除后才能进入意识，而只有在睡眠、做梦、催眠或精神失常时，压抑才会解除，才能意识到潜意识中的内容。潜意识也被称无意识，可以看成是被压抑的经验的储藏库，精神系统与记忆的关系涉及无意识根源的重新探讨。

一、记忆与精神系统的关系

认知心理学关于注意的研究给出了意识的重要性质：在同一时刻，不可能有两个事件同时进入意识。"我们一次只能注意和（或）加工有限的信息量，而且一般都公认（虽然这个问题的经验数据难以发现），我们一次只能意识到一件事情。"[①] 同样说，U·奈瑟所进行的实验研究也得出了这样的结论："无论哪一个人任何时候也不留在同一时间、同一地点看到两列事件。"[②] 关于记忆与精神系统的关系，涉及编码、储存与提取。

1. 编码与精神系统的关系

我们生活在客观世界中，肌体内外环境的刺激可以通过感受器作用于肌体并沿一定的神经通路传至大脑皮质而形成感知觉。在觉醒状态下，肌体内外环

---

① ［美］罗伯特·L·索尔索：《认知心理学》，教育科学出版社，第148页。
② ［苏］В·М·维吧契科夫斯基著：《现代认知心理学》，社会科学文献出版社，第140页。

境中的各种事物的各种属性都无时无刻不以适宜的方式对我们的各种感觉器官发生刺激，但是我们所能感觉到的却只是其中部分事物的部分属性，这就是我们注意到的部分；大部分刺激虽作用于我们的感觉器官而不能为我们所感觉，这就是我们未注意到的部分。哪些外界刺激能得到个体的注意完全取决于个体精神系统中边际异化信息迭代过程。在个体的童年时期，由于精神系统处于形成和发展阶段，所以此时期个体对外界刺激的注意很少进行。试验结果告诉我们："年龄小的儿童较不能控制自己的注意过程（Hagen，1967；Hale，1975；Pick，1975）。"[1] 被注意到的外界刺激，不仅进入意识，由意识控制原理可以看到：边际异化信息迭代过程的刺激与结果均进入意识，而且外界刺激的编码有可能被记忆（长时记忆或短时记忆），也就是这些编码可能在大脑中保留下来。我们将进入意识后保留在记忆中的编码称为意识记忆。外界刺激能否被记忆，取决于它能否被个体所注意，而能否被注意又取决于精神系统中边际异化信息迭代过程对哪些外界刺激提供支持，对于意识记忆完全由精神系统边际异化信息迭代过程所决定。

人体有五种主要的感觉器官，眼、耳、鼻、舌、身，因此，感觉也主要有五类：视觉、听觉、嗅觉、味觉和躯体感觉。这些感觉器官是以不同形式对外界刺激进行编码的。由意识的重要性质知道，在同一时刻，不可能有两个或两个以上不同的感觉器官对于外界刺激的编码进入意识，虽然实验证明了我们很难注意同一感觉到同时发生的一种感觉以上的线索，比如说，两种听觉线索或两种视觉线索，[2] 但是，对于不同的感觉器官可能同时分别对外界刺激进行编码，一种进入意识，而另一种不进入意识，这种不进入意识的编码可能被长期保留下来，我们将不进入意识而保留在记忆中的编码称为无意识记忆。与无意识记忆相对应的外界刺激没有受到精神系统中边际异化信息迭代过程的支持，所以它不受精神系统中边际异化信息迭代过程的控制。然而，作为无意识记忆编码本身，可能是感受编码，诸如某个气味；也可能是一些具有一定意义而个体精神系统中边际异化信息迭代过程能给予支持的编码；还可能是一些具有一定意义而个体精神系统中边际异化信息迭代过程不能给予支持的编码。诸如有一个不识字的女仆，她25岁，有一天患了急性疟疾，在说呓语的时候，她反复地讲些拉丁语的、希腊语的和欧洲语的各种句子；同时在讲这些句子的时候，

---

① ［美］罗伯特·L·索尔索：《认知心理学》，教育科学出版社，第388页。

② ［美］罗伯特·L·索尔索：《认知心理学》，教育科学出版社，第120页。

还带有相应的情感，声调慷慨激昂。周围的人由于无知而认为这个姑娘是被魔鬼迷住了，然而经过诊断弄清了这个莫明其妙的现象。原来这个姑娘曾被一位老牧师教养过，这位老牧师在读自己所喜爱的书时有个习惯：读书时顺着通向厨房的走廊慢慢地走来走去，而这个姑娘的大部分时间都是在这个厨房度过的。当我们了解到了牧师所读的书的内容时，也就证实了正是在这些书中有病人在呓语中所说的那些句子。可见，这个姑娘本人对这些句子虽然不理解，但却无意识记住了它们。①

2. 储存与精神系统的关系

对于记忆中的事件，它是由一些连续的编码构成的，这些编码包括意识记忆编码和无意识记忆编码。在记忆中，不同事件的编码是相互独立的，而且这些记忆编码作为存在与储存的先后次序无关。对于意识记忆，外界刺激以及与此对应的结果完全由精神系统中边际异化信息迭代过程决定。由边际异化信息嵌入原理可知，精神系统中边际异化信息迭代过程的层次是在不断地变化的，精神系统中边际异化信息迭代过程随时可能被新的边际异化信息迭代过程所取代。对于长时记忆，它所储存的编码是不受精神系统中边际异化信息迭代过程的层次变化影响的，也就是记忆中的某事件受到精神系统中某边际异化信息迭代过程支持，这个边际异化信息迭代过程被生成边际异化信息迭代过程取代后，生成边际异化信息迭代过程所支持的外界刺激以及与之对应的结果如果被记忆，它的编码并不覆盖原边际异化信息迭代过程所支持的事件的编码，这两个事件的边际异化信息迭代过程是相互独立的。无论是意识记忆编码还是无意识记忆编码，在储存时编码是不被改变的。

3. 提取与精神系统的关系

记忆中的事件是由编码构成的，对于编码的解释需要精神系统中边际异化信息迭代过程的支持，如果没有精神系统中边际异化信息迭代过程的支持，即使是记忆中的编码，对于个体来说也毫无意义。比如前面无意识记忆的例子就能说明这一点。当记忆中的某事件被提取进入意识时，个体是怎样意识到这事件是过去发生的呢？在个体的精神系统中有与时空原则和逻辑原则相对应的边际异化信息迭代过程，被提取的记忆中的某事件一定包含某些时间参考，由边际异化信息迭代的连锁原理可知，个体能意识到此事件是发生在过去的。

---

① 车文博：《意识与无意识》，辽宁人民出版社，第50页。

只要记忆中的事件编码（意识记忆编码和无意识记忆编码）的部分编码重新输入，记忆中的事件便被提取。对于个体来说，记忆中所有的编码被使用的次数是不同的。对于使用次数较多的编码，诸如商店、房子等，仅仅重新输入它们记忆中的事件是不能被提取的。如果要提取此事件，还需要事件中的其他编码重新输入。对于使用次数较少的编码，可能在重新输入时便可提取与之相对立的事件。例如有个教授和他的弟子在农村小道上散步，两人边走边严肃地交谈着。突然，教授发觉自己忽然受到童年记忆的干扰。他无法解释这种分心，交谈中的任何话题似乎与这种记忆无关。回头时，教授看到刚经过的农场，这时，他孩提时代的记忆突然触发。他向弟子建议回到触发回忆的地点。到了那里，他闻到一股鹅味，他马上意识到，正是这种气味诱发了他的回忆。孩提时，他曾住在养有鹅的一个农场里，那种特殊气味给他留下了不可磨灭的印象。散步时经过农场，他下意识地闻到了这种气味，这一无意识知觉便把他带回到了那个被遗忘的童年回忆中。这一知觉是阈下的，即无意识的，因为注意力集中在其他地方。①

　　个体在觉醒状态下，时刻受到精神系统的支持，由于精神系统的支持，提取可通过直接提取和间接提取进行。**直接提取**是对记忆中某事件的编码的一部分编码重新输入而将记忆中的事件提取出来。诸如甲：卖鞋的商店在哪里？乙：哪家卖鞋的商店？甲：哪家都行。乙：前面那个楼就是。对于乙记忆中事件的提取是直接的，重新输入的编码是乙关于卖鞋商店的记忆编码的一部分。**间接提取**是指精神系统中边际异化信息迭代过程的结果是记忆中某事件的编码的一部分，这部分编码将记忆中的事件提取出来。还是前面的例子，我们假定甲乙都会英文，但乙对卖鞋商店的记忆编码是中文的，而上面的对话用英文完成。此时的提取是受到精神系统中关于中英文相互转化与边际异化信息迭代过程支持完成的。外界刺激，如果受到精神系统中边际异化信息迭代过程的支持，由边际异化信息迭代的连锁原理可知，可能有边际异化信息迭代过程的结果是记忆中某事件编码的一部分，从而提取记忆中的事件。例如 B. F. Riess 在 1946 年用蜂鸣器作无条件刺激，对五个词建立了皮肤电条件反射，他把这五个词分散在它们的同音、反义和同义词中，分别检查每个词引起的皮电反应。结果表明，语义泛化随年龄不同而发生变化：平均年龄为 7 岁组的儿童对同音词泛化

---

　　① ［瑞士］容格：《人及其象征》，河北人民出版社，第 15 页。

最大，平均年龄为10.7岁组的被试对反义词泛化大，平均年龄为14岁和18.5岁的两组被试则以同义词泛化最大。[①]在这个例子中，说明了在个体精神系统发展的不同阶段，边际异化信息迭代的连锁原理对外界刺激的支持是不一样的，在7岁组、10.7岁组、14岁组和18.5岁组有着很大的区别，这种区别就在于精神系统中边际异化信息迭代过程的层次变化。在精神系统中是否存在关于同音词、反义词和同义词的边际异化信息迭代过程，以及与这些边际异化信息迭代过程的相联系的过程，是边际异化信息迭代过程的结果，能否提取记忆中事件也就是皮肤电条件反射的重要原因。

二、记忆与情绪记忆的关系

情绪活动是受先天预成程序控制的，任何一种情绪状态都是和心脏、血管及其他事关生命重要的内脏器官的紧张工作分不开的，它们在没有人意志支配的情况下而使情绪自动地缓和下来。情绪体验作为刺激是进入意识的，情绪体验在瞬间完成，对情绪体验的记忆称为情绪记忆。同一基本情绪，情绪记忆的编码是不变的，而对于情绪系统中不同的基本情绪的情绪记忆编码是不同的。情绪记忆的编码与引起这种情绪发生的外界刺激的编码一起留在记忆中。由精神系统与情绪系统的关系可知，人的基本情绪的发生在不同时间可能被精神系统中不同的边际异化信息迭代过程所决定，而情绪的活动却不受精神系统中边际异化信息迭代过程的控制。在记忆中，同一基本情绪记忆的编码可能与不同事件的记忆编码储存在一起。当记忆中包含某情绪记忆的事件被提取时，情绪记忆当然也被提取，但此时只是对体验的记忆，而不是体验，可是如果重新输入的外界刺激仍受到精神系统的支持，引起情绪系统中基本情绪的发生，此时个体所获得的是体验，而包含此情绪记忆的记忆中的其他事件却不被提取。

当情绪记忆被重新输入时，也就是当个体处于某情绪状态时，在记忆中包含此情绪记忆的不同事件将被提取。鲍维尔（Bowet G. H, 1981）在进行心境对记忆的影响的研究中得到这样的结果：成人被试在愉快情况下学习背诵单词，他们在愉快中回忆那些单词比在悲伤中的回忆量要大；而在悲伤情绪下记忆的单词，其回忆量比在愉快中的回忆量要大。另一项实验结果也表明，成人被试对童年事件的回忆，处于愉快情绪中的被试，回忆曾经引起愉快的事件的数量，

---

① 赫葆源、张厚粲、陈舒永等编：《实验心理学》，北京大学出版社，第666页。

比回忆曾经引起痛苦的事件的数量要多；而处于痛苦情绪中的被试，回忆引起痛苦事件的数量比曾经引起愉快事件的数量要多。[①]

三、两种不同的记忆形式

记忆的第一种形式是前面我们所讨论的记忆形式，即记忆中的事件是由编码（感觉器官对于外界刺激的编码和情绪记忆编码）形式储存在大脑中，它被提取后必须受到精神系统的支持，否则被提取的编码对于个体毫无意义。顺便指出，建立在无条件反射基础上的条件反射，根据巴甫洛夫的理论，[②] 这种记忆属于第一种记忆形式。记忆的第二种形式是与情绪系统中基本情绪相对应的在丘脑中的能量储存。储存在下丘脑内的某基本情绪的先天预成程序被激活，也就是丘脑产生神经激素，通过血液流向垂体，垂体又分泌激素作用于靶器官，而靶器官又分泌激素或生物化学物质通过血液传至下丘脑。[③] 从鼠的交配实验可以看出，交配行为的产生，性激素是必需的，如果一只没有睾丸的"雄性"和一只没有卵巢的"雌性"，就不可能产生交配行为。[④] 靶器官所分泌的激素或生物化学物质实际上是一种能量，它支持着先天预成的行为程序。在情绪系统中，与不同的基本情绪相对应的能量，具有不同的储存能力。对于储存的能量，它只有生理的意义，即只保留原本的先天模式。精神系统为能量释放的方式提供具有合理性和可能性的保证。[⑤]

四、关于无意识（遗忘、梦的根源）的重新探讨

记忆中有些包含情绪记忆的事件在被提取时将受到情绪记忆特性的影响。与不同的情绪体验相对应的情绪记忆在被提取时有着不同的特性。似乎与个体的最基本的心理本能——追求快感和躲避痛感相对应，记忆中包含有些情绪记忆的事件在被提取后可能反复进入意识，诸如与愉快、担心、恨等相对应的情绪记忆。而记忆中包含另一些情绪记忆的事件在被提取后要经过几分钟或几天

---

① 孟昭兰：《人类情绪》，上海人民出版社，第 32 页。

② 周衍椒、张镜如主编：《生理学》，人民卫生出版社，第 423 页。

③ ［英］Benne 比与 Whitehead 合著：《神经内分泌学概论》，中国医科大学出版社，第 1、3、11 章。

④ 匡培梓主编：《生理心理学》，科学出版社，第 319 页。

⑤ 孟昭兰：《人类情绪》，上海人民出版社，第 32 页。

后进入意识，或者事件中的一部分进入意识，这种遗忘是暂时的或部分的。弗洛伊德在这方面做了大量的研究：任何一个"遗忘"都有动机可寻，而这个动机通常是一种不愉快的经历。① 他所指的遗忘不是真正的遗忘，真正的遗忘是指那些储存在记忆中而提取不出来的事件，在记忆中这些事件总是由那些使用次数较多的编码构成，而与这些事件中是否包含什么特性的情绪记忆无关。

记忆中的事件编码（意识记忆编码和无意识记忆编码）的部分编码重新输入，记忆中的事件便被提取。对于外界刺激的输入，由于精神系统的支持，记忆中的多个事件可能被提取，由意识的重要性质可知（在同一时刻，不可能有两个事件同时进入意识），不仅被提取的记忆中的多个事件不可能同时进入意识，而且外界刺激此时又可能受到精神系统的支持进入意识。在这种情况下，被提取的记忆中的有些事件不能进入意识。被提取的记忆中的事件虽然没有马上进入意识，却具有进入意识的能力，当外界刺激得不到精神系统的支持时，这些被提取的记忆中的事件便自动进入意识。

如果在觉醒状态下，被提取的记忆中的事件没有进入意识，那么在睡眠状态下，记忆中这些被提取的事件便进入意识，也就是梦。梦的来源不仅是那些在觉醒状态下没能进入意识的记忆中被提取的事件，而且梦还有另一个来源，就是在睡眠状态下，记忆中的事件被提取。在睡眠状态下，生理活动并不停止，内分泌系统的活动使得个体处于某种情绪状态时，由记忆与情绪记忆的关系可知，记忆中包含这种情绪记忆的事件便被提取而进入意识。心理学家霭理士指出：性梦发生的机缘是不一而足的，身体上的刺激、心理上的兴奋、情绪上的激发（诸如睡前饮酒）、睡的姿势（平睡、背在下）、膀胱积尿的程度等。② 在睡眠状态下，感觉器官不可能形成任何编码，所以梦的内容是记忆中的事件组成的。在梦中的有些事件似乎是我们在现实中从未有过的。事实上，这些事件完全是在觉醒状态下精神系统中边际异化信息迭代过程的结果。从精神分析对梦的象征③的研究可以看出，那些在现实中似乎从未有过的事件，实际上是精神系统中边际异化信息迭代过程关于神话、图腾与禁忌等活动的结果。幻想、希望、想象的结果也可能储存在记忆中，有些是无意识的。在睡眠状态下进入意识的这些事件是在觉醒状态下被提取而没能进入意识的那些事件，这些事件之

---

① ［奥地利］弗洛伊德：《日常生活的心理分析》，浙江文艺出版社，第 78 页。
② ［英］霭理士：《性心理学》，生活·读书·新知三联书店，第 135 页。
③ ［德］弗洛姆：《梦的精神分析》，光明日报出版社。

间可能不存在任何关系。由于这些事件连续的进入意识，不同的事件之间好像存在着因果关系或者意义上的联系，所以梦中的事件与现实中的事件可能大不相同。

第六章　无意识系统的形成与发展（二）

无意识亦即潜意识是潜藏在意识下的一股神秘力量，也是人类原本具备却忘了使用的能力。潜意识聚集了人类数百万年来的遗传基因层次的信息，囊括了人类生存最重要的本能、自主神经系统的功能和宇宙法则之间的联系，即人类过去得到所有最好的生存情报，都蕴藏在潜意识中。据说潜意识属于超越三维空间的高维空间，一经开启将和宇宙意识产生共鸣，宇宙信息就会以图像方式浮现出来，精神系统感应等 ESP 能力也将出现。

英语中的 ESP（Extra Sensual Perception）能力是右脑的五感。左脑是显意识脑，右脑是潜意识脑，左脑具有显意识性的五感，视、听、触、嗅、味；右脑具有潜意识性的五感，精神系统感应、透视力、触知力、预知力、意念力。人总是运用左脑的感觉体系，右脑的感觉体系处于休眠状态。特异功能属于右脑的五感，人类压抑潜意识的大脑新皮质过于发达，使得 ESP 能力被封存起来。相反的，动物的大脑组织几乎都是由旧皮质组成，因此能够发挥 ESP 能力。

尽管如此，无意识依然浸润于心理的每个角落，同样意识不到的还有集体无意识，一种与文化有关的原始意象。在母权制氏族社会背景下形成的原始文化，作为非生理遗传的社会意识遗传，不仅渗透于社会组织、传统习惯、道德规范和赖以生存的活动中，也对人类祖先思维和心理产生了极大的作用。虽然，作为古老的原始文化已在历史的长河中消沉，但是，由于文化对思维和心理的作用离不开集体无意识，集体无意识依然对人类具有重要作用。集体无意识通过潜意识发挥作用，所以，集体无意识属于潜意识系统。

一、文化与集体无意识

1. 文化情结
文化形成于原始氏族社会，以自然崇拜、图腾崇拜和祖先崇拜的各种祭祀是文化活动的主要内容。文化没有成文的经典、特定的创始人、寺庙和规范的祭礼，由代代传带、继承，是氏族社会的精神支柱。文化的祭礼承载祖神、氏族祖先神等神祇，主持是神灵的差使，拥有神奇的超自然力量，斡旋于神与人之间，具有消除灾祸、保佑平安、为病人祭神驱鬼和祈求丰收等职能。所戴面具和所用器物，具有神圣的象征意义，附着诸多原始文化信息。

文化充分反映了文化情绪、心理和意识，祭礼是文化情结的物化形态和特殊的表意符号，折射出信仰、禁忌、思维、心理和审美意识，核心内容是作为神灵的使者，可以直接和神灵往来，实现着人与神之间的交流，这就是文化情结之所在。文化祭礼之所以能够达到神秘的物我合一境界，就是因为文化情结的本质是建立在人与神灵之间相互感应的基础上，借此来缓解心理紧张，和谐心理。在祭礼的原始意象，以文化情结的形式纳入文化中，充分地表现了文化核心。

2. 文化情结与集体无意识

瑞士精神分析学家荣格提出了集体无意识的概念，打破了19世纪60年代以来心理学家始终坚持后天环境影响意识形成的环境决定论，这是荣格何以总是要用神话和文化象征来填补理性哲学和现代科学的空虚，并借以获得对人类精神完整理解的缘故。荣格以进化和遗传为基点的心理学结构蓝图，是对法国人类学家列维·布留尔"集体表象"理论的进一步发展，他对集体无意识的发现，成为心理学史上的一座里程碑。

荣格界定的集体无意识概念是指有史以来沉淀于精神系统深处、普遍共同的本能和经验遗存。遗存既包括生物学意义的遗传，也包括文化历史的文明沉积。个体无意识从婴儿最早记忆开始，由冲动、愿望、模糊的知觉和经验组成；集体无意识则包括婴儿以前的全部时间，即祖先记忆的残留，它的内容可在所有个体那里找到，由于带有普遍性，故称集体无意识。集体无意识的内容是原始的，以一种不明确的记忆形式积淀在大脑组织结构中，在一定条件下被唤醒、激活，其根源只能在集体无意识中找到，使现在人可以看到或听到原始意象的回声；这些原始意象的回声在暗示、联想和想象的作用下顿悟，形成过去与现在、现在与将来混杂在一起的现在意象，现在意象既不同于过去，也不完全决定于现在，在过去、现在和将来之间掺杂了许多想象的内容。

集体无意识是精神系统中仍旧活跃的祖先经验和原始文化情结的记忆。原始的生产方式，衣食取之于野兽，把狩猎所获取的野兽，视为主宰野兽神灵的恩赐。在这样的背景下，萌生的原始意象，期盼超自然力量来拯救自己，以文化情结的形式表现出来。文化情结是原始意象的表达方式，经过世代的积淀沉积下来，构成了集体无意识的内容。

文化情结与集体无意识之间存在着相互联系的内在机制。最初，文化情结不过是原始意象的表达，通过不知多少代人祭礼的反复强化，成为了集体无意识的内容，进而，文化情结也就成了原始意象与集体无意识的切合点。祭礼使得文化情结在表达原始意象的同时，还与集体无意识重合，实现了文化情结与集体无意识的互动。虽然，祭礼产生于遥远的年代，经过一代代的传承，甚至本身都无法诠释其原本意义及内涵，但是，却依然作为原始意象的表达，强化着集体无意识，承前启后地给后代带来重要影响。

二、原始意象与文化心理情结

1. 文化心理情结

文化产生标志着人类思维发展到能产生复杂幻想的地步，以此产生的敬畏神灵，寻求超自然力量庇护的心理，称为文化心理情结。无论是茹毛饮血的原始时代，还是科学技术高度发达的信息时代，原始人与现代人幻想得到超自然力量庇护的意象是完全相同的，也就是说，原始人与现代人幻想得到超自然力量庇护的心理期待是相同的，从过去到现在，文化心理情结总是存在的。文化心理情结之所以在现代人这里存在，是因为个体思维发展要经历人类思维演进的整个过程，自然也要经历原始思维阶段，不仅如此，由于冥冥之中的那个高于人的力量存在，现在人依然有得到超自然力量庇护的幻想，这是人类思维能力决定的。

文化心理情结总是离不开个体对超自然力量的敬畏，原始人和现代人不仅在原始思维发展阶段思维能力相同，幻想超自然力量时的心理感觉也是一样的。即使现代人的思维超越了原始思维发展阶段，但对超自然力量的心理期待与原始思维发展阶段也没有什么不同。记忆的提取原理是这样的：激活记忆中的信息有两种途径，一种是外界刺激，即外界刺激通过感觉器官激活记忆中相同的信息；另一种是内部刺激，即来自于身体内在的心理感觉激活记忆中相同的信息。文化心理情结不仅与外界信息相联系，同时也是身体内在的心理感觉。实际上，集体无意识的提取仰仗的就是身体内在的心理感觉，也就是文化心理情结，无论过去、现在还是将来，只要有高于人的力量存在，就会有文化心理情结。这意味着，现实生活中遭遇问题时，幻想超自然力量的心理感觉，可以作为内在刺激，提取或者激活集体无意识中相关的原始意象，因为这种原始意象就是与这种感觉相对应的，进而，这种原始意象将给问题的解决带来灵感。在意识水平经历负性体验时，无意识水平作为补偿，可能含有多种正性体验，这种情况可能指导人们重振勇气。尽管原始文化失传，可集体无意识中的原始意象，依然对现代人的精神活动产生影响。

2. 原始意象与集体无意识

集体无意识反映了人类在历史进化过程中的集体经验，个体从出生那天起，集体无意识就给行为提供了一套预先形成的模式，这决定了知觉和行为的选择性。个体之所以能够很容易地以某种方式感知到某些东西并对它作出反应，是因为这些东西早已先天地存在于个体的集体无意识中。也就是说，集体无意识不是后天获得的，而是由遗传决定的，在先天神经系统反射机能基础上的本能反应或认知，包含着人类远祖在内的过去所积累起来的经验。集体无意识作为人类祖先各种原始经验在个体意识深层的积淀，储存了所继承的人类祖先的各种原始意象，这种原始意象是祖先的心理痕迹，有着祖先重复了无数次的欢乐和悲哀的残余。

原始意象是原始人解决生活中各种问题的意象，具有古老的、充满感性色彩的性质，不是干瘪的思维框架和心理框架，而是欢乐和悲哀、希望与憧憬、想象和情感的原始模式，这一原始模式已经持续存在了若干万年，并无疑将继续存在下去。包含在文化情结之中的原始意象，储存了消除灾祸、保佑安全、治病和祈求等方式，这样的方式与文化心理情结有着内在联系，而不是具体事件，但是从那些具体事件积淀而成的。当这种原始意象受到与其相对应的文化心理情结的刺激时，就会再现原始意象，并以现代的方式展开。

三、文化情结对思维和心理的影响

原始文化为原始意象思维和心理发生提供了前提。个体思维发展是人类思维发展的全息缩影，这意味着个体思维发展要经过原始人的思维阶段，或者说，原始人的思维是思维的初级阶段，现代人思维发展依然要经历这个阶段。在这个阶段，现代人对世界的理解与原始人一样混沌，而且，由于感觉能够激活集体无意识中的记忆内容，尽管现代人思维发展要经过原始人的思维阶段，而且，很快进入了思维发展的更高阶段，但是，这一阶段思维和心理发生却以记忆的形式保存下来，也就是说，这一思维和心理阶段在人与外界环境相互作用的过程中，会产生与原始差不多的思维与心理期待，这些会进入边际异化信息迭代过程。或者，更确切地说，这一思维和心理阶段所反射的混沌现实，不仅是原始人所面临的问题，也是现代人依然要面临的问题，即使已经超越原始思维和心理发展阶段后，对高于人的力量的敬畏依然存在。不同时代的人都要经历诸如出生、死亡、男人、女人等同样的问题，集体无意识对思维和心理的作用，是那种先天固有的直觉方式，即思维模式和心理感觉的原始意象的边际异化信息迭代过程。正如本能把个体强行逼入特定的生存模式一样，集体无意识将思维模式和心理感觉强行纳入个体之中，在边际异化信息迭代过程中发挥作用。然而，生命本身的意义也许如同文化情结所蕴涵的那样，不是为了寻求超越现实的极乐世界，而是解决人与超自然神灵的冲突问题，为了今生今世的人。原始意象语境下的思维和心理之所以一直能延续到现在，是因为同样的心理问题依然存在。原始意象以文化情结的形式保存在集体无意识中，并通过文化心理情结提取。

1. 文化心理情结对心理的作用

文化心理情结是原始人与现代人共同拥有的心理情结。人始终遵循着最为原始的生理遗传的方式，当然，这也是人的存在与繁衍方式。文化心理情结以对超自然的敬畏为前提，这个过程不单纯是思维过程，也不单纯是心理过程，既有存在于思维中的幻想，也有与这种幻想相关的迷茫情绪，但是，行为发生的依据是迷茫心理感觉使然。幻想由心理感觉使然，而且这种心理感觉能提取集体无意识记忆的内容，也就必然与原始意象相联系，这种原始意象就包含在文化情结之中。

集体无意识作为人类共同的记忆，它的提取遵循记忆的提取原则。记忆被提取的条件是外界或者内部相同信息的刺激。关于集体无意识的提取，不可能通过现实视觉或者听觉的信息，因为与当时情境相对应的是原始的语言，现在集体无意识信息的提取只好仰仗文化心理情结的心理感觉，这种感觉与原始时期的祖先是一致的。也就是说，激活集体无意识的刺激，不是来自于外界，而是来自于内部，意象与神经活动成为连接过去与现在信息的通道。即使文化的处境随着时间而演变，而且人类思维已发展到相当的高度，但是，意象与神经活动依然是原始的方式，也正是这种方式，实现了过去与现在的联系。这不仅是理论上的论证，现实也找到了依据。

2. 文化心理情结对思维的作用

文化心理情结可以与现实联系在一起，并在现实中找到了意义。尽管在遥远的祖先那里，文化心理情结呈现在思维中的是那么混沌，但是，他们的子孙现代人却依然能如此清晰地找到这种心理情结的现实意义，在思维的较高层面上去反映文化心理情结。在现代人的思维中，最初对文化心理情结的反映是迷茫状态，正是这种迷茫状态激活了集体无意识记忆，对冥冥之中高于人的力量祈祷，事情发生自然转机后，整个思维过程就变成了故事，并在重复中不断地强化。不是源于传统文化对现实的影响，而是集体无意识的作用使然。这样的心理欲望或需要，来自于集体无意识的需要；这种需要是集体无意识嵌入的，是文化情结嵌入到集体无意识之中的，经过文化心理情结提取出来，成为心理需要，这种心理需要经过世代变迁，已没有什么意义，解决不了实际问题，而且，有更多的科学方法可以解决这些问题，但是，这种心理欲望依然不能消除。其根源就是文化心理情结作用于集体无意识，集体无意识中的记忆被激活，为心理问题提供思维模式，产生欲望，这种欲望既是心理的，也是思维的，是原始心理和思维的再现。

总之，文化情结依然是最初的切点，文化心理情结与文化情结是重合的，但是，当文化心理情结再现时，文化情结也同时被牵引出来，文化情结对集体无意识产生作用，并通过个体重现这样的记忆。集体与个体总是相互联系的，集体是由个体组成的，个体属于集体之中，没有集体无意识的反复强化，不可能形成集体无意识，但是，如果没有个体对集体无意识的承载，集体无意识就不复存在。心理情结与文化情结的切点，是集体无意识能够被提取的重要原因，也许还有许多集体无意识保存下来，但是，倘若没有心理情结的激活，集体无意识就无法被提取。

集体无意识是自原始以来世世代代心理经验的长期积累，并沉淀在个体的无意识深处，是历史在记忆中的投影。集体无意识是精神系统中仍旧活跃的祖先的经验，这样的经验也就是文化情结。文化心理情结实现了对集体无意识内容的激活，以及对原始意象的提取，而原始意象作用于思维，给出了解决问题的方式，这使得集体无意识对思维和心理的影响成为可能。集体无意识是对过去的重构，记忆是根据某种需要重建的。文化情结是人类原始经验的集结，像命运一样伴随着个体，其影响可以在个体的生活中被感觉。

四、无意识系统是嵌入生成系统

无意识和集体无意识都属于心理活动的一部分，无意识系统是一个开放的系统，这是无意识系统形成和发展的前提和条件。无意识系统演化是从零开始的，这里用 U 表示无意识系统，无意识系统的初始状态为 $U_0 = 0$。无意识系统的形成与发展是无意识系统与外界环境相互作用的结果，这表现为边际异化信息迭代过程，用 $f_i = f_i (x_1, x_2, \cdots, x_i)$ $(i = 1, 2, \cdots, n)$，x_i 表示不同的边际异化信息。

最初关于边际异化信息 x_1 的边际异化信息迭代过程为 $f_1 = f_1 (x_1)$，第二个关于边际异化信息 x_1 边际异化信息迭代过程为，$f_2 = f_2 (x_1, x_2)$，由于在 $f_2 = f_2 (x_1, x_2)$ 中含有边际异化信息 x_1，在边际异化信息迭代过程的经验作用下，将继续进行边际异化信息迭代，边际异化信息迭代过程可以表达为 $f_3 = f_3 (x_1, x_2, x_3) = f_1 (x_1) + f_2 (x_1, x_2)$，这样，经过 n 次边际异化信息迭代后，边际异化信息迭代可以表达为 $f_n = f_n (x_1, x_2, \cdots, x_n)$。

$$f_n = f_n (x_1, x_2, \cdots, x_n) = \{ \sum f_i = f_i (x_1, x_2, \cdots, x_i) \quad i = 1, 2, \cdots, n - 1 \}$$

由此可见，由于边际异化信息迭代过程的经验作用，最初的边际异化信息 x_1，经过 n 次边际异化信息迭代后，与众多的边际异化信息形成了联系。

无意识系统 U 可以表达为所有的边际异化信息和所有的边际异化信息迭代过程构成的集合，而且初始条件为 0：

$$U = \{ x_i, f_i (x_1, x_2, \cdots, x_i) \quad i = 1, 2, \cdots, n \}, \quad U_0 = 0$$

无意识系统是嵌入生成系统，在无意识系统形成过程中，边际异化信息迭代过程的经验作用，形成了边际异化信息之间的联系。无意识系统的形成与发展，是边际异化信息迭代过程的经验作用的结果，无意识系统演化过程就是边际异化信息迭代过程，这种迭代过程使得无意识系统从简单到复杂、从低级到高级、从无序到有序的方向发展。

第二篇　边际异化信息嵌入理论与非物质存在

第七章　边际异化信息嵌入理论与系统理论

耗散结构理论、协同学、突变论、超循环理论和自组织理论从各自不同的角度论述了系统形成和发展机制，耗散结构理论只能看到了"生"的物质层面的机制，包括其微观解释，但是物质层面的机制并不是"生"的机制的全部，甚至不是"生"的机制的本质，或者仅仅是"生"的机制在物质层面的表象。其实，所有这些关于耗散结构理论的问题全部都是相关联的，边际异化信息嵌入理论突破了物质形态认识的局限，触摸到非物质存在的关系存在。边际异化信息嵌入理论的意义就是在信息层次上诠释耗散结构理论、协同学、超循环论、混沌理论、突变论和自组织理论，只有在信息层面上研究系统的形成和发展机制，才能真正将这些理论统一起来。

一、边际异化信息嵌入理论的核心

对于一个与外界环境相互作用的系统 S，系统演化从零开始，亦即系统的初始状态为 $S_0 = 0$，在系统与外界环境相互作用的过程中，边际异化信息迭代过程用 $f_i = f_i(x_1, x_2, \cdots, x_i)$（$i = 1, 2, \cdots, n$），其中 x_i 表示不同的边际异化信息。

最初关于边际异化信息 x_1 的边际异化信息迭代过程为 $f_1 = f_1(x_1)$，第二个关于边际异化信息 x_1 边际异化信息迭代过程为 $f_2 = f_2(x_1, x_2)$，由于在 $f_2 = f_2(x_1, x_2)$ 中含有边际异化信息 x_1，在边际异化信息迭代过程的经验作用下，将继续进行边际异化信息迭代，边际异化信息迭代过程可以表达为 $f_3 = f_3(x_1, x_2, x_3) = f_1(x_1) + f_2(x_1, x_2)$，这样，经过 n 次边际异化信息迭代后，边际异化信息迭代可以表达为 $f_n = f_n(x_1, x_2, \cdots, x_n)$。

$f_n = f_n(x_1, x_2, \cdots, x_n) = \{\sum f_i = f_i(x_1, x_2, \cdots, x_i) \quad i = 1, 2, \cdots, n-1\}$

由此可见，由于边际异化信息迭代过程的经验作用，最初的边际异化信息 x_1，经过 n 次边际异化信息迭代后，与众多的边际异化信息形成了联系。

系统 S 可以表达为所有的边际异化信息和所有的边际异化信息迭代过程构成的集合，而且初始条件为 0：

$S = \{x_i, f_i(x_1, x_2, \cdots, x_i) \quad i = 1, 2, \cdots, n\}$， $S_0 = 0$

我们将满足下面条件的系统 S 称为嵌入生成系统：①满足初始条件为零 $S_0 = 0$；②在系统与外界环境相互作用的过程中，不断地通过边际异化信息迭代过程将边际异化信息嵌入系统；③边际异化信息迭代过程对系统的物质结构具有异化作用，对系统与外界环境的关系具有经验作用，而且异化作用和经验作用总是同时发生，而且都是边际异化信息迭代过程的结果。系统演化过程就是边际异化信息迭代过程，边际异化信息迭代过程具有异化作用和经验作用，异化作用是对系统物质形态的作用，经验作用是对系统关系存在的作用。系统演化不仅是边际异化信息迭代过程的异化作用和经验作用的高度统一，也是物质存在与非物质存在的高度统一，边际异化信息迭代过程的异化作用和经验作用使得系统演化从简单到复杂、从低级到高级、从无序到有序、从不稳定到稳定的方向发展。

嵌入生成系统演化是边际异化信息迭代过程的异化作用和经验作用的结果，当系统演化到稳定状态，诸如太阳系的天体运行规律可以用数学公式表示，生物界的繁衍呈现的超循环过程等等，都说明系统演化到了稳定状态。系统的稳定状态不仅是系统本身，而且，与之相对应的外界环境也处于稳定状态，否则，系统为适应外界环境会继续演化。处于稳定状态的系统还继续与外界环境相互作用，这时，边际异化信息迭代过程的异化作用的极限等于零，经验作用是维系系统与外界环境的相互作用，这种相互作用由系统内部的关系存在和系统与外界环境相互作用的关系存在决定。另外的情形是，对于处于稳定状态的嵌入生成系统，倘若经验作用的极限也趋于零，就意味着系统熵的增加，系统演化的结束。

还有一种情形，就是对于不稳定的正在演化的嵌入生成系统，边际异化信息迭代过程的异化作用的极限没有趋于零的趋势，而经验作用的极限趋于零，出现了系统与外界环境相互作用无经验可循的状态，亦即外界环境有了不曾有过的突然变化，也就是外界环境的作用出现了不连续的跳跃，也就是奇点。在奇点处，就会发生突变，诸如生物进化是种群进化的结果，外界环境的变化起了重要的作用。由于异化作用的存在，那些新异的外界环境的边际异化信息，会进行新的边际异化信息迭代过程，并与以前的边际异化信息相联系。

在系统演化过程中，最初边际异化信息就嵌入在系统的物质结构中，随着系统演化向高级复杂有序稳定方向发展，最终演化出专门处理边际异化信息的器官——大脑，这完全可以从生物演化过程中推证出来。

任何系统都不是孤立的系统，都要与外界环境相互作用，系统内部之间的各要素关系被关系存在决定，系统与外界环境的关系也被关系存在决定。正是由于关系存在，不论是系统内部要素之间的相互作用，还是系统与外界环境的相互作用，都是边际异化信息迭代过程的异化作用和经验作用的结果。值得关注的是，在系统理论的研究中，关注的都是系统内部的活动规律，而忽略了系统与外界环境相互作用，这个所有系统都存在的问题。边际异化信息嵌入理论给出了系统演化的共同规律，就是不论系统内部要素之间的相互作用，还是系统与外界环境相互作用，都是边际异化信息迭代过程的异化作用和经验作用的结果，而且，异化作用和经验作用在系统演化过程中达到了高度统一。边际异化信息嵌入理论从发生学的角度研究了系统内部要素之间的相互作用和系统与外界环境之间的相互作用，系统演化的共同规律就是在关系存在下的边际异化信息迭代，由于边际异化信息迭代过程的异化作用和经验作用，在边际异化信息迭代过程中，使系统演化向更高级更有序更复杂更稳定的方向发展，并在系统演化过程中，改变系统结构的同时，建构系统内部要素之间，以及系统与外界环境之间更为复杂的关系。所以，系统演化过程就是边际异化信息嵌入过程，边际异化信息嵌入不仅改变系统的结构这种物质存在，也改变系统内部要素之间关系和系统与外界环境之间关系的非物质存在，亦即系统与外界环境相互作用过程中，由于边际异化信息迭代过程的异化作用和经验作用，边际异化信息迭代过程的异化作用结果是产生新的结构，同时，边际异化信息迭代过程的经验作用结果是产生新的秩序机制。

二、边际异化信息迭代与自组织理论

自组织理论是 20 世纪建立并发展起来的系统理论，研究对象主要是复杂自组织系统（生命系统、社会系统）的形成和发展机制问题，亦即在一定条件下，系统如何自动地由无序向有序、由低级有序走向高级有序演化。自组织理论由耗散结构理论、协同学、突变论和超循环理论组成，其基本思想和理论内核完全由耗散结构理论和协同学给出。自组织理论以新的基本概念和理论方法研究自然界和人类社会中的复杂现象，并探索复杂现象形成和演化的基本规律，从自然界中非生命的物理、化学过程怎样过渡到有生命的生物现象，到人类社会从低级走向高级的不断进化等等。在发生的层次上，系统演化遵循边际异化信息嵌入理论，只是在系统演化的不同阶段，边际异化信息迭代过程的异化作用和经验作用的显性或隐性程度不同，这与自组织理论的内核密切相关。

耗散结构理论主要研究系统与外界环境之间的物质与能量交换关系，以及对自组织系统的影响。建立在与环境外界发生物质、能量交换关系基础上的结构就是耗散结构，耗散结构必须满足远离平衡态、系统开放性、系统内不同要素间存在非线性机制三个条件。协同学主要研究系统内部各要素之间的协同机制，系统各要素之间的协同是自组织过程的基础，系统内各序参量之间的竞争和协同作用是系统产生新结构的直接根源，涨落是由于系统要素的独立运动或在局部产生的各种协同运动，以及外界环境因素的随机干扰，系统的实际状态值总会偏离平均值，这种偏离波动大小的幅度就是涨落，当系统处在由一种稳态向另一种稳态跃迁时，系统要素间的独立运动和协同运动进入均势阶段时，任一微小的涨落都会迅速被放大为波及整个系统的巨涨落，推动系统进入有序状态。突变论则建立在稳定性理论的基础上，突变过程是由稳定态经过不稳定态向新的稳定态跃迁的过程，表现在数学上是系统状态的各组参数及其函数值变化的过程。即使是同一过程，对应于同一控制因素临界值，突变仍会产生不同的结果，即可能达到若干不同的新稳态，每个状态都呈现出一定的概率。超循环系统就是经循环联系将自催化或自复制单元连接起来的系统，系统中每个复制单元既能指导自己的复制，又能对下一中间物的产生提供催化帮助，超循环使借助于循环联系起来的所有种稳定共存，允许它们相干地增长，并与不属于此循环的复制单元竞争，只要这种改变具有选择的优势，超循环可以放大或缩小，超循环一旦出现便可稳定地保持下去。对任何自组织系统而言，在系统在演化过程中，在系统演化的不同阶段，遵循耗散结构理论、协同学、突变论和超循环理论的程度是不一样的。

值得关注的是，自组织理论、耗散结构理论、协同学、突变论和超循环理论，将系统演化的动力一概归于系统内部因素，边际异化信息嵌入理论不仅关注系统内部因素的作用，更加关注的是外界环境对系统演化的作用，亦即系统不仅存在于内在的关系存在之中，更存在于同外界环境的关系存在之中，系统与外界环境的关系存在绝对不可忽略。从某种意义上说，外界环境变化是系统演化的动力，倘若相对于系统而言的外界环境不变化，就意味着系统本身的封闭。对于任何开放的系统，总是与外界环境联系，这种联系就是系统与外界环境之间的关系存在。系统与外界环境之间的联系通过系统与外界环境之间的切点进行。

三、边际异化信息迭代与耗散结构理论

耗散结构理论认为，耗散结构就是一个远离平衡态的非线性的开放系统（不管是物理的、化学的、生物的乃至社会的、经济的系统），通过不断地与外界交换物质和能量，在系统内部某个参量的变化达到一定的阈值时，通过涨落，系统可能发生突变即非平衡相变，由原来的混沌无序状态转变为在时间、空间或功能上的有序状态。这种在远离平衡的非线性区形成的新的稳定的宏观有序结构，由于需要不断与外界交换物质或能量才能维持。在系统与外界环境相互作用的过程中，为适应外界环境的变化，边际异化信息迭代过程的经验作用，在系统内部某个参量的变化达到一定的阈值时，涨落可能使系统发生突变，即非平衡相变，由原来的混沌无序状态转变为在时间、空间或功能上的有序状态，同时，边际异化信息迭代过程的异化作用在远离平衡的非线性区形成的新的稳定的宏观有序结构。

系统产生耗散结构的内部动力学机制，是系统内部要素之间的非线性相互作用，在临界处，非线性机制放大微涨落为巨涨落，使热力学分支失稳，在控制参数越过临界点时，由于边际异化信息迭代过程的经验作用，也就是非物质存在的关系存在的作用，非线性机制对涨落产生抑制作用，使系统稳定到新的耗散结构分支上，同时，边际异化信息迭代过程的异化作用使得系统形成新的稳定的宏观结构。一个由大量要素组成的系统，其可测的宏观量是众多要素的统计平均效应反映。但系统在每一时刻的实际测度并不都精确地处于这些平均值上，而是或多或少有些偏差，这些偏差就叫涨落。涨落是偶然的、杂乱无章的、随机的。在正常情况下，由于热力学系统相对于其要素来说非常大，这时涨落相对于平均值是很小的，由于边际异化信息迭代过程的经验作用，即使偶尔有大的涨落也会立即耗散掉，系统总要回到平均值附近，这些涨落不会对宏观的实际测量产生影响，因而可以被忽略掉。然而，在临界点（即所谓阈值）

附近，情况就大不相同了，这时涨落可能不自生自灭，而是被不稳定的系统放大，由于边际异化信息迭代过程的异化作用，最后促使系统达到新的宏观态。

在外界环境作用下，临界点处系统内部的长程关联作用产生相干运动时，反映系统动力学机制的非线性方程具有多重解的可能性，自然存在不同结果之间的选择问题，这时，系统内部瞬间的涨落和扰动造成的偶然性将支配选择方式。普里戈金提出涨落导致有序的论断，明确地说明了在非平衡系统具有了形成有序结构的宏观条件后，涨落对实现某种序所起的决定作用，亦即涨落导致有序后，实现了边际异化信息迭代过程的异化作用和经验作用的高度统一。

耗散结构理论发现了在远离平衡的区域可以产生新的结构体的机制，却没有真正回答为什么会在远离平衡的区域产生新的结构体的问题，以及为什么在边缘区域可以产生耗散结构。当然，还有是不是只有耗散结构这样一种产生结构和秩序的机制？如果不是，那么这多种产生结构的机制之间会有什么关系呢？

耗散结构理论之所以不能给出这些问题的答案，是因为这些问题对于耗散结构理论而言过于"抽象"，亦即这些问题的联系在信息层面，需要用边际异化信息嵌入理论诠释。远离平衡的区域与外界环境相互作用的过程中，外界环境的作用是使得这个区域向平衡方向发展，于是，在边际异化信息迭代过程的异化作用和经验作用下，可以产生新的结构体的机制，实现异化作用和经验作用的统一。为什么会在远离平衡的区域产生新的结构体和为什么在边缘区域可以产生耗散结构的问题，当然是外界环境的作用。无论是远离平衡的区域，还是边缘区域，都处在与外界环境相互作用之中，更容易受到外界环境的作用，从某种意义上说，外界环境作用是远离平衡区域和边缘区演化的动力，更容易产生边际异化信息迭代过程的异化作用和经验作用，而耗散结构理论只提及系统与外界环境的交换，却没有强调交换的作用。在唯物主义二元化哲学理论中，也更加强调内部要素的决定作用。但是，不论是耗散结构，还是唯物主义的二元论，都忽略了一个重要的条件，只要存在外界环境对系统的作用，外因与内因就处于等同地位，亦即在系统与外界环境没有相互作用时，就不存在内因和外因的问题；一旦相互作用，相互作用就在同一层次上进行，内因与外因就处于等同地位。

由边际异化信息嵌入理论可知，只要系统与外界环境相互作用，由于边际异化信息迭代过程的异化作用和经验作用，就可以产生结构和秩序机制，诸如精神系统的结构和秩序机制就产生于远离不平衡的区域。这多种产生结构和秩序机制之间的共同关系就是，系统与外界环境之间的相互作用的过程中，由于

56

边际异化信息迭代过程的异化作用和经验作用，必然产生结构和秩序机制，边际异化信息迭代过程的异化作用和经验作用在系统演化过程中高度统一。

耗散结构理论所说的耗散是指系统与外部环境有某种能量的交换，但是对这种能量有什么样的属性却没有回答。一个自组织结构除了能量交换以外就真的与外界再没有什么别的关系了吗？或许有，只是我们还没有发现这个能量交换背后的那个东西或"目地"是什么而已。边际异化信息嵌入理论可以给出的回答是，系统与外部环境有某种能量交换，实际上就是在切点的相互作用，这种相互作用是由关系存在决定的，属性是非物质存在。一个自组织结构除了能量交换以外，由于边际异化信息迭代过程的异化作用和经验作用，系统与外界环境可以形成新的关系，这种新的关系存在在更高层次上决定系统与外界环境的作用，能量交换背后的关系存在的"目地"是使系统演化向更高级、更有序、更复杂、更稳定的方向发展。

回到熵的概念。耗散结构通过不断地向系统内注入"负熵流"来维持，那么"负熵"到底是什么？耗散结构理论并没有给出答案。有人说"负熵"就是有效能量，这等于还是没有回答本质问题，只不过是用一个没有答案的问题去回答另一个没有答案的问题，实际上等于回到了前一个问题。这个能量的本质到底是什么？比如物理学只有"有效能量"和"无效能量"的区分，却不会有"好能量"或"坏能量"的区分。这些问题同样需要用边际异化信息嵌入理论来解答，"负熵"是使系统演化向更高级、更有序、更复杂、更稳定方向发展的动力，这种动力就蕴涵在系统与外界环境相互作用的关系存在之中。在边际异化信息迭代过程中，由于边际异化信息迭代过程的经验作用，边际异化信息迭代过程总是对那些使系统演化向更高级、更有序、更复杂、更稳定方向发展的边际异化信息敏感，这是关系存在的竞争原则，"负熵流"实际上就蕴涵在边际异化信息迭代过程之中。

四、边际异化信息迭代与协同学

协同论最基本的概念是竞争与协作，最根本的思想和方法是系统自主地、自发地通过系统内部要素的相互作用，产生系统规则，在发生学意义上，这正是边际异化信息迭代过程的异化作用和经验作用高度统一的结果。复杂性模式通过底层（或低层次）要素之间相互作用产生，协同论从相互作用的方式和结构，以及这种作用的运动演化过程中，寻求到上一层次模式的呈现和轮廓，亦即边际异化信息嵌入过程使得系统相互作用的方式和结构向更加复杂发展，任何边际异化信息迭代过程的结果，都是下一个边际异化信息迭代过程的初值。

客观世界存在各种各样的系统，社会或自然界、有生命或无生命、宏观或微观系统等等，虽然这些系统完全不同，却具有深刻的相似性。协同论的形成和发展以研究事物从旧结构转变为新结构的机理的共同规律为基础，通过类比从无序到有序现象，建立一整套数学模型和处理方案，并推广到广泛领域。在边际异化信息嵌入理论中，系统最为深刻的相似性表现为发生学意义上的边际异化信息迭代过程，边际异化信息迭代过程的异化作用和经验作用，可以将系统的旧结构转变为新结构，共同规律就是系统与外界环境相互作用的过程中，系统与外界环境的切点总是对那些使系统演化向更高级、更有序、更复杂、更稳定方向发展的边际异化信息敏感，这是系统演化向更高级、更有序、更复杂、更稳定方向发展的前提。不仅如此，由于边际异化信息嵌入，系统结构越来越复杂，系统内部要素之间的关系和系统与外界环境之间的关系越来越复杂，这意味着物质存在与非物质存在的关系存在共同演化，并在演化过程中获得高度统一。

协同论的"很多子系统的合作受相同原理支配而与子系统特性无关"的原理，实际上就是发生学意义上的边际异化信息迭代，子系统或要素之间的合作就是边际异化信息迭代过程，这个过程确实与子系统或要素的特性无关。由此可见，边际异化信息嵌入理论就是在更高的信息层次上对协同学理论中原理的诠释。

协同论指出，千差万别的系统，尽管其属性不同，在整个环境中，各个系统之间存在相互影响而又相互合作的关系。尽管协同论关注了各个系统之间的相互作用，但是，依然没有提及系统与外界环境之间的相互作用。在边际异化信息嵌入理论的语境下，与系统关系最密切的是系统的外界环境，这样，系统与其他系统之间的相互作用，是系统与外界环境之间相互作用的特殊形式。由于边际异化信息迭代过程的经验作用，在发生学意义上，各个系统之间存在的相互作用，既相互影响，又相互合作，试图使系统演化的利益最大化。

协同论揭示了物态变化的普遍程式："旧结构，不稳定性，新结构"，即随机"力"和决定论性"力"之间的相互作用，将系统从旧状态驱动到新组态，并且确定应实现的那个新组态。从"旧结构，不稳定性，新结构"的过程，从边际异化信息嵌入理论上说，就是边际异化信息迭代过程的异化作用与经验作用的高度统一过程。由于协同论把研究领域扩展到许多学科，并且试图对似乎完全不同的学科之间增进"相互了解"和"相互促进"，协同论就成为软科学研究的重要工具和方法。协同论具有广阔的应用范围，在物理学、化学、生物学、天文学、经济学、社会学和管理科学等方面取得了重要的应用成果，诸如针对合作效应和组织现象能够解决一些系统的复杂性问题，可以应用协同论去建立协调组织系统的原则无疑是使得组织系统在一定的外界条件下，尊重个体意愿的基础上，寻求实现系统内部的个体获得共赢的切点。

协同论应用于生物群体关系，可将物种间的关系分成三种情况，竞争关系、捕食关系和共生关系。每种关系都必须使各种生物因子保持协调消长和动态平衡，才能适应环境而生存。协同论应用于生物形态学，提出形态形成的基本途径，亦即通过某些化学物质的扩散与反应形成一种"形态源场"，由形态源场支配基因引起细胞分化而形成生物机体，这个过程就是边际异化信息嵌入理论中的边际异化信息迭代过程，只是在不同阶段，显现的异化作用和经验作用不同。这是生物系统演化到稳定状态时，在关系层面上展开的边际异化信息迭代过程，显现更多的是经验作用，诸如在竞争关系是生物界种系内部最普遍的关系，这种关系存在镶嵌在基因中，完全是在本能基础上的经验作用；捕食关系由食物链决定，这是生物界不同生物之间的相互关系，食物是不同生物之间相互关系的切点，当然，捕食这种既定的关系存在，在现实中展开，主要是经验作用；共生关系是继种系内部关系和不同生物关系之后，生物界中不同生物之间的关系，因为这种关系存在本身就是生物系统演化的结果，这个结果本身包含了边际异化信息迭代过程的异化作用和经验作用的统一，进而，在这种相对稳定的关系中，更多显现的是边际异化信息迭代过程的经验作用。

更为重要的是，哈肯提出了"功能结构"的概念，肯定了功能和结构的相互依存，指出当能流或物质流被切断时，考虑的物理和化学系统要失去自己的结构，但是，大多数生物系统的结构却能保持一个相当长的时间，这样生物系统颇像是把无耗散结构和耗散结构组合起来了。他还进一步提出，生物系统是有一定的"目的"的，所以把它看做"功能结构"更为合适。在边际异化信息嵌入理论中，系统的功能和结构是边际异化信息迭代过程的两个方面，边际异化信息迭代过程的异化作用使得系统结构向更复杂、更高级、更稳定的方向演化，与此同时，边际异化信息迭代过程的经验作用使得系统功能越来越复杂，亦即系统内部要素之间和系统与外界环境之间的关系越来越复杂，所以，系统功能和结构的相互依存，是边际异化信息迭代过程的异化作用和经验作用的高度统一。

五、边际异化信息迭代与突变论

突变论研究从一种稳定组态跃迁到另一种稳定组态的现象和规律。突变论给出了系统状态的参数变化区域，亦即系统所处状态可用一组参数描述：当系统处于稳定态时，标志该系统状态的某个函数取唯一值；当参数在某个范围内变化，该函数值有不止一个极值时，系统必然处于不稳定状态，亦即系统从一种稳定状态进入不稳定状态，随参数的再变化，又使不稳定状态进入另一种稳定状态，那么，系统状态就在这一刹那间发生了突变。在边际异化信息嵌入理论中，一种稳定组态跃迁到另一种稳定组态，一定是在边际异化信息迭代过程中，边际异化信息之间形成了新的联系，这种联系不仅决定了系统结构，也决定了系统内部要素之间的关系，以及系统与外界环境之间的关系。当系统处于稳定态时，该系统状态的某个函数取唯一值，亦即影响系统稳定态的因素是唯一的；当参数在某个范围内变化，该函数值有不止一个极值时，系统状态随参数的变化而变化，系统必然处于不稳定状态，亦即边际异化信息迭代过程的经验失灵。系统从一种稳定状态进入不稳定状态，是参数变化的结果，遇到唯一参数时，不稳定状态又进入另一种稳定状态。在这个从稳定到不稳定，再从不稳定到稳定的过程中，边际异化信息之间形成了新的联系，系统状态就在这一刹那间发生了突变，这是边际异化信息迭代过程中，边际异化信息之间形成新的关系的结果。

通过突变论能够有效地理解物质状态变化的相变过程，理解物理学中的激光效应，并建立数学模型。通过初等突变类型的形态，可以找到光的焦散面的全部可能形式。应用突变论还可以恰当地描述捕食者与被捕食者系统，这一自然界中群体消长的现象。在边际异化信息嵌入理论中，物质状态变化是边际异化信息迭代过程的异化作用的结果，当然，也是边际异化信息迭代过程的经验作用失灵的结果。之所以在参数变化过去用微积分方程式长期不能满意解释，是因为微分方程给出了变量之间新的联系，亦即边际异化信息之间形成了新的联系，通过突变论能使预测和实验结果很好地吻合。突变论还对自然界生物形态的形成作出解释，用新颖的方式解释生物的发育问题，为发展生态形成学作出了积极贡献，指出达尔文强调的那种微小变异不是形成新物种的真正基础，物种起源主要通过跳跃式的变异突变完成，也就是在边际异化信息迭代过程的经验作用失灵的情况下，边际异化信息之间形成新的关系。

突变具有突发性，新的基本种可不经过任何中间阶段而突然出现，在进化过程中，突变体的产生无法预见，新突变体一旦出现，就"具有新型式的所有性状"。在边际异化信息迭代过程中，经验作用失灵是无法预见的，当外界环境中那些从未出现的情况出现时，从未出现的边际异化信息一方面导致经验作用失灵，另一方面这些从未出现过的情况可以作为初值，建构新的边际异化信息之间的关系，并在边际异化信息迭代过程与过去的边际异化信息形成新的联系。突变具有多向性，新的基本种突变的形成，是从未出现过的边际异化信息造成经验作用失灵的结果，由于边际异化信息迭代过程的经验作用，过去的某些边际异化信息必然与现在联系，当从未出现过的边际异化信息与过去的某些边际异化信息同时出现时，必然形成边际异化信息之间的相互关系，这意味着突变在所有的方向上发生的，所有的器官几乎在所有可能的方向上都会发生变化。突变具有稳定性和不可逆性，从新的基本种产生的时刻起，通常是完全稳定的。突变一旦产生，就能稳定地遗传给后代，由于边际异化信息迭代过程的异化作用和经验作用，边际异化信息迭代过程不仅不可能返回到前一过程，而且，后一过程总是比前一过程更复杂，所以，新物种不具有"逐渐返回其起源形式的倾向"，这种不可逆性可导致突变体直接形成一个新物种。突变具有随机性，突变可发生在生物体的任一部位，突变的发生与外界条件影响之间，新的性状同个体的变异性之间，没有什么特殊的联系，但是，由于边际异化信息迭代过程的异化作用和经验作用，只要出现经验作用失灵，就可以产生突变。所以，突变总是随机产生，突变论具有普遍意义，就是转换了认识角度，可以用非连续进化观念，进入一个迥异于连续性进化观念的世界。

突变论对哲学上量变和质变规律也具有重要意义。质变是通过飞跃，还是通过渐变，在哲学上引起重大争论，历史上形成三大派别，飞跃论、渐进论和两种飞跃论。突变论指出在严格控制条件的情况下，如果质变中经历的中间过渡态是稳定的，那么它就是一个渐变过程。质态的转化，既可通过飞跃来实现，也可通过渐变来实现，关键在于控制条件，亦即在边际异化信息迭代过程中，经验作用是否失灵，不失灵的中间过渡态是稳定的，就是一个渐变过程；经验作用失灵，中间过渡态是不稳定的，就是一个突变过程。

六、边际异化信息迭代与超循环理论

超循环理论是研究非平衡态系统的自组织现象的理论，研究细胞的生化系

统、分子系统与信息进化理论。超循环理论对于生物大分子的形成和进化提供了模型。对于具有大量信息并能遗传复制和变异进化的生物分子，结构十分复杂。超循环结构是携带信息并进行处理的基本形式。超循环理论对研究系统演化规律、系统自组织方式以及对复杂系统的处理都有深刻的影响，这种从生物分子中概括出来的超循环模型对于一般复杂系统的分析具有重要的启示。

超循环理论研究了在生命现象中包含许多由酶的催化作用所推动各种循环，而基层的循环又组成了更高层次的循环，即超循环，还可组成再高层次的超循环，在边际异化信息迭代理论中，发生学意义上的超循环由一系列的边际异化信息迭代过程构成。超循环系统是经循环联系把自催化或自复制单元连接起来的系统，系统中每一个复制单元既能指导自己的复制，又能对下一个中间物的产生提供催化帮助。超循环系统的边际异化信息迭代过程是在超循环系统本身具有的关系存在基础上进行的，超循环的过程是系统与外界环境相互作用的过程中，边际异化信息迭代过程的经验作用维持系统平衡，使得系统按照关系存在的规定进行演化，系统获得超循环演化，并且到一定阶段之后，在一定的条件下进行自我复制。

超循环理论是研究分子自组织的理论，大分子集团借助于超循环的组织形成稳定的结构，并能进化变异，这种组织也是耗散结构的一种形式。超循环是较高等级的循环，是由循环组成的循环，在大分子中具体指催化功能的超循环，即经过循环联系把自催化或自复制单元等循环连接起来的系统。自催化或自复制单元是系统演化过程中形成的关系存在，这实际上是一种稳定的结构，并在一定条件下进行自我复制，在这个过程中更为重要的是边际异化信息迭代过程的经验作用，经验作用在系统与外界环境相互作用的过程中，维护系统平衡。从动力学性质看，催化功能的超循环是二次或更高次的超循环，以及边际异化信息迭代过程的初值，在经过一系列的边际异化信息迭代过程保持不变。超循环理论可用以研究生物分子信息的起源和进化，并可用唯象的数学模型来描述。

生命系统的发展过程分为化学进化和生物学进化两个阶段。在化学进化阶段中，无机分子逐渐形成简单的有机分子；在生物学进化阶段中，原核生物逐渐发展为真核生物，单细胞生物逐渐发展为多细胞生物，简单低级的生物逐渐发展为高级复杂的生物。生物的进化依赖遗传和变异，遗传和变异过程中最重要的两类生物大分子是核酸和蛋白质。由于边际异化信息迭代过程是系统与外界环境相互作用的结果，各种生物的核酸和蛋白质的代谢有许多共同点，所有生物都使用统一的遗传密码和基本上一致的译码方法，而译码过程的实现又需要几百种分子的配合。在生命起源过程中，这几百种分子不可能一起形成并严密地组织起来。因此，在化学进化阶段和生物学进化阶段之间有一个生物大分子的自组织阶段，这种分子自组织的形式是超循环，诸如核酸是自复制的模板，但核酸序列的自复制过程往往不是直接进行的。核酸通过编码的蛋白质去影响另一段核酸的自复制的超循环结构，亦即边际异化信息迭代后，有回到了初始值。这种大分子结构是相对稳定的，能够积累、保持和处理遗传密码。由于外界环境的作用，这种结构在处理遗传密码时又会有微小的变异，这又成为生物分子发展进化的机制。选择的对象不是单一的分子种，而是拟种，即以一定的概率分布组织起来的一些关系密切的分子种的组合，为发展进化机制提供了前提。密码选择的积累以自复制子单元最大密码容量为上限，超过这个限制就不能保证拟种的内部稳定性，拟种的内部稳定性是进化行为更本质的属性。生物体内进行许多必不可少的生化反应，需要许多不同的蛋白质和核酸参与，总的密码量远大于已知的最精确复制机制所允许的最大密码容量。由边际异化信息迭代过程的异化作用和经验作用可知，只有经过超循环形式的联系才能把自复制和选择上稳定的单元结合为较高的组织形式，以便再产生选择上稳定的行为。

超循环使借助于循环联系起来的所有种稳定共存，允许它们相干地增长，在微观层次上是种与外界环境的作用，但是，在宏观层次上，是生物系统与外界环境的作用，而且，任何微观层次上的边际异化信息迭代过程，都将引起生物系统活动，亦即边际异化信息迭代过程总是在系统层次上进行，而且，达到稳定共存时，在系统层次上，与不属于此循环的复制单元竞争，进入另一个层次的边际异化信息迭代。超循环是系统进入稳定状态后，还要继续与外界环境相互作用，这种相互作用的功能就是保持系统稳定，边际异化信息迭代过程遵循关系存在进行。尽管超循环内部的关系存在相对稳定，但是，外界环境依然处于不同的变化之中，超循环可以放大或缩小，只要这种改变具有选择的优势。超循环一旦出现便可稳定地保持下去，依然处于与外界环境相互作用之中。生物大分子的形成和进化的逐步发展过程需要超循环的组织形式，既是稳定的，又允许变异，因而导致普适密码的建立，并在密码的基础上构成细胞，这体现了边际异化信息迭代过程的异化作用和经验作用的统一。

艾肯在分子生物学水平上，把生物进化的达尔文学说通过巨系统高阶环理论，进行数学化，建立了一个通过自我复制、自然选择而进化到高度有序水平的自组织系统模型，以解释多分子体系向原始生命的进化。尽管这个理论在科学界仍存在争议，却无疑把系统科学的研究推进了一步。超循环理论建立在生物化学、分子生物学基础上探讨细胞起源的系统理论，将贝塔朗菲的生态系统、器官系统水平的一般系统论推进到了细胞、分子水平，从而已经开创了分子系统生物学的研究领域。

七、系统演化与边际异化信息嵌入理论

系统理论的核心是整体性原理或联系原理，即世界是关系的集合体，而不是实物的集合体。既然世界是关系的集合体，不是实物的集合体，就意味关系与实物在存在意义上具有同等价值，关系将实物联系起来，没有关系实物就不是现在这个样子，诸如太阳系的行星，它们的质量与距离之间存在内在联系，没有这种关系存在，太阳系也就不存在了。当然，关系作为客观存在，不是以实物形式存在的，尽管系统理论提出了世界是关系的集合体，却没有指出关系的存在形式，也就不能给出关系存在的价值和意义，这无疑给研究关系的存在形式、生成规律和存在意义提供了空间。

当客观世界的组成用系统表述后，就是要从抽象意义上研究客观世界，以此呈现客观世界的存在本质。不管实物以怎样的物质形态存在，只要是系统，就遵循系统的规律。系统理论反复强调，系统最为重要的特性是整体突现性，这是系统质，系统质就是作为整体的系统具有部分或部分之和不具有的性质，即整体不等于（大于或小于）部分之和。系统质就是在系统中起绝对作用的关系，系统等级层次的关系决定了系统存在，只是关系既看不见，也摸不着，但确实存在，系统的突显性完全被关系存在决定。既然如此，系统等级层次的关系就是系统的重要组成部分，关系存在于客观世界之中，而且是极具具体而普遍的存在。

系统理论的整体突现性原理（或非加和性原理，或非还原性原理）指出，系统中的要素受到系统整体的约束和限制，整体突现性来自于系统的非线性作用。也就是有个整体的系统等级层次的关系存在，约束、限制系统中各个要素的活动，亦即在系统中存在一个控制系统功能的关系存在，而且，这个关系就包含在系统各个要素的活动之中，并作为系统整体存在而存在。活的系统总是处于与环境的相互作用之中，对系统而言，这种作用体现为系统整体等级层次关系与环境的相互作用，进而对系统整体产生影响。在系统与外界环境相互作用的过程中，边际异化信息迭代过程的异化作用和经验作用使得系统演化在两个完全不同的维度上进行，边际异化信息迭代过程的异化作用使得系统结构向

更高级、更有序、更复杂、更稳定方向演化，同时，边际异化信息迭代过程的经验作用使得系统的关系存在向更高级、更复杂方向演化。活的系统时时刻刻都与外界环境相互作用，与之对应的边际异化信息迭代过程会不停地进行，而且，每一个边际异化信息迭代过程的结果，都是下一次迭代的初值。对于复杂程度不同的系统而言，边际异化信息的存在方式完全不同，诸如植物的边际异化信息存在于植物的物质结构之中，通过物质本身的变化，实现整体对外界环境的作用，年轮是树木的边际异化信息，野生的灵芝经历雪雨冰霜伤痕累累是与外界环境相互作用的记忆，而对于生物进化的最高等级人的肌体，边际异化信息存在于大脑中。

边际异化信息嵌入理论指出了系统的外界环境，是系统演化最为重要的条件，而且，边际异化信息迭代过程的异化作用和经验作用使得系统演化在两个完全不同的维度上进行，边际异化信息迭代过程的异化作用使得系统结构向更高级、更有序、更复杂、更稳定方向演化，同时，边际异化信息迭代过程的经验作用使得系统的关系存在向更高级、更复杂方向演化，系统演化过程是物质存在与非物质存在高度统一的过程。不仅如此，边际异化信息迭代过程不停地进行，每一个边际异化信息迭代过程的结果，都是下一次迭代的初值。系统的物质存在是边际异化信息迭代过程的异化作用的结果，系统的非物质存在的关系存在是边际异化信息迭代过程的经验作用的结果，这样，就在物质和精神的二元化对应关系中，引入非物质概念，亦即物质、非物质和意识三元化的对应关系，这将改变我们对于客观世界的理解。值得一提的是，在唯物主义哲学二元化对应关系中，将非物质存在也看成了物质存在，引入第三态非物质存在后，能够使自组织理论、耗散结构理论、协同学、突变论和超循环理论在边际异化信息嵌入理论中获得统一，只有在信息层面上，才能找到自组织理论、耗散结构理论、协同学、突变论和超循环理论共同的活动规律。

系统中的要素也是系统，要素作为系统构成原系统的子系统，子系统又必然由次子系统构成，次子系统、子系统和系统之间构成了层次递进关系，这样，系统结构亦即系统层次结构的特性，系统理论称之为等级层次原理。系统等级层次的关系存在反映了系统的等级层次，系统等级层次的关系存在完全由系统的等级层次决定，系统等级层次的关系存在是客观存在。对任何相同的系统，系统等级层次的关系存在是完全相同的，但是，由于外界环境不同，系统演化的结果就完全不同。边际异化信息迭代过程囊括了等级层次的关系存在，更为重要的是边际异化信息嵌入记忆了系统演化的真实发生，这是边际异化信息迭代过程异化作用的结果，而边际异化信息迭代过程的经验作用使得过去经验对未来的系统与环境、系统与子系统、子系统之间相互作用产生影响，甚至可以决定未来的相互作用。

系统演化总是以外界环境为前提，并与环境相互作用，组成更大、更高级的系统，这是一种联系，也是在更大范围的关系存在。任何系统演化都要经历发生、维生、消亡的不可逆的过程，与系统演化过程相对应的是边际异化信息迭代过程。边际异化信息迭代的目的是使系统向更高级、更有序、更复杂、更稳定方向演化，由于边际异化信息迭代过程的异化作用，有序不仅是自身程序的规定，而是受到过去经验的影响，这使得系统的活动更有目的。系统要素之间的相互作用，表现为边际异化信息迭代过程，由于外界环境的参与，必然导致系统整体的变化。

系统演化不仅受到内部要素作用，也依赖外界环境，系统只有不断地从外界环境获得足够的物质和能量，才能远离平衡状态，这意味着边际异化信息迭代过程需要获得足够的边际异化信息，才能使系统向有序、复杂的方向发展。边际异化信息迭代过程的异化作用和经验作用使系统演化从无序到有序、从简单到复杂、从低级到高级发展，诸如年轮已经印刻在树干中，是树的一部分，对树的生长产生影响，这不是单纯的遗传程序和环境决定的，而是遗传程序与环境相互作用的结果，这种结果对树生长的作用绝不亚于遗传程序的作用。

任何系统演化都是边际异化信息迭代过程的异化作用和经验作用的结果，边际异化信息迭代过程的异化作用和经验作用在系统演化过程中达到了高度统一，不仅如此，物质演化和非物质演化也达到了高度统一。

第八章　精神系统与非物质存在

在精神系统与外界环境相互作用的过程中，边际异化信息迭代过程具有两种截然不同的作用，即异化作用和经验作用。异化作用就是对精神系统生理基础的作用，经验作用就是在边际异化信息之间不断地形成新的联系，这种作用是怎样展开的，正是以下要阐述的内容。大脑是精神系统的生理基础，也是精神活动的物质基础，精神系统的所有活动都是在大脑中展开的，亦即所有的与精神活动相对应的关系存在也储存在大脑中。

大脑皮质是人出生后，在外界环境作用下生长的，没有外界环境刺激的作用，大脑皮质不可能从低级区域向高级区域发展，所以，边际异化信息迭代过程的异化作用就是将边际异化信息嵌入的过程，也是大脑皮质生长的过程。这样，大脑皮质的生长过程，也是精神活动的边际异化信息的建构构成，亦即非物质存在嵌入物质存在的过程，也就是物质存在生长的过程，否则，就不是这种物质存在。不仅如此，没有这种非物质存在嵌入，大脑皮质就不可能生长，那种与非物质存在有关的物质存在也就不存在了，非物质存在决定了与之对应的物质存在。

一、精神系统的生理物质基础

大脑是地球生命进化过程中最复杂、最完善的信息加工控制系统。人脑功能的特异化和综合化发展，使人类不仅具有了非凡的感知、记忆、思维的能力，而且，还使人的活动成为目的性的活动。当然，这种活动本身可以推进精神系统演化。大脑生理系统是非常复杂的系统，需要通过神经系统传导来自于不同感觉器官的边际异化信息，同时，大脑生理系统也处于神经系统的最高部分，也是生物进化的最高部分。神经系统是大脑生理机能结构的一部分，大脑系统活动也就成为整个神经系统活动的一部分。大脑生理机能结构是一个有机自组织的多级机能结构，在这个多级机能结构的内部能够相对区分出若干个不同等级和层次的子系统，不同子系统之间、不同等级的机能结构之间相互联系，各子系统、各级机能结构功能有具体的分工，高级机能结构控制低级机能结构的活动，各子系统各级机能结构之间存在机能活动的相互联系。

精神系统活动以神经系统为基础，神经系统与外界环境相互作用，将边际异化信息传入大脑皮质，经过边际异化信息迭代过程的异化作用和经验作用，在大脑皮质生长的同时，边际异化信息之间形成了新的关系。外界环境与感觉器官相互作用，感觉器官作为与外界环境的切点，将来自外界环境的信息以特有的神经活动传入大脑皮质。人的神经系统的五个层次，位置分布自下而上，结构和功能的复杂程度层次递进。人体神经解剖学的研究成果指出，人体的神经系统由周围神经系统和中枢神经系统两部分组成。中枢神经系统分为脊髓和脑，脑又分为脑干、小脑、皮质下部位和大脑皮质。小脑位于脑干的背侧，通过神经纤维与脑干相连，在结构上与脑干处于同一个层次。

大脑生理机能结构由从低到高五个基本层次构成，周围神经系统、脊髓、脑干和小脑、皮质下部位和大脑皮质。周围神经系统是大脑机能结构的最低层次。周围神经系统是由各类神经纤维束组成的沟通中枢神经和人体各部的神经通路，一条神经包括神经纤维少到十几根，多到几百甚至上千、上万根。神经纤维由传入神经纤维和传出神经纤维组成，传入神经纤维在其分布于体内和体表的各类器官、组织上的神经末梢上延生各类感受器，能将接收到的外界、体内的信息传入中枢神经，又将传入神经纤维称为感觉神经纤维；传出神经纤维在其分布于体内和体表的各类器官、组织上的神经末梢上延生各类效应器，能将中枢神经发出的各类边际指令传达到相应部位，产生特定运动，又将传出神经纤维称为运动神经纤维。这两种神经纤维分别或混合组成的神经分别称为感觉神经、运动神经和混合神经。周围神经系统包括由脑发出的12对脑神经及由脊髓发出的31对脊神经和植物性神经。脑神经主要分布在头面部，只有迷走神经远行达胸、腹腔脏器，脊神经则分布于躯干和四肢。

神经系统是非常复杂的系统，这折射了神经系统对外界环境刺激的异化性，就是外界环境刺激感觉器官，感觉器官又将外界环境刺激转化为神经活动，这是外界环境刺激在抵达大脑皮质前必须经历的过程。脊髓是中枢神经系统的低级部位，也是大脑的机能结构的第二个层次。脊髓在发生史上较为古老，结构相对简单而定型，脑与脊髓都被包围在骨质腔内。脑位于颅腔，脊髓位于椎管内。整个椎管在纵向上分成31节脊椎，每一节脊椎内有相对应的一段脊髓，每一脊髓节上有一对脊神经与外周发生联系，就是31段脊髓节所对应的31对脊神经。在脊髓横切面的中央有蝴蝶形的灰质，灰质周围颜色发白的部分是白质。灰质主要由神经元的胞体组成，白质主要由上、下纵行的神经纤维构成。来自周围神经的各种边际异化信息流，通过各个上行神经纤维束传入大脑，脑发出的各类指令通过各个下行神经纤维束传到脊髓，或控制脊髓活动，或经由脊髓再转到周围神经系统。与脊髓上部相连接的是脑干，脑干背侧是小脑，脑干和小脑共处于大脑的机能结构的第三个层次，大脑生在脑干上。脑干与中枢神经系统的其他部分一样，由含有大量神经元胞体的灰质和包含众多神经传导纤维的白质组成。脑干自上而下又可分为延髓、脑桥、中脑三段。脑干的主要功能是边际异化信息传导和信号反射。12对脑神经除嗅神经与大脑相连、视神经与间脑相连外，其余10对均连于脑干各段。脑干中分布许多由神经细胞集中成的神经核和神经中枢，并有大量上、下行的神经纤维束通过，连接大脑、小脑和脊髓，在形态和机能上把中枢神经各部分联系为整体。特别是位于延髓上部的腹面隆起的脑桥，对于联系大脑、小脑以及脑的各部分与脊髓具有重要作用。

脑干中有许多与维持基本生命活动关系重大的神经中枢，诸如控制呼吸、心跳、胃肠蠕动、吞咽等重要生命活动的初级中枢都在脑干下部的延髓中。脑干上部的中脑，内有蓝斑核、红核和黑质等神经核团，合成、传输特殊的神经递质，维持大脑活动，中脑还是调节人体姿势的重要的低级中枢。小脑位于延髓和脑桥的背侧，在大脑的后下方。小脑两侧膨大的部分称小脑半球，位于中间连接两半球的狭窄部分是小脑蚓部。小脑的表面有不少类似大脑皮质的沟裂，这些沟裂把表面分成许多平行、狭长的脑回。小脑的表层是由神经细胞体组成的灰质层为小脑皮质，皮质下是白质，白质中又有散在的神经核。小脑通过传入和传出纤维束与脑干、大脑和脊髓发生联系。小脑的全部传入纤维终止于小脑皮质，冲动从小脑皮质走向小脑深部白质内的各种小脑核，而传出纤维的绝大部分又起始于这些小脑核。大脑分为旧的部分（接受脊髓和前庭核的传入纤维）和新的部分（半球）。来自全身的边际异化信息，特别是来自躯干和四肢，以及内脏的边际异化信息都到达小脑皮质。小脑参与全部动物性和植物性神经系统的活动，主要机能是协调骨骼肌运动，维持和调节肌体紧张，保持肌体的平衡。

皮质下部位是大脑的机能结构的第四个层次，是间脑和皮质下神经节，即基底神经节。间脑位于中脑与大脑之间，上部和侧部几乎全部被大脑两半球所覆盖。间脑主要包括丘脑和下丘脑，丘脑是两个略呈椭圆形的神经组织，内含许多神经核。丘脑和神经系统的所有部分都有联系，并且人类的丘脑与大脑皮质的双向联系特别发达，除嗅觉外的所有感觉传导都要在丘脑内转换神经元，然后才投射到大脑皮质的特定部位。丘脑是大脑皮质的边际异化信息枢纽地带，是意识活动的基础。下丘脑位于丘脑前下方，并与丘脑联在同一脑区，下丘脑与脑干网状结构、丘脑、大脑皮质的边缘叶等有广泛的神经联系，还与人体内分泌腺，脑下垂体联在一起。下丘脑中有许多复杂分化的神经核，是植物性神经活动的较高级调节中枢，又是高级的内分泌中枢。下丘脑在调节内分泌腺、体温、心血管和消化系统活动、摄食和新陈代谢（碳水化合物和脂肪代谢）活动，以及性功能、水平衡和情绪行为等有十分重要的作用，是维持有机体自稳态和将肌体的内部活动与外部活动结合起来的十分重要的初级脑器官。

大脑功能作用需要神经系统和大脑相应的机能结构同时活动。皮质下神经节是大脑半球髓质内的灰质团块的总称，是进化上较古老的大脑结构，包括尾状核、豆状核、杏仁核（杏仁复合体）三部分，尾状核和豆状核又称为纹状体。尾状核弯曲环绕着丘脑，豆状核位于尾状核与丘脑外侧，杏仁核位于豆状核的外侧，是分化复杂的核团。在功能上纹状体属大脑皮质控制下的运动调节中枢，主要调节肌张力、维持肌肉的协同活动和维持躯体姿势。纹状体在人的活动编程和技能记忆具有十分重要的作用。杏仁核的功能则与情绪表现、情绪记忆、防御和攻击反射、食物反射等行为相关。

大脑皮质是神经系统机能结构的第五个层次，也是最高层次，覆盖了大脑两半球表面的一层灰质结构，神经细胞的细胞体集中部分。大脑表面有很多往下凹的沟（裂），沟（裂）之间有隆起的回，主要的沟回有中央沟、倒沟、中央前回、中央舌回等。大脑皮质分为四个大区，后部是枕叶，前部是额叶，上部为顶叶，侧沟之后、枕叶以前那部分叫颞叶。额叶的面积最大，机能特别发达。组成大脑皮质的神经细胞，由其形态上的不同并然有序的分层排列，大部分皮质有共同的基本构造。各层相互沟通、紧密联系，形成了严谨的神经系统锁链，各层又由于其内在结构上的差异呈不同的功能。层次自上而下分别为分子层、外颗粒层、椎体细胞层、内颗粒层、节细胞层、核形细胞层。大脑的左右两半球之间有横行的神经纤维束相联系，这种联系分别覆盖于两半球之上的大脑皮质结合为统一而协调的机能体系。大脑皮质是大脑的最高加工部位，承载着感知、记忆、思维所有层次的精神系统活动，调节控制肌体内部的活动和肌体与周围环境的平衡。

大脑皮质之所以需要在边际异化信息迭代过程的异化作用下生长，是因为精神系统的活动是为了使个体更好地适应外界环境，这种适应当然包括身体的一切活动，也就是说，在边际异化信息迭代过程中，不仅涉及大脑本身的活动，还涉及与之相关的一切神经活动，每个层次都是不可缺少的，这一切都与神经系统的机能结构密切相关。

二、边际异化信息与大脑皮质生长

大脑的生理基础是精神系统活动的物质载体，值得关注的是，大脑的生理基础不是与生俱来的，而是在外界环境刺激下生长的，神经心理学的研究结果表明，儿童一出生就具有完全成熟的皮质下组织和最简单的投射性器官和第一级皮质区器官，并且具有不完全成熟的比较复杂的第二级和第三级皮质区器官，这表现在包含在这些皮质区内的细胞的面积比较小，它们的上层的宽度不够发达（众所周知，这些上层具有复杂的联络机能），它们所占据的领域的面积比较小，最后，它们的要素不够髓鞘化。① 由此可见，遗传只提供了大脑皮质生长的可能，只有外界环境的刺激大脑才能生长，没有外界环境的刺激，大脑皮质就不可能生长。

大脑皮质生长决定大脑功能，对人类而言，第三级皮质区的生长至关重要，比较解剖学资料已经表明：在刺猬和老鼠的大脑皮质中，第一级区和第二级区的分化刚刚表现出来，而完全没有皮质的第三级区；狗的大脑皮质有着近似的结构；只是猿猴的脑皮质的第二级区和第三级区才相当明显地表现出来。人的大脑皮质的分层次结构表现得十分清楚。人的脑皮质第一级区占据着根本不大的地位，因为它受到非常发达的第二级区的排挤。而脑的顶—颞—枕叶和额叶皮质第三级区，在这里成了最发达的系统，占据着大脑两半球皮质的绝大部分。② 值得注意的是，大脑皮质三级皮质区的生长，以第一级区和第二级区为基础，神经心理学的研究结果表明了大脑皮质的分层次的结构。我们看到：在人的一般感觉皮质（后中央回）的第一级区（投射区）上，增生了第二级感觉皮质，其中上层（投射—联络层）占优势；在位于枕叶区极端的第一级视觉皮质的上边，增生着第二级视觉皮质，在这里，同样也是上层（投射-联络层）占优势；在位于颞区上部的第一级听觉皮质之上，增生着它的同样结构的第二级部分；最后，在占据着前中央回的第一级运动皮贡上，增生着位于运动前区的、它的第二级部分。在人的大脑皮质中，可以区分出这样的一些区域，这些区域位于脑皮质各个感觉区的皮质代表之间的界限上，这些部分被称为第三级皮质区（或者被称为个别分析器的皮质代表的重叠区）。皮质的这些部分完全是由上部细胞层（联络层）组成的，它与外周没有直接的联系。完全有根据来假定说：第三级皮质区保证各个分析器皮质环节的协同工作，保证大脑皮质最复杂的整合机能。③ 由此可见，第三级皮质区是保证精神活动的物质基础，这种物质基础的生长，是外界环境刺激的结果。不仅如此，生物进化到人之后，主要就是第三级皮质区的功能发挥作用，神经心理学的研究结果表明，大脑皮质分层次的结构，是长期历史发展的产物。④ 大脑工作最重要的原则是以前的神经器官还保存在其中，但是用黑格尔的话来说，是以解职的形式保存在那里，换句话说，

① ［苏］鲁利亚著，汪青等译：《神经心理学原理》，科学出版社 1983 年版，第 34 页。
② ［苏］鲁利亚著，汪青等译：《神经心理学原理》，科学出版社 1983 年版，第 28 页。
③ ［苏］鲁利亚著，汪青等译：《神经心理学原理》，科学出版社 1983 年版，第 25 页。
④ ［苏］鲁利亚著，汪青等译：《神经心理学原理》，科学出版社 1983 年版，第 28 页。

它们还是被保存着，但是将主导的地位让给新的组织，而它们则具有另外一种作用。它们越来越成为一种保证行为背景的、积极参加机体状态调节作用的器官，而将不论是信息的接收、加工和保存机能，还是新的行为程序的建立和对意识活动的调节和控制机能都转交给大脑皮质的高级器官。① 第三级皮质区的生长隐含着大脑功能的实现，我们想证明的就是，这绝对不是纯粹的生理生长，而是需要外界环境刺激的。不仅如此，第三级皮质区的生理物质本身就是边际异化信息嵌入，本身就包含关系存在，这样，第三级皮质区是大脑与外界环境相互作用的边际异化信息迭代过程的异化作用和经验作用的结果，不仅是异化作用和经验作用的高度统一，也是物质存在与非物质存在的高度统一。

大脑皮质的生长是边际异化信息迭代过程的异化作用和经验的结果，没有边际异化信息迭代过程的异化作用，就不可能有边际异化信息嵌入，大脑皮质就不可能生长出来。神经心理学的研究结果表明，包含在这一联合区的成分中的第一级、第二级和第三级皮质区之间的关系，在个体发育的发展过程中并非始终都是一样的。例如在幼儿那里，第一级区的保存对于第二级区的顺利形成是必要的，而第二级皮质区的充分形成对于第三级区的形成是必要的。因此，在幼年期，相应类型的皮质低级区的破坏不可避免地会导致比较高级的皮质区的发育不全。相反，在心理机能完全成熟的成年人那里，主导地位就转移到皮质的高级区。甚至在感知周围世界的时候，成年人也把自己的印象组织到逻辑系统中去，换句话说，成年人的高级的第三级皮质区控制着服从它的第二级皮质区的工作，而当后者损伤时，前者就对它们的工作发生补偿性的影响。② 由此可见，第三级皮质区的生长，就是为精神系统的形成与发展提供生理基础，而且，生理基础的发展与精神系统的形成与发展是同步的。这些从机能上来说最重要的皮质层的面积，到儿童生活的 3—3.5 岁时增长得特别迅速。并且，在某些特别复杂的皮层中，它们的扩大要继续到七岁，甚至十二岁。这个事实清楚地说明，随着儿童的发育，一些活动形态的作用增加了，这些活动形态要求皮质各个区的协同工作，而在皮质的表层、联络层或整合层的紧密参与下实现。③ 这意味着精神系统的演化只有到十二岁左右才能完全达到稳定状态，也就是边际异化信息迭代过程的异化作用的极限趋于零，继续进行的是边际异化信息迭

---

① ［苏］鲁利亚著，汪青等译：《神经心理学原理》，科学出版社 1983 年版，第 13 页。
② ［苏］鲁利亚著，汪青等译：《神经心理学原理》，科学出版社 1983 年版，第 102 页。
③ ［苏］鲁利亚著，汪青等译：《神经心理学原理》，科学出版社 1983 年版，第 34 页。

代过程的经验作用。

　　神经心理学的研究结果表明，大脑皮质上层，即"联络层"，在心理活动的最复杂的形式的实现中起重要作用；这些最复杂的形式的形成是在种系发展的晚期阶段上和人类发展的晚期阶段进行的。[①] 精神系统的形成与发展可以看做是生物进化过程的全息缩影，在外界环境的作用下，边际异化信息迭代过程的异化作用和经验作用，不仅使精神活动的生理物质第三级皮质区获得生长，也建构了由边际异化信息构成的关系存在。神经心理学的研究结果表明，动物界进化的循序渐进的各个阶段上神经系统的结构，可以划分出进化的基本原则。基本的和最一般的原则在于：在进化的不同阶段上，动物机体同环境的关系和它的行为都是由神经系统的不同的器官来调节的，因而，人脑是长期历史发展的产物。[②] 边际异化信息迭代过程建构了精神活动的生理基础第三级皮质区，第三级皮质区又反过来成为边际异化信息迭代的生理基础。这就涉及一个十分重要的问题，是先有边际异化信息迭代过程，还是先有大脑机能结构？边际异化信息迭代过程与大脑皮质的第三级皮质区生长同步进行，大脑皮质的第三级皮质区生长是边际异化信息迭代过程的异化作用的结果。

三、大脑机能结构与非物质存在

　　神经心理学的研究结果表明，大脑皮质是动物行为的高级形式和人类有意识的行为的器官，最复杂的活动要是没有大脑皮质的参加，那就不能保证其实现。复杂的反射过程和行为的复杂形式是在神经系统的不同水平上实现的。神经系统的每一个水平都对行为的机能组织作出自己的贡献。[③] 虽然，大脑机能结构和机能结构功能有相关对应的关系，却不是简单的等同，精神系统活动涉及若干层次的机能结构。若干处于不同层次的机能结构的部位，可能联合起来构成精神系统活动的某一层次的功能，任何一个层次上的精神系统活动，需要有若干机能结构的协同参与才能进行，这个层次体现的是大脑活动的功能。由此可见，边际异化信息迭代过程作为非物质存在，不是物质存在的衍生物或者纯粹的依附关系，而是与大脑皮质这种特殊物质的生长同步进行。尽管遗传规定了大脑机能结构生长的可能性，但是，这种机能结构的生长却是在非物质作用

---

① ［苏］鲁利亚著，汪青等译：《神经心理学原理》，科学出版社 1983 年版，第 25 页。
② ［苏］鲁利亚著，汪青等译：《神经心理学原理》，科学出版社 1983 年版，第 6 页。
③ ［苏］鲁利亚著，汪青等译：《神经心理学原理》，科学出版社 1983 年版，第 14 页。

下完成的，所以，大脑皮质这种特殊物质存在中，凝结了非物质存在，最起码构成大脑皮质的生理物质携带了非物质存在的关系存在。虽然这种非物质存在的关系存在依附于大脑皮质的生理物质，但是，没有这种非物质的关系存在，大脑皮质的生理物质也就不存在了。可以说，大脑皮质是物质存在与非物质存在的混合体，大脑皮质的生长是非物质存在的关系存在决定的，反过来，没有大脑皮质的生理物质，也就没有非物质存在的关系存在。大脑皮质的生理物质中携带着非物质存在的关系存在，这种关系存在不仅以边际异化信息形式存在，还以边际信息之间相互联系的形式而存在。

神经心理学的研究结果表明，在进化的循序渐进的阶梯上，动物的行为在不同的程度上依赖于脑的高级部位（特别是依赖于它的皮质），动物在进化的阶梯上站得越高，它的行为也就在更大的程度上受皮质的调节，并且这种调节作用的分化性质就增长得越大。[①] 由此可见，大脑皮质分成各种不同的区域，区域的分化程度是大脑进化程度的标志。第三级区的发育必须有特定的外界环境刺激，边际异化信息迭代过程的异化作用决定了第三级区的生长，边际异化信息迭代过程的经验作用决定了边际异化信息之间的关系。更确切地说，第三级区的物质构成或形态是由非物质存在的边际异化信息决定的，也就是非物质存在的关系存在决定了第三级区的物质存在，当第三级区的边际异化信息之间的关系在意识中还原时，表现为事物之间更加抽象的关系，也就是抽象思维的活动。

人脑第三级区的生长是进化的最高阶段，通过第三级区的生长可以洞悉进化过程中物质存在与非物质存在之间的关系，而且，边际异化信息迭代过程的异化作用和经验作用总是同步进行。对于人类而言，大脑发育成熟后，边际异化信息迭代过程的异化作用的极限趋于零，更为重要的是边际异化信息迭代过程的经验作用，也就是大脑的思维能力。在这个进化的最高部位，更为重要的是维系肌体与外界环境的适应。人脑的进化是边际异化信息迭代过程的异化作用和经验作用的结果，从猿到人的进化过程中，边际异化信息迭代过程的异化作用和经验作用，不仅使脑皮质第三级区面积扩大，还使脑皮质的第二、第三级区中新功能区域产生和分化，由此生成和发展了人特有的语言中枢。语言中枢成为猿脑和人脑的本质区别，这是从猿脑到人脑进化的重要标志。

人的意识活动是以语言符号（第二信号）系统为中介的。神经心理学的研

---

① ［苏］鲁利亚著，汪青等译：《神经心理学原理》，科学出版社1983年版，第56页。

究结果表明，大脑的进化，一方面是同对信息的加工和译码过程的复杂化直接联系着的，另一方面是同高等动物活动所特有的个体变异行为程序的复杂化联系着的。[①] 由此可见，以语言为中介的意识能力发展，是边际异化信息迭代过程的经验作用结果，在边际异化信息迭代过程中，语言符号信息可以在更加抽象意义上形成边际异化信息之间的关系，同时，边际异化信息迭代过程的异化作用的结果导致了大脑皮质结构的根本改变。语言符号作为具有抽象意义的第二信号，在边际异化信息迭代过程中，与来自于不同区域的边际异化信息相互联系，同时，边际异化信息迭代过程的异化作用嵌入各类皮质区，在二、三级皮质区中特别突出。尽管古猿具有利用简单语声符号交流信息的能力，但由于古猿只能利用简单的语声符号，在古猿的皮质结构中就不可能明显分化出专门处理语言符号的特化区域。随着猿的心理向人的意识活动转化，使用的语言符号越来越复杂，边际异化信息迭代异化作用的结果，就是相应的专门处理语言符号的皮质特化区域的分化，这种分化为边际异化信息迭代提供生理基础的同时，也使得边际异化信息的嵌入越来越复杂。这个过程正是边际异化信息迭代嵌入理论的核心内容，边际异化信息迭代嵌入理论，正是以这种互为因果关系的物质存在与非物质存在相互作用的过程为核心，在各种不同领域探讨边际异化信息迭代过程的异化作用和经验作用的普遍性。边际异化信息迭代的异化作用使得大脑结构改变，大脑结构改变进一步支持边际异化信息迭代过程的经验作用，亦即边际异化信息迭代过程使系统结构发生改变，系统结构的改变使边际异化信息迭代过程的经验作用更加复杂。

在人脑各类皮质分析器核心区的外围部位和各类运动皮质的外围部位，由于语言符号信息在边际异化信息迭代过程中的异化作用，分化出了相应的各类感觉和运动语言中枢，这些语言中枢的功能，可以对不同形式的语言符号刺激进行分析综合的处理。与皮质第二、第三级区中分化出各类语言中枢相关联，皮质第一级区中的神经元结构也有质的变化。有关的研究表明，人的皮质第一级区中的神经元结构，能够感知言语机能成分的精细感觉差别和运动差别，边际异化信息迭代过程的异化作用和经验作用越来越复杂、越来越明显。人脑结构的相应分化越来越细致，更准确地分辨内部传入大脑的边际异化信息，这种异化作用在听觉中心区表现得特别明显。人的听觉中心区与猿类相比，不论绝

---

① ［苏］鲁利亚著，汪青等译：《神经心理学原理》，科学出版社 1983 年版，第 34 页。

对大小，还是相对大小都有很大生长，听觉中心区的这种结构性改变，映射出古猿到人转变过程中，边际异化信息迭代过程的异化作用决定了口语发展，口语又是整个语言符号系统活动的重要基础。

从猿到人的进化过程中，大脑结构变化成为边际异化信息迭代过程的异化作用的重要内容。神经心理学的研究结果表明，随着动物界的进化，行为越来越依赖于脑的高级阶层（它的皮质），或者换句话说，在进化的高级阶段上，日益皮质化的过程变得越来越明显了。此外，脑皮质最高器官的机能组织随着进化而变得越来越分化，并且大脑的每一个系统都具有清楚的分层次组织，在低等脊椎动物那里，这种组织刚刚出现，但是在灵长目那里，特别是在人那里，这种组织变成了脑的主要特征。① 从猿到人的进化过程，大脑结构变化的关键是边际异化信息迭代过程的异化作用和经验作用，使得大脑具有综合处理的能力。由于外界环境与大脑的相互作用，大脑逐渐具有了综合处理的功能，与此同时，大脑结构也发生了相应改变。大脑结构的相应改变，提高了综合处理能力，同时，意识能力也得到相应发展。脑皮质分析器第三级区的扩展，以及语言中枢的分化发展，都是边际异化信息迭代的综合处理能力得到提高的生理物质基础。这些生理物质基础的发展与边际异化信息迭代密切相关，由于边际异化信息迭代过程的异化作用，这种生理物质基础在遗传那里得到实现，综合处理能力便成为大脑的重要功能。由于分析器的第三级区和语言中枢是对感觉进行复杂的分析综合的皮质联合区，边际异化信息迭代要实现高超的综合处理能力，凭借分析器的第三级区和语言中枢这样的皮质联合区远远不够，因为分析器的第三级区和语言中枢还只是初级类型的皮质联合区，要完成高度综合的边际异化信息迭代过程，必须将那些在这类初级皮质联合区中进行的边际异化信息迭代结果进行更复杂的边际异化信息迭代，这无疑要发展更为高级的联合区，亦即联合区的联合区，就是前额叶皮质区。这样，大脑功能的逐渐变化，带来了结构变化，而结构变化又为功能变化提供了前提和基础，这样的互为因果的过程持续下去的结果，就是大脑结构的改变和边际异化信息迭代过程越来越复杂，精神系统逐渐从简单系统转变为复杂系统。

在大脑结构变化的同时，人的前额开始向前突出。类人猿的前额叶部位很小，脑凸向后方，前额后仰。人脑前额极为特化的发展，成为人脑最高部位。

---

① ［苏］鲁利亚著，汪青等译：《神经心理学原理》，科学出版社1983年版，第58页。

前额是建立在其他脑区之上的对边际异化信息进行最高等级的综合加工区域。前额部与脑的下部组织，间脑、脑干和网状结构，与皮质所有其余外表部分，包括所有感觉区、运动区和皮质边缘系统，都具有广泛的双向联系，边际异化信息迭代过程的异化作用和经验作用创造了这种联系，同时，这种联系也为边际异化信息迭代提供了生理基础。从猿到人的进化过程中，大脑结构的变化导致了大脑容量的增加，人脑相当于现代猿脑容量的三倍，与此相应的是脑细胞的增大和脑细胞结构的复杂，以及神经元分支的增加和神经元间联系的复杂化。这为边际异化信息迭代提供了生理基础，使得边际异化信息迭代越来越复杂。由此可见，边际异化信息迭代过程的异化作用和经验作用总是与人脑结构的变化同步进行，这是外界环境对人脑作用的结果。在外界环境与大脑相互作用的过程中，边际异化信息迭代过程的异化作用不断地在大脑中边际异化信息，大脑生理物质作为边际异化信息的载体，随着边际异化信息嵌入不断增加，这种滚雪球式的发展实现了人科生物向人的转变，也不断地造成个体之间的差异，以此改变生物界与生俱来的竞争原则，即体力不是竞争取胜的唯一本金，经验比体力更加重要，这也是人类社会发展的基础。

四、大脑功能与关系存在

由于大脑皮质是边际异化信息嵌入的结果，大脑皮质中囊括了进入大脑所有的边际异化信息以及这些边际异化信息之间的关系，这些以关系以非物质形式存在。苏联著名神经心理学家鲁利亚，创立了关于脑的机能系统结构的理论，为非物质存在提供了神经心理学证据。鲁利亚提出了机能系统概念，机能既可以描述特殊细胞和器官的机能，也指那种有诸多细胞、组织的器官综合参与的机能系统的复杂过程。鲁利亚指出，"机能"的这种系统结构不仅是很简单行为活动的特点，也是更复杂的心理活动形式的特点。知觉、记忆、认知、运动、言语、思维、书写、阅读、计算等远不是孤立的能力，不能理解为有限细胞群的直接机能，不能定位在一定的脑区。它们全是在长期历史发展过程中形成的，其来源是社会的，其结构是复杂的、中介的。它们都仰仗方式、手段的复杂系统，这种事实要求人把基本形式的意识活动当做最复杂的机能系统来看待。[1] 由

---

① ［苏］鲁利亚等著，李翼鹏等译：《心理学的自然科学基础》，科学出版社 1984 年版，第 76—77 页。

此可见，在机能系统意义上，鲁利亚分出了脑的三个主要机能结构（或机能联合区），亦即调节紧张度或觉醒状态的结构，接受、加工、保存来自外界的边际的结构，制定程序、调节和控制心理活动的结构。神经心理学的研究结果表明，为了保证心理过程完全合乎要求地进行。人应处于觉醒状态中，而为了实现有组织的、有目的指向性的活动，必须保持变质的最适宜的紧张度。① 这就意味着必然存在相应的保证这种觉醒状态、调节这种大脑皮质紧张度的机能结构系统，这种相应的功能结构系统不存在于大脑皮质，位于大脑皮质之下的机能结构，并垂直跨越了若干个机能结构层次的一种被称为网状结构的神经组织。网状结构起始于脊髓顶端，经由延髓、脑桥、中脑，直到间脑中的丘脑底部。网状结构中交错排列的神经纤维的走向，可以明显地分出两个主要的相反方向：一部分纤维从脑干下部的脊髓顶端开始，一直沿脑干、间脑上行，终止于位于上部的神经组织，丘脑、尾状体、旧皮质和新皮质中；另一部分纤维则由位置较高的神经组织，新皮质、旧皮质、尾状体和丘脑核开始，通向位于下部的下丘脑和脑干结构，并向脊髓发出传出纤维，这两个相反方向的纤维组织，就是上行网状系统和下行网状系统。双重走向的网状系统在网状结构与大脑皮质之间建立了双重的相互作用关系，通过上行网状系统网状结构对大脑皮质起激活作用，并调节其紧张度处于特定水平；通过下行网状系统，大脑皮质又对网状结构的活动进行调节。

大脑功能的复杂性表现为复杂的神经活动之间的关系存在。与传递特定感觉、运动边际的神经系统和特定边际异化信息进行分析综合的加工处理的神经系统不同，网状结构所发出的神经冲动并不具有特异性，只为各类特异性的心理活动提供了相应觉醒状态的活动背景。与这种非特异性活动的方式相一致，沿着网状结构的网组织传递的各类冲动也不是以个别和孤立的方式扩散，而是普遍的激活效应。另外，网状结构中的边际异化信息传递也不遵循特异性系统中边际异化信息传递的全或无规律，而是分等级、逐渐地改变自己的水平，从而能有效地调节整个神经器官的状态。由此可见，神经活动之间的联系是在进化过程中形成的关系存在，神经网状结构是保证大脑皮质觉醒状态的边际异化信息激活系统。但是，网状结构的活动本身也存在被激活的问题，只有网状结构肌体的活动被激活到一定水平之后，才有能力通过上行网状系统作用于大脑

---

① ［苏］鲁利亚著，汪青等译：《神经心理学原理》，科学出版社 1983 年版，第 83 页。

皮质，从而使大脑皮质处于特定水平的兴奋状态。鲁利亚指出了神经系统激活的三个主要源泉，肌体代谢过程、外界环境刺激和意识中的愿景，而且，每种源泉的传递都借助于激活的网状结构。从感受器开始的传入神经在经过脑干和皮质下部位时，都有旁枝分出进入网状结构。这样，在肌体代谢过程的边际异化信息、外界环境刺激的边际异化信息到达于大脑皮质时，实际上通过了双重途径，沿特异性神经通路传达到大脑皮质，通过旁枝进入网状结构，再沿上行网状系统传达到大脑皮质。双重途径起到了双重的作用，将特意的感觉信息传递到皮质的特定感觉分析中枢，将非特异性神经冲动普遍辐射到大脑皮质的广大区域，分布于皮质的所有备层，从而给予大脑皮质以弥漫性的激活性影响。神经系统激活的第三个主要源泉，就是在大脑皮质和网状结构之间建立了某种相互激活的反馈通讯联系，通过这种反馈联系，大脑皮质成了以网状结构为中介的自我激活系统。在大脑皮质中进行的意识活动产生的特定边际异化信息流通过下行网状系统制控和调节网状系统，反过来保证意识活动的顺利进行。正是这个网状结构构成了神经系统第一个机能结构的主要部分，其中蕴含的关系存在十分复杂，不仅机能结构完全被关系存在决定，就是机能结构的功能也完全被关系存在决定。

　　鲁利亚指出了接受、加工、保存来自外界的边际异化信息是脑的第二个主要机能结构。这个结构位于新皮质隆突（表面）部，占据皮质后部，包括视区（枕）、听区（颞）、一般感觉区（顶）的器官，这一组织结构不是由密集的神经网组成，而是由独立的神经元组成。这些神经元在机能结构上分为六层，这六层神经细胞又可在机能结构的意义上分为三个不同等级的皮质区。皮质的第一级区或称投射皮质区，构成了整个结构的基础，主要由机能结构上的第四层的传入神经细胞组成，这些细胞大部分是高度特化的，负责在感觉的水平上接受从外周感受器传入大脑的边际异化信息，不同感觉区域的第一级区只对相应种类的个别边际异化信息予以识辨。在皮质第一级区上，增生变质的第二级区或称认知皮质区，主要由结构较复杂的二、三层细胞组成。这些层上包括大量的带有短轴突的联络神经细胞。在第二个机能结构的第二级区上，第一级区所接受的特定种类的感觉信息被综合为相应种类的知觉，诸如视知觉、听知觉、肤觉、运动觉等等。各感觉分析器皮质的交界处或重叠区构成了第二个机能结构的第三级区，这一区位于皮质枕区、颞区和后中央区的边缘，皮质的下顶区组织是第三级区结构的主要部分。下顶区竟发达到了这样的程度，几乎占据了第二个机能结构的全部组织的四分之一，第三级区是人类所特有的组织。这个第三级区几乎全部由皮质二、三层的联络细胞组成，机能就是对来自各个感觉分析器的兴奋予以整合。神经细胞绝大部分具有多模式的性质，能对概括特征起反应，诸如空间排列特征和数量特征等，而皮质第一级区，甚至第二级区都不能对这些特征予以反映。第三级区还能把相继或交替呈现的边际异化信息变为同时可观察到的边际异化信息。第三级区对不同范围和时间的刺激进行的这种空间和时间的组织，保证了知觉的综合性、整体性的特征。第二个机能结构的第一级区是感觉区，而第二级、第三级区则是不同水平上的知觉区。皮质后部第三级区的工作，不仅对于顺利综合直观信息是必要的，而且对于直接、直观的综合过渡到符号过程水平，运用词意、复杂的语法和逻辑结构、数字与抽象关系系统是必要的。皮质第三级区把直观知觉变成抽象思维，在记忆中保存有组织的经验材料。亦即不仅对于信息的获得与编码（加工）是必要的，而且对得到的边际异化信息的保存也是必要的。保存边际异化信息过程是复杂的，不仅由部分脑区来承担，还涉及感知的机能结构意义的活动，这是边际异化信息迭代过程记忆作用的结果。

神经系统的第二个心理机能结构是对边际异化信息进行直观识辨的结构，从接受各种边际异化信息的各类感受器开始，包括传入周围神经和相关的脊髓、脑干、皮质下部位的传导通路，直到完成感知过程的相应脑皮质的三个不同等级的机能区。大脑的第三个主要心理机能结构是边际异化信息储存的记忆的机能结构。相关资料表明，记忆并非由脑的特定部位执掌，而是由许多部位参与。来自不同途径的实验报告揭示了颞叶、顶叶、边缘系统、丘脑、乳头体、基底神经节、网状结构等部位都与记忆有关，这些部位的某一区域的损伤会导致短时记忆或长时记忆，或形象记忆，或语词性记忆，或情绪性记忆能力的降低或丧失。

神经系统的第三个主要心理机能结构是关于边际异化信息储存的记忆的机能结构，边际异化信息迭代过程就是记忆形成的过程，记忆的形成可以在不同水平上发生。最初的记忆引起的是大脑神经细胞中的电化学变化，这种变化是一种可逆的生理变化，对应于感觉记忆和短时记忆现象。长时记忆则仰仗于由可逆的生理变化的持续造成的较为稳固的生化反应，通过这种反应引起了不同水平上的新结构的确立。这种新结构是神经细胞解剖结构的变化：突触梢球的生长、突触数量的增加，或突触新芽增生，记忆的生理基础是在神经细胞之间形成了新的联系，这种新的联系完全由关系存在决定。当然，这种新结构还包括神经细胞内分子的生理结构的变化。实验证明，受过训练的动物的脑神经细胞中 RNA（核糖核酸）和蛋白质的含量比未受训练的动物有显著增加，且 RNA 和蛋白质的结构也有显著变化。由此可以推断，记忆是神经细胞核中的遗传基因 DNA（脱氧核糖核酸）所拥有的一种能力，这种能力无疑也由关系存在决定。边际异化信息迭代过程启动了 DNA 关于记忆能力的相应边际异化信息，于是 DNA 把它拥有的记忆边际异化信息转录给 RNA，并通过 RNA 的模板作用生成特定的蛋白质分子结构，从而将相应边际异化信息储存起来。RNA 可能是学习和记忆的系统基础，每个 RNA 分子都是一个记忆储存装置，同时又是一个能复制分子的模板，RNA 是记忆密码在其制控下合成的蛋白质结构就是记忆分子。

由于边际异化信息迭代的功能可知，记忆总是伴随感知、思维的过程发生的，而任何一种感知、思维过程都是边际异化信息迭代过程经验作用的结果，边际异化信息迭代过程本身就是特定记忆的建构过程。记忆建构具有普遍性，与感知、思维活动相关的脑区，必然会承担相应的记忆过程，因为边际异化信息迭代过程同时就发生在感知和思维活动的过程中。于是，记忆功能遍布于整个大脑皮质，以及相关的皮质下部位，任何一个水平上的记忆活动都是不同皮质部位，以及相关的皮质下部位参与的复杂的边际异化信息迭代过程，参与这种复杂的边际异化信息迭代过程的不同区域，为相应记忆活动提供某种与肌体特性相一致的特殊作用。具体记忆的内容不仅与个别的脑部位相关，记忆的具体痕迹都与脑的广泛区域相联系，而且，同一内容的记忆痕迹可能是多模式，在多个脑区上分别建构同一内容的全套记忆痕迹。只有是这样，记忆内容较易被提取出来，也只有是这样，才能对在个别脑区受损后，记忆功能被相邻的其他脑区所替代的现象作出合乎情理的解释。

大脑机能结构完全被非物质存在的关系存在决定，神经系统第四个主要心理机能结构关于边际异化信息的重建，实际上就是思维活动的机能结构，这与边际异化信息的整合功能相对应。边际异化信息迭代过程的经验作用可以建构实现目的的计划程序，并对相应的心理和行为活动进行调整，任何知识、观念、方案都是边际异化信息迭代过程的经验作用的结果。鲁利亚对神经心理学的最重要贡献是关于额叶机能，特别是前额部是脑的最高级部分的理论。前额部执行神经系统第四个机能结构（脑的第三个机能结构）的三级皮质区的机能。而正是这个前额部成了人的目的性行为，以及对心理、行为控制的决定性器官。脑的前额部已经特化发展成了人脑的最高部位，是建立在其他脑区之上的对边际异化信息进行最高等级的边际异化信息迭代过程的区域。边际异化信息迭代过程是大脑中非物质存在决定的，而且，不同的机能总是在不同的机能区进行，神经系统第五个主要机能结构就是实现目的的机能结构。实现目的的机能结构是人的有目的行为发生的机能结构，不论神经系统关系存在多么复杂，都是在生物进化过程中形成的非物质存在。

第九章　非物质存在的本质

　　著名哲学家施太格缪勒（Wolfgang Stegmuller）在《当代哲学主流》中指出："未来世代的人们有一天会问：二十世纪的失误是什么呢？对这个问题他们会回答说：在二十世纪，一方面唯物主义哲学（它把物质说成是唯一真正的实在）不仅在世界上许多国家成为现行官方世界观的组成部分，而且即使在西方哲学中，譬如在所谓身心讨论的范围内，也常常处于支配地位。但是另一方面，恰恰是这个物质概念始终是使这个世纪的科学感到最困难、最难解决和最难理解的概念。"说不清物质究竟是什么，似乎是施太格缪勒看到的二十世纪失误。在施太格缪勒看来，唯物主义哲学与物质是等价的，是唯一真实存在。这绝对是对唯物主义哲学的误解，唯物主义哲学最根本的前提就是唯物。唯物主义哲学将物质看成是唯一真实的实在，这没有错误，只有物质才是真实的实在。与真实的实在相对立的是真实的不实在，也就是非物质存在。真实的就是客观的，真实的实在是客观实在，真实的不实在是客观不实在。这样，物质的存在形式是客观实在，非物质的存在形式是客观不实在，事到如今，一切都没有施太格缪勒指出的那么糟糕。

　　古希腊哲学家德谟克利特猜想，宇宙是物质构成的，物质是不变的绝对实体和基质。爱因斯坦提出广义相对论以后，物质不变的属性崩溃了，当物体运动接近光速时，不断地对物体施加能量，物体速度的增加越来越难，施加的能量哪儿去了？能量没有消失，而是转化为质量。爱因斯坦著名的质能方程给出了物体质量与能量之间相互转化关系：能量等于质量乘以光速的平方。而后，科学家发现了核裂变和链式反应，把部分质量变成巨大能量释放出来。知道原子弹的人，都相信质量可以转化成能量。施太格缪勒认为，既然质量不再是不变的属性，质量是物质多少的量度的概念就失去了意义。问题是物质与能量的相互转化，物质和能量依然以实体方式存在。

也许哲学家施太格缪勒忽略了唯物主义哲学的最基本最重要的观点，就是客观世界中的物质永远都处于相互联系、相互作用的发展变化之中，爱因斯坦著名质能方程所论及的质能关系，依然符合唯物主义哲学最基本的观点。其实，唯物主义哲学概念本身就是博大精深的，唯物就是尊重客观世界，这样，在承认客观世界发展变化的同时，自然会尊重客观世界发展的结果，也就是对客观世界的认识。关于非物质存在问题，没有脱离客观世界存在本身，依然属于客观世界存在的范畴。

一、非物质存在与边际异化信息的提出

寻找非物质的历程是艰难的，物质既看得见，也摸得着，而非物质不是物质，那么，不是物质又以怎样的形式存在呢？当人类进入信息时代以后，信息哲学将信息看成是非物质存在，但是，却始终承认信息的间接存在性。信息作为间接存在，终究没有摆脱对物质存在的依赖性，这就意味着信息这种非物质存在并没有与物质存在在一个层次上，从本体论的角度来说，信息这样的非物质存在不可能与物质存在处于同等地位和具有同等价值。从这种意义上说，信息是非物质存在，但是，无法通过信息推证出非物质存在的本质。倘若有非物质存在，那么这种非物质一定不是尽在物理学实验室中才能看见，应当与物质存在一样具有普遍性，不仅如此，还应当是客观世界重要的组成部分。

倘若可以通过眼睛就能发现非物质存在，非物质也就不是非物质了，顾名思义，非物质存在是存在的非物质。我们知道，客观世界中的各种不同物质之间总是按照一定的法则相互联系，从自然界到人类社会，只要是物质就具有自己的属性，无一例外。这涉及一个非常重要的词汇，就是法则或者规律，它们支配物质世界的活动。各种不同的法律或定律呈现出两种完全不同的特征。一种是在时间维度中的变化可以忽略不计的自然法则或规律，决定物质世界的空间结构、生物结构，规定了物质最基本的存在形式。这些结构有些可以用数学表达，有些可以用生物遗传规则表达，诸如太阳系中各行星之间的距离、运动轨迹、运动速度等等，还有各种不同的生物完全由基因决定，改变了基因，人可能就不是人了，基因虽然不能用数学表达，却有自己的生物化学表达方式。另一种法则总是在时间维度中变化，这种关系存在不论是用数学表达，还是用生物化学形式表达，都有一个时间变量。值得注意的是，自然法则或者规律作为关系存在，是看不见、摸不着的，这是独立于物质存在而存在的，可以和物质存在相提并论的存在，这种关系存在就是我们寻找的非物质存在。

自然法则是什么？数千年前，科学家和哲学家对此提出了许多疑问，却没有一种确切的解答。之所以会有这样的追问，是因为自然法则作为关系存在的非物质存在属性，绝对不会像物质存在那样明明白白的展示在人们的面前。但是，却与物质存在一样，可以反反复复的被使用。自然法则作为支配物质世界的基本原理，是非物质存在的客观实在，是自然界的重要组成部分，诸如太阳、地球与几大行星之间的距离和运动规律，可以用数学公式表达，海王星的发现不仅是天文学史上的传奇，也是数学的胜利，因为海王星是一颗根据天王星的轨道异常情况，被数学家在笔尖上推算出来的行星。然而，在绝大多数情况下，作为关系存在的自然法则是经验的积累和总结，诸如质量守恒定律，亦即在化学反应中，质量既不会创生也不会消失，尽管质量守恒定律已经通过对化学反应前后物质质量的反复精确的测量证明了，可这是错误的，因为质量守恒定律应该适用于所有的化学反应，而不是仅仅适用于那些已经发现的化学反应，任何特定类别的实验都不足以证明它，任何实验都不能排除存在不服从质量守恒定律实验的可能性，质量守恒的断言不能仅仅基于实验室里的发现，这种对事物本性的一个深刻领悟，不能不让我们对非物质存在有所敬畏。

经验的总结不同于自然法则，物理学中常常用数学公式描述自然法则，自然法则的性质之一就是具有不变性。在物理学中，如果一个法则是正确的，那么在任何地方都正确，这就是系统的空间不变性。也就是说，在相同的条件下进行相同的实验，可以得到相同结果，不论在哪里，结果都是一样的。自然法则不随时间变化，时间改变了，自然法则不变。然而，任何自然法则有局限性，都是在特定时空内成立的，或者说不同的时空区域具有不同的自然法则，但是，不管怎么说，自然法则作为关系存在属于客观存在范畴，不是由物质构成，却与物质在客观世界中具有同样重要的地位。

自然法则的深层次意义印证了唯物主义哲学的基本观点，就是世界上任何事物都是相互联系、相互影响的，不仅如此，相互联系是有规则的，自然界遵循的是自然法则，生物界遵循的是生物法则，社会遵循的是社会法则等等。值得注意的是，关系存在以非物质形式存在的提出，使得我们对事物之间的相互联系有了全新的认识，就是事物之间的联系不是发生在物质层面，而是发生在非物质层面，否则，事物就会失去本身的独立性，诸如两个不同的系统相互作用，倘若相互作用发生在物质层面上，在物质层面存在物质交换，那么，系统本身就会发生根本的改变，甚至丧失原来的结构和功能。自然法则可以用数学公式表示，自然法则所代表的关系却以非物质存在维系。

边际异化信息概念的提出，意在研究客观世界基本的存在方式和活动规律，即在时间维度中，客观世界中的不同物质是以怎样的形式相互作用和相互联系的，这是一个十分引人注目的问题。提及客观世界总是绕不开一个非常重要的概念——系统。1947年，美籍奥地利生物学家贝塔朗菲创立系统理论后，将事物看成系统成为一种新的世界观。客观世界中的各种不同事物是相互联系的，而且可以用系统概说，这使得人类对客观世界的认识抵达到新的层次。系统理论是这样定义系统的，亦即客观世界中的事物处在一定相互联系中，与环境发生关系的各个组成部分的整体就是系统。客观世界中的事物不仅相互联系，而且都可以被看做系统。客观世界是一个大系统，这个大系统由许多小系统组成，小系统又有许多小系统组成。无机界从基本粒子到地球、太阳系等等，有机界从生物大分子、细胞生态系统、生物圈等等，人类社会无不以系统而存在。

在诸多的系统中，人类了解最详尽的就是社会这个系统，而我们了解最详尽的是精神系统，边际异化信息的提出，基于精神系统的形成与发展规律。在精神系统形成与发展过程中，人与外界环境相互作用，那么无形又那么有力量，一切都在信息层面上进行，精神系统演化是在人与外界环境相互作用中实现的。进一步研究发现，任何满足初始条件 $S_0 = 0$ 的嵌入生成系统 S，在演化过程中，与外界环境的相互作用总是发生在信息层面上。倘若相互作用不发生在信息层面，系统就难以保持原来的结构和状态。关于边际异化信息概念，从直观上看，由三个熟悉的词汇构成，边际是指系统的边际，通常情况下边际就是与外界环境相互作用的物理边际；异化是指外界环境的作用会引起系统的变化，这种变化总是在两个维度上进行，一个是在物质维度上的异化作用，另一个是在信息维度上的经验作用，这两种作用就是对系统的异化；信息是指系统总是要与外界环境相互作用，总是以信息形式呈现。这样，边际异化信息就是系统与外界环境相互作用的过程中，系统演化将发生不可逆转的变化，这种变化对不同的系统而言，变化速度完全不同。不管怎么说，任何嵌入生成系统都在时间维度中演化，都在前一时刻演化的基础上进行，前一时刻演化结果决定以后的演化，而且演化引起的系统改变又作用于外界环境，环境又反过来作用系统，这种系统与外界环境相互异化的过程，是系统的边际、异化和信息活动的结果。系统演化就是在系统与外界环境相互作用的过程中，边际异化信息不断生成，即边际异化信息迭代过程时刻进行。值得注意的是，边际异化信息迭代使得系统与外界环境的联系越来越复杂，系统结构越来越复杂、有序和稳定。

边际异化信息迭代过程是指两个或者多个系统在相互作用过程中，相互作用的边际异化信息会对系统产生异化作用和经验作用，异化作用改变系统的物质结构，经验作用决定系统演化的方向。就异化作用而言，即便是极其微弱的作用，也会对今后产生深刻的影响，在时间维度中具有滴水穿石的作用；就经验作用而言，所有的边际异化信息将不断地形成新的联系，使得外界环境的作用每一次都有不同的作用。边际异化信息迭代是任何物质系统与外界环境相互作用所具有的属性，这样的结论适应于任何物质系统与外界环境之间的相互作用。

系统之间的相互作用也一样，可以将另一个系统看做外界环境。值得注意的是，边际异化信息迭代就是关系存在的具体表现，诸如氢和氧在一定外界环境条件下，可以形成水。关系存在是系统与外界环境，或者系统与系统之间的那种固有的联系，也就是相互作用一定有切点，只有切点才能在关系存在中找到既可以满足系统，也可以满足外界环境的相互联系。这意味着系统与系统之间的相互作用是有条件的，也就是系统与系统之间的相互作用总是依据关系存在发生在切点，边际异化信息迭代根据关系存在在切点处进行相互作用，这为唯物主义哲学提供了更有力更周密的依据，同时也拓展了客观世界的存在范畴。

二、边际异化信息的非物质存在形式

边际异化信息始终存在于系统演化过程中，绝对不是物质系统的衍生物，而是与构成系统的物质互为因果，共同构成了系统的存在，因为系统不与外界环境相互作用，熵就会无限增加，结果就是系统解体或消失，边际异化信息的存在的直接性非常值得探究。从边际异化信息的定义中可以看出，边际异化信息是具有特殊意义的信息，这种信息承载的是关系存在。在客观世界中，信息存在的形式多种多样，边际异化信息是那些存在于系统中的关系存在的信息，毫无疑问，边际异化信息属于信息范畴。维纳曾说过，信息就是信息，不是物质也不是能量。[①] 边际异化信息既不是物质，也不是能量，而且没有质量和能量。边际异化信息作为非物质存在，无疑是一种新的世界观，这种新的世界观将人类对客观世界的认识推向了新的层次。边际异化信息作为非物质存在，与以往科学和哲学所研究的那个实在的具有质量和能量的物质世界有着不可分割

---

① ［美］维纳著，郝季仁译：《控制论》，科学出版社 1963 年版，第 133 页。

的联系。边际异化信息迭代在揭示系统与外界环境的联系，系统与系统的联系的同时，使得自身存在的非物质属性呈现出来，由此可见，客观世界既是物质的，也是非物质的，物质与非物质有着各自不同的存在方式。

传统意义上的存在必须是以物质形式的存在，具有质量和能量，而且可以通过感觉器官和仪器测量出来，只有这种存在才是客观存在。不仅如此，哲学关于世界本原的追问，以及与存在相关的理论，都以物质存在为始点。传统唯物主义一元论认为，物质不仅是客观世界的本原，还是客观世界自身存在的依据，除此之外的一切事物和现象都由物质派生，是物质的具体存在形式、属性和状态；传统唯物主义二元论认为，客观世界由物质（质量和能量）和精神构成，物质是存在于精神这种主观存在之外的客观实在，精神之外只能是客观存在的世界，存在由物质和精神构成。这里精神的存在形式肯定不是物质，就是精神本身，正因为如此，也就隐含了客观实在等于客观存在。其实，在客观存在领域，除客观实在以外，还存在客观不实在，诸如关系存在。在唯物主义二元论中，客观实在与客观存在具有完全相同的内涵和外延，进而客观存在也就等于物质，于是，就可以推证出精神这种客观存在是物质这与二元论相悖的结论。事实上，当存在被界定为物质和精神两大范畴时，客观实在等于客观存在的推论就已经难以成立了，精神属于客观存在，却不是客观实在。

非物质存在提出后，一切都清晰了，客观世界存在不仅有物质，还有非物质，这拓展了存在的内涵与外延。倘若物质是客观实在，那么，在客观实在以外，还有非物质存在，一种客观不实在的关系存在。在传统哲学的存在范畴中，客观的就一定是实在的，不可能是不实在的，客观实在等同于客观存在，客观不实在是绝对不存在的。然而，客观世界确实存在客观不实在，客观不实在确实是客观存在，诸如太阳系中恒星之间的数学关系是客观存在，却不实在。由此可见，存在不等于实在，还有存在不实在的存在。

也许一切与关系存在有关的存在都具有客观不实在性，相对于物质而言，客观不实在属于非物质存在领域。太阳系中恒星是以物质形式存在的客观实在，太阳系中恒星之间的数学关系虽然也是客观的，却是不实在的，而且，这种客观性存在于人的意识之外，不以人的意志而改变。客观不实在普遍存在，关系存在总是以客观不实在的形式存在。关系存在浸润于所有的物质存在，任何独立存在的系统，只要与外界环境相互作用，就会留下相互作用的痕迹。诸如凝结在树木中的年轮，记忆了树木经历的寒暑和其他相关情况，DNA中的编码记忆了生命种系发生的历史，以及个体发育的程序；凝结在地层结构中的地质演化的历史关系；现在宇宙结构状态中凝结的宇宙起源与演化的相关关系等等，都是客观不实在，客观不实在作为非物质存在而存在。

在精神活动外，边际异化信息属于存在于精神和物质之外的客观不实在的非物质存在范畴，边际异化信息既不同于精神，也不同于物质。其实，精神也由边际异化信息的关系存在构成，而且具有主观性，属于主观意识范畴，边际异化信息应当属于自然意识范畴。精神具有主观能动性，边际异化信息迭代具有客观能动性，这种能动性在系统演化过程中无目的却指向目的，使系统向更有序更复杂更稳定的方向演化。尽管在大脑中的边际异化信息清晰可见，因为大脑是物质中的特例，所以，大脑中的边际异化信息也只是边际异化信息中的特例。边际异化信息是物质之间相互作用的记忆，诸如年轮朝向太阳的部分要比背向太阳的部分大，树木与环境的相互作用在树木结构中的痕迹。尽管精神属于主观不实在范畴，但是，大脑中的边际异化信息属于客观不实在范畴，只有大脑中的边际异化信息迭代过程被意识的时候，边际异化信息才属于主观不实在范畴。从进化论的角度看，客观不实在是主观不实在的低级形式或阶段，当人脑这种特殊的物质与客观事物相互作用时，客观不实在的一部分立刻就变成了主观不实在。在客观世界中普遍存在着种种自然关系的记忆痕迹，这些痕迹是边际异化信息迭代过程异化作用的结果，正是客观不实在与标志物质世界的客观实在的存在方式的本质区别。

在客观不实在范畴，可以洞悉系统与环境相互作用的记忆痕迹，这些痕迹以不同方式浸润到物质之中。系统不可能单独存在，而是存在于与外界环境的相互作用之中，不断地进行边际异化信息迭代。当系统演化停止后，系统与外界环境的相互作用停止了，边际异化信息迭代必然停止，边际异化信息在物质上留下的记忆痕迹可以通过解剖观测到，诸如树木年轮在树木活的时候，不可能被观测到，即存在于活系统那里的记忆痕迹无法见到，也无法测度。所以，对活系统而言，边际异化信息既看不见，也摸不着，是不可测的。这无疑给证明客观不实在带来意想不到的困难，然而，也只有活系统才能承载这种客观不实在，尽管可以通过"解剖"发现客观不实在的记忆痕迹，但是，这种客观不实在以对物质异化的形式而存在，物质存在本身，就包含了非物质存在。在活系统中无法发现边际异化信息的存在，不破坏树木就无法知晓年轮的多少，通过实证的方法证明边际异化信息存在也许是不可能的。值得我们深思的是，在自然科学的研究中，人的观测似乎还不能成为证据，但是，在社会调查中，采用问卷的调查方法，主观感受可以当做客观存在的证据。由此可以推证出两个

88

重要问题，第一个就是作为主观感受的主观不实在，已经成为证明客观实在的证据；第二个就是客观不实在可以通过主观不实在得到证明，诸如潜意识、经络等等，可以在统计意义上得到客观存在的证明。

客观世界中的存在可以分为客观实在、客观不实在、主观不实在三大范畴，客观存在的范围显然大于客观实在的范围。客观存在由物质和非物质构成，客观实在具有物质属性，客观不实在和主观不实在具有非物质属性，而且，主观不实在属于精神范畴。精神属于主观存在范畴，与客观不实在具有共同不实在的本质，精神系统中的边际异化信息既是主观存在，也是客观存在，具有主观存在和客观存在的双重性质。这样，存在范畴既可划分为客观存在和主观存在，也可划分为实在和不实在。事实上只有客观实在是实在的，实在范畴与物质范畴具有完全一致的内涵和外延。由此可见，物质范畴不能囊括精神以外的全部世界，在物质和精神之间存在传统科学和哲学未曾关注的非物质范畴，非物质存在可以开启人类对客观世界的全新理解。

信息哲学将信息规定为依赖于物质而存在的间接存在，是物质这种直接存在的衍生物。但是，对边际异化信息而言，绝对不是物质或系统的衍生物，而是构成物质或系统的不可或缺的部分，与物质或系统是相互依存、互为因果的关系。不同物质或系统之间通过边际异化信息相互联系，没有边际异化信息之间的联系和相互作用，客观世界不可能存在，这是边际异化信息与一般意义上的信息的本质区别。大到天体，小到基因，都要与外界环境相互联系，这种联系是客观的，以关系存在这种非物质形式存在，只有相互作用时才能显现出来。引入边际异化信息概念后，客观不实在的信息具有两种存在形式，直接存在和间接存在，这将拓展对信息本质的认识。

客观世界由物质和非物质构成，在过多关注系统的同时，忽略了系统与外界环境作用对系统的影响，也就忽略了非物质存在。边际异化信息这种非物质存在，揭示了边际异化信息迭代与物质世界演化本质和演化形式，一切物质或系统都是物质存在和非物质存在的统一体。边际异化信息的发现改变了关于存在的那种根深蒂固的理念，在物质与非物质双重存在的客观世界，边际异化信息嵌入理论将确立一种新的世界观。

物质存在与非物质存在是相互依存的，边际异化信息反映的是物质之间的依存状态，以及物质之间的相互作用，而且，相对物质而言，边际异化信息有瞬间的滞后性。边际异化信息作为信息也存在瞬间的滞后性，但是，由于边际异化信息迭代过程的异化作用，改变了物质或系统的结构，成为物质或系统与外界相互作用的依据，所以，物质或系统的演化是边际异化信息迭代过程的结果。

三、边际异化信息的非物质存在意义

边际异化信息嵌入理论具有存在论的意义和价值。边际异化信息不仅是系统演化的记忆痕迹，还是系统与环境相互作用的记忆痕迹，这些记忆痕迹以非物质存在的形式保留下来。这不是简单的信息积累，而是边际异化信息的记忆痕迹。在边际异化信息作用系统的同时，竭尽全力地从环境获得物质或能量，使系统利益最大化。系统利益最大化的意义是使系统向有序、复杂和更稳定的方向演化，并在此过程中改变自身结构，对外界环境产生更为深刻的影响。系统绝对不是单纯的与外界环境相互作用，由于边际异化信息迭代过程的经验作用，过去经验发挥了极其重要的作用，边际异化信息迭代过程既是过程也是结果。边际异化信息迭代过程的经验作用意味着边际异化信息具有客观能动性，这种能动性是自然能动性，只有在边际异化信息迭代过程中才能表现出来。

边际异化信息作为客观存在，从这种新的本体论出发，可以推演一种新的世界观。边际异化信息属于非物质存在范畴，边际异化信息的提出改变了客观世界由物质构成的理念。构成客观世界的不仅是物质，还有非物质。边际异化信息既不是物质的，也不是精神，但是，作为自然意识，介于物质与精神之间，实现了物质与精神的过渡。在边际异化信息没有提出以前，物质与精神是对立的，而且也早已成为哲学理论的前提。边际异化信息嵌入理论提出后，物质与精神的对立，转变为物质与非物质的对立，精神活动不过是边际异化信息迭代进化最层级的特例，进而，物质与非物质的对立将成为哲学理论的新前提。

什么是非物质？怎样给非物质定义呢？在物理学定义中，物质既有质量，也有能量，还有体积，即便是原子，也是有质量的。非物质没有质量、能量和体积，或者说，非物质是质量、能量和体积的极限同时趋于零的物质，似乎只有这样的非物质定义，才能真实的表达非物质，不至于将非物质存在误认为是不存在的物质。非物质以边际异化信息的形式存在，系统中不存在单独的信息，信息总是以信息之间的关系存在于边际异化信息迭代中，记忆着系统与环境的相互作用，这些结果作为过去经验，影响系统与环境的相互作用，承载着系统向更高级更复杂更有序方向演化的使命，隐含即便是高级系统，也是从低级系统演化而来的推断。

物质是客观实在，非物质是客观不实在，这样的不实在也是客观存在，客观存在由客观实在和客观不实在构成。边际异化信息浸润于所有的物质或系统，任何系统只要与环境相互作用，就会在边际异化信息上留下相互作用的记忆痕迹。客观世界中存在客观不实在范畴，客观不实在以非物质形式存在。系统的边际异化信息属于客观不实在范畴，边际异化信息是系统与外界环境相互作用的记忆痕迹，是系统与外界环境相互联系的结果，这个结果作为过去经验对现在产生影响，也就是边际异化信息迭代过程的经验作用。系统与外界环境的联系和作用表现为边际异化信息迭代过程，而且边际异化信息迭代过程总是在瞬间完成，只有系统存在的时候，边际异化信息迭代过程才发生，系统演化一旦停止，相互作用也随之停止，边际异化信息迭代过程也立即消失，所以，边际异化信息迭代是系统的存在状态，很难找到"解剖学"意义上的客观实在。诸如年轮，只有破坏树木的存在，才能看到信息的存在，在活中很难找到信息的记忆痕迹，而且，树木一旦死亡，这种自然的作用立即消失了，并以另外的作用所取代；人体的经络也一样，经络是神经、肌肉和不同组织联系的结点，体现为生命的状态，人体一旦死亡，存在状态立即消失，经络在解剖学意义是根本不存在的。在客观世界中，系统的边际异化信息迭代过程记忆了种种自然关系，当这种普遍性落实到具体系统时，立刻就会呈现特殊意义，而且，这种特殊意义普遍存在于客观世界、生物界、人类社会、潜意识和经络之中。

在系统中物质存在和非物质存在互为依存，没有非物质存在就没有物质存在。系统由物质存在和非物质存在构成，在客观世界本原和本性的意义上，客观世界可以归结为物质存在和非物质存在的双重作用，这种双重作用正是边际异化信息迭代过程的异化作用和经验作用双重作用的结果。边际异化信息概念的提出，使得非物质找到了存在的意义。物质和非物质既对立又相互依存，这将从根本上改变传统哲学中的基本问题，物质和精神之间的关系将转变为物质与非物质之间的关系。哲学基本问题将由多重存在范畴间的关系构成，多重关系最起码应包括三个相互关联的关系方面：物质与非物质的关系、物质与精神的关系、非物质与精神之间的关系。

客观世界中的所有事物都是物质存在和非物质存在的统一，这就涉及对非物质存在的边际异化信息的具体规定问题，而在此类问题中最核心的就是要探讨边际异化信息的本质。边际异化信息与物质相比具有决定系统演化方向的作用，边际异化信息的本质就是对系统存在的决定作用。边际异化信息不是具体的直接物质存在，是在系统与外界环境相互作用的过程，由于边际异化信息迭代过程的异化作用改变了系统原有的结构或状态，边际异化信息迭代过程的经验作用使系统向更复杂、更稳定、更有序的方向发展，边际异化信息嵌入在系统存在状态和特征上构成自身的本质和存在价值。

边际异化信息嵌入对系统的作用，必然引起系统结构、状态和性质的某种改变，即便是极其微弱的变化，在时间维度上的作用也是巨大的，而且变化本身就是对外界环境作用的接受和储存。边际异化信息迭代发生在系统与外界环境的边际，边际异化信息迭代对于系统和外界环境的作用同时发生，这样，在系统与外界环境相互作用过程中，由于边际异化信息迭代过程的异化作用，边际异化信息嵌入系统的过程，就是系统异化的过程。由于边际异化信息迭代过程的异化作用的普遍性，任何系统都已经将自身演化成了具有特定结构和状态，凝结了边际异化信息迭代的记忆痕迹。这样，不仅是边际异化信息依赖于系统而存在，系统也依赖于边际异化信息而存在，它们之间的依存关系，就是物质与非物质的依存关系。

边际异化信息迭代是系统的存在方式、状态和属性，揭示了边际异化信息迭代独具的本质。边际异化信息作为非物质存在的标志，从对边际异化信息迭代的描述上升到了对边际异化信息本质的抽象概括。边际异化信息属于非物质存在的哲学范畴，非物质存在是系统的重要组成部分。系统中的边际异化信息是系统演化的记忆痕迹，系统所有的经历都印刻在记忆痕迹中；边际异化信息嵌入规定了系统的性质，这些规定又是边际异化信息迭代的依据，并以非物质形式隐含在系统中；边际异化信息蕴含了系统变化、发展的可能性，凝聚了系统过去、现在和将来的结构、状态和性质，任何系统的物质存在的结构和状态都是由凝结的非物质存在规定的，亦即任何系统的结构和状态都印刻了系统过去、现在和将来的信息，系统都是一个物质存在和非物质存在的统一体。

意识作为依赖大脑功能的主观反映，是边际异化信息的最高形式，但是，决定意识活动的边际异化信息迭代过程却不进入意识。意识活动囊括了信息的不同形式，包括言语信息、非言语信息和符号信息等等，构成了不同信息的综合活动，为更好地认识边际异化信息提供了根据。正是在意识层面上的活动，边际异化信息不仅有本体论意义和价值，同时在哲学认识论层面上也具有认识主体和认识客体相区别的独立性存在意义和价值。揭示边际异化信息的本体论意义和价值，体现了哲学本体论和认识论的统一，这是哲学开拓的所有理论本应具有的统一关系。对边际异化信息嵌入理论的研究，以及边际异化信息迭代的理论、体系和方法，就是在边际异化信息本体论意义和价值阐释的基础上展开的，这将进一步揭示非物质存在的本质。

第十章　非物质存在的功能

信息哲学认为，信息对直接存在具有依附性，是一种间接存在。但是，边际异化信息却是直接存在，也许有人会设问，边际异化信息由信息构成，信息是间接存在，边际异化信息怎么能是直接存在呢？系统是直接存在，但不是孤立的，总是与外界的其他系统相互联系，联系由什么决定的呢？当然是既看不见，也摸不着的关系，只要有关系存在，就有边际异化信息迭代存在，边际异化信息不是系统的附属，而是系统存在和系统演化的前提，是系统不可缺少的组成部分。系统是载负边际异化信息的载体，系统演化依赖于边际异化信息迭代过程的异化作用和经验作用。由于系统与外界环境的相互作用具有无处、无时不在的普遍性，必然伴有边际异化信息迭代过程的异化作用和经验作用，边际异化信息迭代过程的异化作用和经验作用必然引起系统和外界环境的改变。边际异化信息具有诸多形态，并在系统演化过程中具有诸多方面的功能，发挥重大的作用。

一、边际异化信息迭代的功能

边际异化信息迭代具有协调功能。边际异化信息迭代是在边际异化信息之间形成新的联系，所以，边际异化信息迭代的基本功能就是协调系统的状态，并使系统演化向更高级、更稳定、更有序的方向发展。对大脑而言，边际异化信息迭代是对自身意识的把握、加工、储存和设计，实现可实现的目的。边际异化信息迭代的协调功能体现为系统与外界环境的相互作用的过程中，无论是系统，还是外界环境，都在竭力地使自身利益获得最大化。所谓的自身利益就是系统演化向更复杂、更稳定、更有序的方向发展，边际异化信息迭代就是要使系统和外界环境同时获得利益最大化，这是边际异化信息迭代协调功能的核心。

边际异化信息迭代具有联系功能。边际异化信息迭代总是与系统的复杂性相对应，对于复杂系统，边际异化信息迭代也是复杂的，这种复杂性表现为相关的边际异化信息之间的联系。在边际异化信息迭代过程中，边际异化信息的再现，一方面实现与原有边际异化信息的联系，另一方面与其他边际异化信息形成新的联系。边际异化信息迭代的联系功能呈现了系统演化更为深刻的本质，边际异化信息之间的联系体现了系统与外界环境的联系。对人脑而言，边际异化信息迭代的联系功能体现为联想过程和结果，边际异化信息作为某种抽象化的符号，通过边际异化信息迭代过程的经验作用，使得与这个抽象化的符号相联系的其他边际异化信息被激活，诸如语言文字体系，只有通过边际异化信息迭代过程的经验作用才能产生联想，才具有真正的意义。语言、符号都只是编码，所示的意义是边际异化信息迭代过程赋予的，在不同的语言文字系统中，同样的符号可能具有不同的意义，同样的意义可以通过不同的符号表达。

边际异化信息迭代具有整合功能。系统和外界环境之间都存在相应的关系，是由边际异化信息迭代维持的。边际异化信息迭代过程对系统存在起着十分重要的作用，正是边际异化信息迭代过程使得各种不同的边际异化信息相互联系，实现系统与外界环境的联系，这种整合作用就是边际异化信息迭代的整合功能。倘若系统是边际异化信息静态的整合结果，那么，边际异化信息迭代过程就是动态的整合过程。系统的动态过程通过边际异化信息迭代过程的异化作用实现，这样，边际异化信息迭代过程可以导致系统不确定性状态的改变，以此减少系统的无序程度，即减少了熵，增加了负熵；减少了无序度，增加了有序度；减少了随机性，增加了整合性。系统演化由简单到复杂，由不稳定到稳定，由低级到高级发展。当然，整合功能不一定总是沿着有序化方向演进，还可能减少系统有序性，形成与系统进化演化的方向相反的退化演化过程。

边际异化信息迭代具有记忆功能。边际异化信息迭代过程的异化作用和经验作用，无论是对系统，还是对外界环境，具有双重作用。异化作用体现为系统结构和状态的变化，对于简单系统异化作用和经验作用会浸润在结构之中，诸如树木的年轮；对于较复杂的系统，对系统的影响要经历复杂的过程，诸如人脑，可以将边际异化信息转变为短时或长时记忆。边际异化信息迭代过程的异化作用和经验作用总是在瞬间完成，在时间维度中，系统的任何一个状态都是瞬态，现在不复存在，也就是说，系统永远都不能作为原有意义上的系统而存在，边际异化信息迭代过程的异化作用和经验作用，使得系统时刻都在变化之中。但是，系统演化并不意味边际异化信息的暂存或消失，这些边际异化信息的记忆痕迹会嵌入系统之中。边际异化信息的记忆痕迹，可以将系统演化过程长期记忆下来。这种记忆是自然的记忆，永远嵌入在系统的结构之中，诸如树木年轮记忆了树木生长发育状况、年龄和所经历环境的信息，生物遗传基因中记忆了生物种系进化线索的信息，地质地貌的层级和形态结构记忆了地质、地貌演变的信息等等。

二、边际异化信息迭代的本体论意义

边际异化信息的本体存在论意义，将提供客观世界构成的理论。根据这个理论可以确立新的世界观。系统中的边际异化信息其本原是自然发生的现象，包括从无机界到有机界，从植物到动物的所有的嵌入生成系统，当然也包括自然发育的人的肌体和人脑。系统是客观世界的表现形式，客观世界的无限性规定了总会有不曾被认识的客观存在。客观存在无论在宏观上，还是在微观上都具有无限广阔的领域和层次。在生物界已具有了对边际异化信息的刺激感应性，甚至感知、形象思维等等的能力，但是相对于人类仍然具有外在、自然发生的性质。人的肌体和人脑有了对边际异化信息进行逻辑推理的能力，但是，对人脑本身的发育、结构和性能等等，还并不完全把握。在这个意义上，人的肌体和人脑仍属于外在的自然发生，有理由将其归于嵌入生成系统的范围。边际异化信息的非物质存在形式，揭示了一个一直被忽略的存在领域。

揭示边际异化信息的非物质存在形式，提供了认识客观世界的新领域。人和自然之间的相互作用，人对自然有选择的反映，必然掺杂来自人和社会赋予的某些规定，这使得人反映的边际异化信息，失去了纯外在的性质，边际异化信息被抽象地归从某种思维过程。边际异化信息被相应的符号所代示，并作为符号成为逻辑推演的某一环节或因素。由此，这个系统便具有了某种社会性，被纳入社会范围，并与思维中的经验统一起来。我们所把握的思维永远是已经社会化了的系统，这个系统已经由于这种把握而具有了某些未被把握之前所不具有的质的规定性，并在思维过程中获得了自身和自身认识的对应统一。

边际异化信息迭代可以对语言符号的边际异化信息提供支持。就语言符号的边际异化信息本质而言，是语言符号的边际异化信息与更多的边际异化信息相联系，边际异化信息迭代过程将使语言符号的边际异化信息获得新的意义。边际异化信息迭代过程是在人的神经系统中发生的边际异化信息的联系，无论是感知还是思维，都是在具体的个体那里发生的。在人的本质意义上之所以能区别于其他动物，是因为具有意识边际异化信息迭代过程结果的能力。人的本质只能在与他人、与自然、与社会的关系中得到规定，边际异化信息嵌入理论可以揭示边际异化信息迭代过程的异化作用与种系演化之间的联系，边际异化信息迭代过程的经验作用与个体存在的联系。人脱离了社会，不仅不能生存，而且也不可能作为人而存在。

人在本质上属于类的范畴，这必须以在人的类中长期进化的人脑为物质基础，边际异化信息迭代过程只能在人与自然、人与人的相互作用的过程中才能发生。语言、文字的符号信息是在人的类存在的需要中被创造的，与此相一致的是抽象思维能力的发生。这无疑是边际异化信息迭代过程的经验作用的结果，当过去或者先在的边际异化信息，对当下的边际异化信息产生影响时，同样的边际异化信息的再现，会将当下的边际异化信息纳入已有的边际异化信息迭代过程之中，由此可见，边际异化信息是过去、现在和将来的统一体，从这种意义上说，边际异化信息中没有时间。这样，人的感知和形象思维的能力，与其他动物的感知和形象思维过程有了质的区别。正是这种意义上的人的感知、形象思维、抽象思维的能力构成了意识。当然，还因为有了语言符号，人的意识只有在人的类中才能得到继承，也才能获得发展。

意识的发生只有在这个人的类、人的意识的类的范围才具有价值和意义。意识只能处于与自然、与社会、与他人的各种复杂多面的相互关系之中才存在。个性是人的类、人的意识的类、人的社会性在个体中的具体的映射。正如马克思所强调指出的："意识一开始就是社会的产物。而且只要人们还存在着，就仍然是这种产物。"这意味着人脑中的边际异化信息迭代过程不仅实现边际异化信息之间的联系，而且也是适应社会的结果。人类边际异化信息迭代过程与其他动物边际异化信息迭代过程具有根本不同的质，人的感知要被抽象思维的作用，使得边际异化信息迭代的目的，总是朝向更适应环境的方向。人的感知经过边际异化信息迭代过程的经验作用转化为边际异化信息后，经过边际异化信息迭代过程得到关于感知的新的结果。人的感知过程总是凭借普遍的符号的边际异化信息，边际异化信息迭代过程在感知的同时将认识对象符号化，边际异化信息迭代过程将边际异化信息作为感知、记忆的内容。将符号和逻辑推演转化为边际异化信息，就是使边际异化信息向语言符号的边际异化信息语转化。从此可见，边际异化信息不是割裂的、独立的存在，边际异化信息是边际异化信息迭代的基础，进而储存边际异化信息，实现边际异化信息和边际异化信息迭代过程有机的统一。边际异化信息迭代过程总是以自然、社会和外在于自身的边际异化信息为其把握的对象，这就使边际异化信息迭代过程必须以边际异化信息为根据和条件。个体最初的边际异化信息未与他人发生相互作用之前，相对于他人和社会具有独立性，但是，一旦初始值不等于零，相对独立性就立刻消失。边际异化信息在主体大脑中的储存，必须以边际异化信息迭代为基础，由于这种个体的社会性，使发生在个体那里的边际异化信息迭代过程具有社会活动意义，同时，边际异化信息迭代过程也在与自然、社会、他人的关系中获得了统一。个体的边际信息与社会系统的边际异化信息的重合，完成社会对人的异化，而后，在人与社会的相互作用过程中，完成人对社会的异化。

边际异化信息必须被意识所把握，才能变成明确的、有条理的思维过程；边际异化信息又必须被记忆储存，才能保证的结果不丧失，并在此基础上继续进行边际异化信息迭代。就边际异化信息迭代的起点而言，以边际异化信息为前提，使边际异化信息从意识内在转化为意识外在，转化为具有某种意义的存在。边际异化信息迭代过程的结果是边际异化信息向客观信息转化，边际异化信息迭代过程的异化作用还表现为人对自然的改造能力，人将改造了的自然进一步符号化、理论化，赋予了自然新的意义。边际异化信息迭代过程规定了自然的新质，进而展示人类社会的本质。

三、非物质存在本体论的哲学意义

边际异化信息嵌入理论为从哲学本体论的层面上建立全新的世界观提供了依据。辩证唯物主义哲学在世界模式问题上阐释了一种唯物一元论。由于传统哲学在存在领域采取了物质世界与精神世界的二分原则，所以传统的唯物主义一元论学说主要是在物质世界和精神世界的关系上来探究其自然模式的。由于边际异化信息的发现改变了传统哲学关于存在领域的构成，所以，建立在物质与非物质双重存在理论上的唯物主义一元论学说，有必要对客观世界重新予以阐释。可以将世界中的所有现象具体归属到三个不同层次：客观实在的物质世界层次；客观不实在的非物质世界层次；主观不实在的精神世界层次。

哲学本体论的基本任务之一就是要通过本体论的范畴和概念，研究结构、联系、运动和转化来再现世界的本来面目。对应于上述三个层次的世界，可以抽象概括出三个不同的哲学范畴，物质、非物质和精神。

关于世界的统一性问题，在哲学的层面上，便可具体化为物质、非物质和精神之间的关系问题，或者更一般地讲，便可具体化为物质和非物质之间的关系问题。辩证唯物主义的一元论哲学，是以物质范畴为其整个体系的原始的、本原的出发点的，物质就是一切存在、一切过程、一切思想理论具体的规定性。

这样，物质范畴作为第一个具体的规定，作为辩证唯物主义哲学体系的出发点和基础，就不能不具有比其他任何概念或范畴都更为高度的抽象概括性。既然物质是世界的本原，是哲学研究出发，其他任何事物、现象、概念、范畴就都应当被看成是由物质自身运动、发展、变化、展开和派生出来的。在这种意义上，物质概念在辩证唯物主义的本体论中具有至高无上的、绝对的地位，并具有排他性，不允许另外的什么概念或范畴与其相提并论。一元论之所以是一元的，就是因为承认世界的本原只有一个，正是一元本体论的这一特征，决定了辩证唯物主义哲学的范畴体系，在世界本体意义上应该是分层次的，而这个最高层次的范畴只能是世界本原的物质范畴。

作为非物质存在的边际异化信息是构成系统不可缺少的部分，那么，就存在与物质世界对应的非物质世界，非物质必须由物质载负，而且，这种载负是物质自身存在的依据。这样，在物质世界与非物质世界之间，第一性与第二性的问题，可以根据需要设定。倘若加入精神世界，不管怎么排序，精神世界则是第三性的世界。正是这三个不同层次世界之间的关系，确定了三大哲学范畴，物质、非物质、精神之间的关系。

边际异化信息是标志非物质存在的哲学范畴，而非物质存在又分为客观的和主观的两种形式，精神既是主观非物质存在的标志，也是整个边际异化信息的一部分。边际异化信息概念比起精神概念来就不能不更具抽象性和广泛性。精神作为边际异化信息的内容，直接就包括在边际异化信息之中。当然，精神系统还包括诸多的边际异化信息迭代过程，精神活动是边际异化信息的自我意识的形式，所以又是边际异化信息迭代过程的高级形式。

哲学本体论中有三个依次最为抽象和最为概括性的范畴，这就是物质、非物质和精神。这三个范畴之间的关系是：非物质范畴与物质范畴相提并论，而精神范畴对于非物质范畴具有从属性。非物质存在与物质存在的对应性，这种对应性不是像照平面镜一样的毫无改变的复写，而是以对方存在为依据。边际异化信息作为非物质存在的标志，作为物质存在方式和状态的展示，在哲学的本体论中直接反映系统与外界环境之间的相互作用，同时，非物质存在还揭示物质存在的本来面目，以及从过去到现在再到未来的发展渊源和趋势，以及非物质存在发展的一定阶段上，借助于自身派生出来的边际异化信息迭代过程，创造出了一个崭新的精神世界。边际异化信息不仅是非物质存在的标志，也是系统存在方式和状态的展示，揭示了系统存在就是演化的本质。

第十一章 系统演化与关系存在

系统演化总是以外界环境为背景，在系统与外界环境相互作用的过程中，边际异化信息迭代过程的异化作用使得系统具有一定的物质形态，边际异化信息迭代过程的经验作用使得系统存在与各种不同的关系存在之中，这里需要阐明的是，系统始终处于与外界环境相互作用之中，当系统演化到稳定状态后，即诸如太阳系的空间结构，生物遗传等等，系统演化到稳定状态以后，便以适应外界环境的方式存在。尽管这样的系统存在于稳定的关系存在中，但是，始终处于周期性的变化之中，并按照自己的演化规律与外界环境相互作用。当然，也有不稳定的系统，诸如社会结构系统，一直都在演化。对于稳定的系统，关系存在中的关系存在是明晰的。这样的一种系统进化过程，很自然地会给提出如下两个问题：在自然进化的过程中，新生成的和凝结积累起来的物质存在和非物质存在，以物质形态和关系存在表现出来；由这个不断生成、不断凝结积累起来的物质存在和非物质存在之间有怎样的关系存在。与这两个问题紧密相关的便是自然界中普遍存在的关系存在。无论是系统存在，还是关系存在都具有全息特征，就是在系统或关系存在中映射、凝结自身现存性之外的多重而复杂的关系存在。物质存在与关系存在是边际异化信息迭代过程的异化作用和经验作用的结果，体现为系统结构的复杂性和各种关系存在的复杂性。

一、关系存在的全息性

从系统演化和关系存在的结果来看，自然界普遍存在这样一类现象：处于演化高级阶段的系统，特定的内在结构形式是系统演化过程从低级向高级发展的结果，同时系统内部和外部复杂的关系存在包含着演化低级阶段的简单关系存在，亦即处于演化高级阶段上的系统的复杂的边际异化信息迭代过程，从简单的边际异化信息迭代过程综合建构而来。由于边际异化信息迭代过程具有时空有序性，在历史的维度上，边际异化信息迭代过程包含了全系的历史关系存在。

自然系统演化意味着边际异化信息迭代过程的异化作用和经验作用，在实系统从简单到复杂的演化过程中，系统与外界环境之间的关系存在也越来越复杂，在传统意义上，只关注系统演化，忽略了系统与外界环境之间相互关系存在的变化，这种关系存在的变化恰恰是系统存在和演化的依据，与系统存在具有同样重要的地位。在边际异化信息迭代过程中，系统中的边际异化信息不断地形成新的联系，通过这种边际异化信息迭代过程的异化作用和经验作用，原有的边际异化信息在与新的边际异化信息形成关系存在的同时，自己也被保留下来，新的边际异化信息通过边际异化信息迭代过程的异化作用和经验作用嵌入系统之中。由于边际异化信息迭代过程的异化作用和经验作用总是在系统意义上进行，必然具有全息性，全息演化的历史关系存在浸润在关系存在中，是进化过程的必然结果。

无机系统是相对简单的系统，在无机系统那里还没有发展起较复杂的关系存在，与之相对应的边际异化信息迭代过程也较为简单，无机系统中的关系存在主要是机械性较强的物理过程和简单的化学过程。由于无机系统边际异化信息迭代能力处于较低阶段，系统的边际异化信息迭代过程较为简单，这样系统对外界环境相互作用过程过程，会造成原有结构较大程度的耗散，边际异化信息迭代过程的异化作用和经验作用都很不完全，关系存在的全息性不足。

系统演化到生物界后就大不相同了，随着生物与外界环境作用复杂程度的增加，边际异化信息迭代过程的异化作用和经验作用的不断增强。由于边际异化信息迭代过程的异化作用与经验作用同时进行，生物系统结构不会被根本性破坏，与之相对应，生物系统中凝结的关系存在在经验作用下，会将新的边际异化信息嵌入到生物系统之中，形成生物系统的新结构。这时，关系存在的全息现象具有比较小的不全性。由于生物系统进化过程中，边际异化信息迭代过程的异化作用和经验作用的全息性积累，系统的物质结构中必然嵌入多重的关系存在。生物系统的这个新结构会通过自身新属性来展示关系存在的复杂性，使生物系统拥有的不同层级的关系存在呈现出来，这就构成了许多有趣的全息现象。

由于边际异化信息迭代过程的异化作用可以改变生物系统结构，并在经验作用下将新的关系存在嵌入到生物系统结构中，必然会留有自身历史的某些特性的深刻痕迹。这些历史痕迹在系统演化过程中，会以不同方式表现出来，亦即系统演化历史关系存在全息存在。生物个体发育过程将重演其种系进化过程的生物发生，这是生物系统演化历史关系存在全息现象存在的最为极端的例证。生物重演律的具体表现是多重的，既包括体质结构的重演，也包括生理机能的重演；既包括生活习性的重演，也包括心理模式的重演。人类胚胎发育就是生物进化过程的全息缩影，在胚胎发育早期，形态结构与其他脊椎动物胚胎相似，属人的特征在胚胎发育晚期才出现，诸如直立行走、喉部发育、脑中枢的分化等，更是在出生后才逐步发育完善。10—20 天的人类胚胎的颈部两侧有鳃裂，这是人鱼同祖所致；两个月的人类胚胎常有五个尾骶脊椎和相当长的尾巴，这是人与有尾兽同祖所致；五六个月的胎儿全身大多密布浓密的细毛，并在降生前消失，这是人类与毛皮兽类同祖所致；婴儿最初学会爬行，这是人类与爬行兽同祖所致等等，生物系统演化具有全息性，边际异化信息迭代过程具有全息性。

动物体内含氮废物的排泄方式，也在胚胎发育过程中重演，这无疑是生物生理机能进化的全息缩影。鱼类的含氮废物以氨的形式通过鳃排出体外；两栖类氮代谢废物的排泄方式处于排氨动物和排尿素动物的中间状态；大多数爬行类和鸟类都排泄尿酸；哺乳乳动物主要排泄尿素等等。胚胎阶段的排泄方式进化是排泄方式进化的全息缩影：蛙在蝌蚪阶段排泄氨，与鱼类相似；鸡在胚胎发育早期排泄氨，10 天以后才如同鸟类那样排泄尿酸，这些都是关系存在的重演，边际异化信息迭代过程只有经历这些过程后，才能在更高水平上进行边际异化信息迭代过程。

进化的全息缩影有时也表现在习性上，诸如成熟的河蟹要到浅海中产卵，孵化出的幼体也在浅海生活，长成幼蟹后才重返江湖，这意味着它们的祖先生活在海里。进化的全息缩影在动物心理模式中极为明显，较高等的动物总是从无感觉、无记忆的胚胎期，逐步发育出各类感觉、记忆能力。一些高等动物和人，更需要在胚胎发育过程，通过婴儿、幼年的社会化过程建构相应的心理模式。生物进化的全息缩影多重性表明演化历史关系存在全息性，全息内容的丰富性、复杂性和全面性，这完全由关系存在的全息性决定。

由于生物系统演化是边际异化信息迭代过程的异化作用和经验作用的结果，无论是系统的物质结构，还是系统内部和外部的各种关系存在，都蕴含了系统演化过程的全息缩影。这使生物个体发育重演种系进化的全部过程，具有了与进化过程相对应的时空有序性。生物个体发育重演种系进化的全部过程在时空意义上成为生物进化全息缩影的模本，在这一模本中，生物演化历史的关系存在的全息内容不过是演化历史的快速重演，没有更多的细节，具有全息不全的特征。生物个体通过基因获得了种系进化的信息，这是边际异化信息迭代过程的异化作用和经验作用的结果，遗传基因不仅蕴含了种系进化的全部信息，而且，还能在与特定环境相互作用中，将种系进化的所有物质结构和关系存在演示出来，从这种意义上说，胚胎发育过程作为种系进化的全息缩影，胚胎重演了生物系统演化的不稳定状态，只有脱离母体的那一刻，才能成为其进化的最高成就，并以繁衍的关系存在使得生物系统继续演化。由此可见，在生物系统没有抵达稳定状态之前，边际异化信息迭代过程的异化作用和经验作用的结果是使生物系统向高级、更有序、更复杂、更稳定的方向演化，当生物系统达到相当稳定的程度之后，边际异化信息迭代过程的异化作用和经验作用的结果是维持生物系统的有序性和稳定性，使生物系统在物质结构上与环境保持复杂的关系存在。遗传基因中蕴含了复杂的关系存在文本，规定了生物个体发育的每一个细节，并使得种系进化过程重演。对于人类来说，由于要适应社会文化环境，本能退化了，替代本能的是学习能力的遗传，从这种意义上来说，遗传基因中囊括了过去和现在信息的同时，还规定了未来的演化方向。这里不能不提及的是，生物系统的复杂性和稳定性，不仅有生物系统内部复杂的关系存在决定，也由生物系统与外界环境的复杂关系存在决定。当外界环境发生变化时，系统的稳定性遭到严重破坏，为适应新的外界环境，系统就要在边际异化信息迭代过程的异化作用和经验作用的维度上继续演化。对生物系统而言，由于生物系统中复杂的依赖关系存在，外界环境变化的结果对生物系统的影响可能是基因突变或者生物灭绝。当然，任何系统总是处于特定的外界环境中，与特定的外界环境形成复杂的关系存在，只有关系存在遭遇破坏时，才会出现破坏原来系统物质结构和复杂关系存在的演化。

二、演化未来的全息关系存在

系统演化对于演化赖以出发的初始条件具有极强的依赖性。相同的初始条件在相同的外界环境中具有相同演化过程和结果，这种由相同初始条件决定的相同演化过程和结果演化未来关系存在的全息基础。

宇宙系统演化决定于宇宙系统的物质密度，宇宙系统演化对其质—能总量的依赖性，就是宇宙系统演化过程的全息性。宇宙系统演化过程的全息性，使宇宙系统演化的任何阶段都对演化的过去、现在和未来具有全息性。星系起源、恒星演化过程对初始条件也具有极强依赖性，这些初始条件包括形成星系或恒星的星云物质的总体质量和密度，由于边际异化信息迭代过程的异化作用和经验作用，不同质量和密度的星云团将可能形成不同的星系和恒星，可能导致星系和恒星演化的不同过程和结果。

生命的起源和进化，以及生命个体的发育，同样依赖于相应的初始条件。地球上具体的外界环境提供的初始条件，造就了生命的诞生，也正是因为外界环境的变化，导致了生命的分叉进化。生命个体发育的过程和结果不仅由个体发育的基因决定，还有基因发育要求的外界环境，外界环境是生命个体发育的初始条件。由此可见，生命不仅存在与自身的复杂关系存在中，也存在于同外界环境的复杂关系存在中。对于那些稳定的、不太复杂的系统而言，只要同类系统具有的初始条件相似，这些系统演化的过程和结果也大致相似。这类系统演化对于初始条件的依赖性并不具有特别敏感的性质，这是因为不太复杂的系统与外界环境的关系存在也不太复杂，只要求一些大致类同的初始条件，便会保持某种较为稳定的演化过程和结果，这些系统演化具有刚性特征，初始条件中微小的差异，只能导致演化过程和结果微小偏离。然而，对于那些内部不稳定、复杂的非线性系统而言，不具有这种刚性特征。不过，这类系统对于初始条件的依赖性很敏感，对于初始条件接近的两个相似系统，经过长的时间演化后，无论是演化过程，还是演化结果，都会产生巨大差异，甚至找不到任何可以比较的相似点，这是因为内部不稳定、复杂的非线性系统演化过程中，会与外界环境形成非常复杂的关系存在，在复杂的关系存在中，很难找到相似的地方，这很像混沌理论中造成系统演化对初值敏感依赖的蝴蝶效应，其实，蝴蝶效应就根植于微观要素的可变复杂性之中。因为，即使初始条件完全相同，由于构成系统的要素的可变性，系统演化过程与外界环境会形成复杂的关系存在，必然导致演化模式的多样性和复杂性。在复杂系统中，演化未来关系存在全息性主要在分叉与混沌的全息性中展开。

蝴蝶效应揭示了系统演化对初始条件的敏感依赖性，体现了系统演化的非线性和复杂性特征。系统演化未来关系存在全息导致系统演化过程和结果全息性，就是对演化系统的诸多内在因素和外界环境的全息综合，亦即在边际异化信息迭代过程的异化作用和经验作用中实现，偶然的微小因素与系统形成了复杂关系存在，就可能对系统演化产生重大作用。

三、系统演化的全息系列关系存在

系统演化的全息历史关系存在和系统演化的全息未来关系存在在系统演化过程中是相互统一的，诸如生物起源和进化的种系联系特征在于，任何生物都是它在的那个生物种系进化链上的一个环节，嵌入了那个种系进化的全部历史和进化程度，以及规定那个种系未来进化的方向。任何生物都是关于种系过去、现在和未来的全息元，积淀了种系进化的全部关系存在，由此可见，全息性不仅对过去，也对现在，更对未来。倘若在未来的系统演化过程中，可能会出现以前不曾出现的因素，全息性面对的就是可能性，然而，不论系统沿哪个分叉演进，还将取决于现在这个初始条件。在系统演化过程中，关于系统演化的过去、现在和未来总是全息地交织在一起，诸如生物的个体发育，既是生物进化的物质存在和关系存在的双重重演，也是物质存在和关系存在的展开；既是生物系统演化过去的再现，也是对未来的规定，而且，发育过程本身联结了过去与现在。整个过程既是物质进化和非物质进化的具体统一，也是过去、现在和未来的具体统一。系统演化的现实性凝结过去和未来的双重关系存在，即系统演化过去的关系存在和系统演化的未来关系存在，而且，系统本身的现存性也由这双重关系存在所规定。

宇宙系统演化总是在过去、现在和未来的统一关系存在框架中展开，宇宙系统演化过程的任一环节都同时具有对宇宙系统演化全过程的过去、现在和未来的全息性。任何系统都只能是种种历史关系存在中的衍生物，并向未来系统演化。正是在历史生成和向未来系统演化的双重性质，系统在这样一个过去、现在和未来的关系存在系列中全息化了自身。当然，系统不是简单的自身，既凝结了历史关系存在，也承载了现实关系存在，还肩负着未来关系存在。系统演化的这种过去、现在和未来的具体统一，将系统演化的历史关系存在和未来关系存在具体统一起来。由此可见，系统演化的全息历史关系存在和系统演化的全息未来关系存在具体统一更具普遍性的全息性之中，亦即系统演化的全息系列关系存在。

系统演化的全息系列关系存在体现了系统演化过程中，呈现的关于自身过去与现状、过去与未来、现在与未来之间的相互规定的多重复杂关系存在。系统演化的全息系列关系存在集中反映了系统演化的过程性和复杂性，以及过程的连续性和统一性。在这样的系统演化的全息系列关系存在的相关中，系统演化的全息历史关系存在和全息未来关系存在都成了系统演化的全息系列关系存在中的某一片断或侧面，而且，作为片断或侧面的历史关系存在和未来关系存在之间是相通的。历史关系存在须在未来关系存在中展示，未来关系存在又必须以历史关系存在作为展开的基础和前提。正因为如此，系统在演化的演化中所展示的对历史关系存在的重演，构成了系统演化的全息历史关系存在的发生。

历史关系存在的凝结又构成了系统未来演化的初始条件，成为系统演化的全息未来关系存在的依据。演进过程可以同时呈现于历史关系存在和未来关系存在的全息，并且这个双重全息又只能存在同一系统演化的过程中。

在边际异化信息迭代过程中，不存在时间和空间，也就不存在历史与未来。系统演化是对自身历史关系存在和未来关系存在的双重展示，这个双重展示规定了系统的现实性，时间就是空间，历史时间的系统演化在现实空间结构中留存，未来时间的可能在现存空间结构中潜存；空间就是时间，历史空间结构在现存时间结构中重演，未来空间结构在现存时间结构中得到规定，空间和时间在全息意义上获得了高度统一。在全息意义上，历史与未来也获得了高度统一，因为历史就是未来，历史是未来的初始条件，未来是历史秩序的展开；未来就是历史，未来是历史的发展，未来是历史关系存在的重演。

四、系统演化的全息内在关系存在

系统演化是全方位的演化，边际异化信息迭代过程的异化作用和经验作用总是在系统层次上展开，这就产生了另一种全息性：不仅整体包括部分，而且部分也包括整体。系统整体演化是系统中各部分演化的综合结果，同时，系统中的某部分演化又由系统整体规定，部分是整体的全息元。在系统演化过程中，边际异化信息迭代过程的异化作用和经验作用将系统的各个部分紧密结合为整体，并在部分和整体之间建立了各种不同的关系存在。通过边际异化信息迭代过程，系统的部分和整体、部分和部分之间建立起了内在统一关系存在，这就导致了系统演化的全息内在关系存在的发生。由于边际异化信息迭代过程的复杂程度不同，如同系统演化的全息系列关系存在，系统演化的全息内在关系存在在无机界中也具有较大的不全性，而在生物界中则具有较小的不全性，系统演化的全息系列关系存在和系统演化的全息内在关系存在是自然界存在的最为基本的全息关系存在。

系统演化的全息结构模式是系统演化的全息内在关系存在在系统结构模式上的表现，现存的不同等级的系统之间、系统整体和部分之间、系统的部分和部分之间的结构模式相同或相似。在宇宙系统的不同尺度范围中，存在不同的全息结构模式，亦即处于不同层级的自然系统的结构模式基本相似，诸如电子结构模式、行星系结构模式和恒星系结构模式，以及银河系和更大星系的结构模式，都具有密度、质量相对集中的核心部分，在这个核心的外围散布若干个绕核心旋转的广义粒子圈层。宇宙微观尺度、宏观尺度、宇观尺度和超宇观尺度的结构模式相互全息对应，这意味着系统整体结构模式和其部分结构模式相互全息对应。虽然原子、行星系、恒星系、银河系、总星系等属于不同层级的系统，但前者又依次是后者的组成部分。当然，也不能将全息对应关系存在绝对化，因为宇宙不同层级存在的结构模式绝非仅此一类，而且即便是这些相似结构模式之间，仍然存在极大的具体差异。

生物全息律中罗列了生物体中存在的全息结构模式，这就是生物整体和部分之间在形态结构模式上的相似性，诸如植株整体、枝杈、叶片纹路的形态结构模式之间具有某种相似对应性；鸟的喙长足亦长，尾毛发达，口周必有较长的须；体表有斑纹的动物，其相对独立的部分（如某一节肢）总是与主体上的斑纹数相同等等。生物体中存在的全息结构模式，是系统整体和部分之间、系统的部分和部分之间的结构模式相同或相似，系统演化的全息结构模式。

分形几何学在对不规则的、复杂形状的系统的研究指出，在一些具有内在不均匀的层次结构模式的系统，中号宏观尺度的形状和微观尺度的形状之间具有某种无穷嵌套的自相似的特征。植物的形态是一种自相似分形结构模式；动物全身的各类系统，诸如支气管乎统、泌尿系统、胆管系统、神经网络、血液循环系统等等，也都是按照分形原理构成，在 DNA 中编码的信息，并不是详尽规定所有系统的组成结构细节，DNA 中信息规定的只是这些系统按照某些特定分形规则进行分叉建构的一般性原则和程序。正是这样一些类似于分形规则，控制着生物形态发育的过程。

自然界中的自相似分形的全息结构模式度是不完全的，这些分形结构模式具有某种无规分形的随机性特征。尤其是在海岸线、雪花、浮云、星系等的形态结构模式上更是如此。这些系统的微观形状和宏观形状的自相似并不是在简单直接的等比例缩小的意义上构成的，而是在都具有不规则的多层级之上成为自相似的。另外，自然系统的自相似分形结构模式的层级也不可能达到真正无穷的程度，每一系统的自相似分形层级都有其上限和下限。分形的秘密在于系统整体结构模式和部分结构模式的自相似，而所谓的自相似则是跨越不同尺度的对称性。系统演化的全息结构模式作为系统演化的全息内在关系存在的一个方面的表现，就在于这种跨越不同尺度的结构模式的自相似的对称性。尽管利用数学可以解释自相似分形，是否真正存在全息关系存在又是另外一回事情。但是，不管怎么说，边际异化信息迭代过程都是全息的，只是无法追溯和反推出全息的演化过程。

第三篇　系统演化与非物质存在

第十二章　宇宙系统演化

　　根据宇宙大爆炸理论，宇宙系统起源于一个奇点，这意味着宇宙系统的初始值等于零，宇宙系统在内部温度不断变化中不断演化，尽管无人谈及宇宙系统之外的外界环境，我们可以假设宇宙系统的外界环境存在，即便是不存在，可以看做外界环境作用的极限趋于零或等于零的特殊情况，宇宙系统是嵌入生成系统。宇宙系统由维数众多的子系统组成，诸如太阳系、生物界已经演化到稳定状态，但是，在更加遥远的地方，还有许多子系统没有达到稳定状态，整个宇宙系统依然处于演化的不稳定状态，边际异化信息迭代过程的异化作用和经验作用的极限不趋于零。

　　当边际异化信息概念提出后，宇宙不仅由各种不同的物质构成，还有不同的非物质，至于暗物质归属于物质，还是非物质，有待于物理学发现。倘若没有关系存在的非物质的存在，物质之间的联系就不可能如此的有序，在系统与外界环境之间相互作用的过程中，边际异化信息迭代过程的异化作用和经验作用构成了宇宙系统演化。现在的宇宙不仅是边际异化信息迭代过程的异化作用造成的物质演化的结果，也是边际异化信息迭代过程的经验作用造成的关系存在演化的结果，边际异化信息迭代过程在宇宙系统演化过程中具有独特的意义和作用。物质演化的结果就是物质现存的状态，关系存在演化的结果就是物质之间的关系。

一、边际异化信息迭代与宇宙系统演化

　　宇宙是什么？《淮南子·原道训》中曰："四方上下曰宇，古往今来曰宙，

以喻天地。"亦即宇宙是天地万物的总称，由空间、天体和物质构成，并处于不断地演化过程中。人类对宇宙的探究一刻都没停止，最有权威的说法，就是宇宙是在大约137亿年前发生的一次大爆炸中形成的。根源于伽莫夫的大爆炸理论，宇宙依然处于大爆炸的过程之中。爆炸发生前，宇宙系统中所有物质和能量都聚集在一起，体积浓缩极小极小，温度极高极高，密度极大极大。当密度、能量趋于无限大时，体积趋于0，这样的点被称为奇点。宇宙起源于空间和时间都无尺度，又包含了宇宙全部物质的奇点。奇点瞬间产生巨大压力，大爆炸发生，宇宙由此产生了。大爆炸使物质四散出去，宇宙空间不断膨胀，温度不断下降，密度逐渐增大，历经元素演化到最后形成星球、星系、恒星和行星，乃至生命，都是在宇宙不断膨胀冷却的过程中，边际异化信息迭代过程的异化作用和经验作用的结果。

大爆炸理论给出了这个奇点，也就是宇宙系统 C 最初条件等于零，即 $C_0 = 0$。尽管大爆炸理论不能确切解释，在物质和能量聚集在奇点之前存在什么，一切都从奇点开始。大爆炸理论隐含这样的假设，大爆炸之前，宇宙是一个非线性的封闭系统。随着宇宙的温度下降，宇宙内部的各个系统不断地相互作用，由于边际异化信息迭代过程的异化作用和经验作用，宇宙结构不断发生变化，物质和能量重新组合，不断形成新的物质或系统，以及这些新的物质或系统之间的关系。宇宙温度的不断下降，为边际异化信息迭代提供了条件。边际异化信息迭代过程在系统演化过程中起着决定性的作用，宇宙系统中维数众多的系统形成和演化，都是边际异化信息迭代的结果。边际异化信息迭代过程的异化作用和经验作用具有客观能动性，边际异化信息迭代过程的经验作用使系统对外界环境有用的信息易感，所谓的有用信息就是能让系统向更加复杂、有序和稳定方向演化，那些无用的外界环境信息让边际异化信息迭代过程的经验作用筛选掉了，宇宙系统总是比过去更加复杂、有序和稳定。

大爆炸理论与其他宇宙理论相比，可以求证较多的观测事实。从太阳系、银河系到河外星系，经过了哥白尼、赫歇尔、哈勃宇宙探索的三部曲，宇宙学不再是哲学思辨，而是建立在天文观测和物理实验基础上的现代科学。爱德温·哈勃发现了红移现象，证实了宇宙正在膨胀；阿尔诺·彭齐亚斯和罗伯特·威尔逊发现了宇宙微波背景辐射。这两个发现支持了大爆炸理论，不仅如此，大爆炸理论能够统一诠释一些观测事实。理论与观测事实相符，对人类来说已经不是什么稀奇的事情，问题是宇宙系统演化是不可逆转的，即便是可以逆转，人类的寿命与宇宙相比也是如此短暂，理论十分重要。

大爆炸理论告诉我们，早期宇宙系统中只有中子、质子、电子、光子和中微子等一些基本粒子，这些基本粒子从茫茫宇宙系统中的物质中分离出来，成为相对独立的系统。随着宇宙不断膨胀，温度急剧下降，中子开始失去自由存在的条件，要么发生衰变，要么与质子结合成重氢、氦等元素，边际异化信息迭代过程的异化作用和经验作用的结果，就是化学元素的形成。温度继续下降后，化学元素形成结束，当温度降到几千度时，辐射减退，宇宙系统中主要是气态物质，并逐渐凝聚成气云，形成各种各样的恒星体系，就是现在的宇宙。宇宙的演化过程就是在不同密度、不同温度下新物质形成的过程，形成后的新物质，这一切都是在边际异化信息迭代过程的异化作用和经验作用下实现的。边际异化信息迭代过程使外界环境的急剧变化浸润到物质之中，并随着环境的变化而变化。

　　宇宙在从热到冷，物质密度从密到稀，不断地膨胀。温度和密度的变化时刻进行，宇宙系统中的系统与外界环境不断地进行相互作用，在边际异化信息迭代过程的异化作用和经验作用无疑使宇宙系统的结构重建。宇宙正在无限延伸，在能量与质量正比关系的前提下，必然产生对奇点爆炸能量从何而来的追问。边际异化信息嵌入理论没有提出之前，这样的问题难以回答。倘若用边际异化信息嵌入理论诠释这个问题，自然而然地就能得出一个完全可以被接受的答案。宇宙系统演化的过程中，边际异化信息迭代过程的异化作用和经验作用的结果是新元素和新物质的形成，与此同时，系统与新元素和新物质的关系也在形成，边际异化信息之间的关系也再形成，非物质存在的关系存在也在演化。对于密度和质量都无限大，体积无限小的宇宙，本身就蕴藏着无限的能量，爆炸之后的冷却，就是物质与能量相互转化的过程，只是这个过程需要通过边际异化信息迭代过程的异化作用和经验作用来实现。

　　宇宙系统中任何系统或物质的形成和演化，都是边际异化信息迭代过程的异化作用和经验作用的结果。太阳系已经具有十分稳定的结构，形成了周期性的循环，开普勒三定律描述了太阳系的结构和存在状态，开普勒第一定律指出，太阳系的结构是每一个行星都沿各自的椭圆轨道环绕太阳，太阳则处在椭圆的一个焦点中；开普勒第二定律又指出，在相等时间内，太阳和运动中的行星的连线（向量半径）所扫过的面积都是相等的；开普勒第三定律还指出，各个行星绕太阳公转周期的平方和它们的椭圆轨道的半长轴的立方成正比，行星与太阳之间的引力与半径的平方成反比。开普勒三定律给出了太阳系的关系存在，边际异化信息迭代过程遵循开普勒三定律。从太阳系的关系存在可以看出，当宇宙系统中的系统具有稳定结构后，边际异化信息迭代过程的异化作用对系统结构的影响微乎其微，主要是边际异化信息迭代过程的经验作用对系统存在状态的影响，就是竭力维持太阳系的平衡，使不利影响降到最低。

太阳系是宇宙系统演化的结果，太阳系的结构由关系存在规定，关系存在规定了太阳系中八个子系统的位置，这使得太阳系在宇宙系统中处于一种稳定状态，边际异化信息迭代过程呈现出规律性的变化，或者说边际异化信息迭代过程竭力地维系太阳系的关系存在。太阳系的稳定性是边际异化信息迭代过程的异化作用和经验作用的结果，当边际异化信息迭代过程的异化作用和经验作用使得系统结构达到稳定状态时，就会产生周期性循环，并且竭力地维护这种稳定，这是系统演化的最高境界。在太阳系中的物质存在与非物质存在一起，构成了稳定的系统，关系存在与太阳和行星一样重要，没有关系存在，就没有太阳系存在。从大爆炸到太阳系的形成，边际异化信息迭代过程的异化作用和经验作用经历了从对物质结构的作用到对关系存在的作用这样一个不断变化过程。由于宇宙系统中不存在标准的宇宙时间，宇宙系统演化的速度肯定不是同步的，太阳系有了稳定结构，依然不能代表整个宇宙系统中的其他系统也具有稳定结构。

在宇宙系统演化的过程中，系统或物质之间相互作用是随机的，边际异化信息迭代过程却是连续的，而且总是使系统演化并向复杂、有序和稳定方向发展。即便宇宙系统是一个封闭的，只要温度不等于零，就会使宇宙系统中的系统处于外界环境的不断变化之中，系统就会不断地与外界环境相互作用，向更复杂、有序和稳定的方向演化。宇宙系统由其中的系统构成，宇宙系统中的系统的变化，会产生"蝴蝶效应"，结果是在更复杂、更有序和更稳定的层面上实现新的联系，进而使宇宙系统内在结构更加有序，甚至很难看出当初的样子。不管怎么说，现在由过去演化而来，现在是宇宙系统演化过程的某一个时刻。倘若没有边际异化信息迭代过程的经验作用，宇宙系统中的系统与外界环境相互作用就是随意的，系统演化就不可能向更复杂、更有序和更稳定的方向发展。

二、边际异化信息嵌入理论与热寂

热寂是猜想中的宇宙终极命运，根据热力学第二定律，作为孤立的宇宙系统，熵会随着时间的流逝而增加，从有序向无序演化。当宇宙的熵达到最大值时，宇宙系统中的其他有效能量全部转化为热能，所有物质温度达到热平衡。

达到热寂的宇宙，再也没有任何可以维持运动或是生命的能量存在。倘若宇宙有限并服从现有的定律，将不可避免地出现宇宙静止和死亡状态。但是，有序结构的出现即意味熵的降低，系统可以起死回生，维系有序结构的就是关系存在。诸如太阳系是由受太阳引力约束的天体组成的系统，最大范围可延伸到约1光年以外。太阳（恒星）、八大行星（包括地球）、无数小行星、众多卫星（包括月亮），还有彗星、流星体、大量尘埃物质和稀薄的气态物质构成了太阳系。太阳是太阳系的中心，引力使其他星体绕太阳公转，太阳系中的八大行星（水星、金星、地球、火星、木星、土星、天王星、海王星）都在接近同一平面的近圆轨道上，朝同一方向绕太阳公转（金星例外）。关系存在维系太阳系这种稳定的结构，耗散结构理论认为负熵存在的关键在于系统必须是开放的，太阳系作为银河中的开放系统，有序结构靠外界环境不断供给能量和物质，形成负熵流，很难向无序方向演化。

大爆炸理论终结了宇宙永远存在的美好愿景。关于宇宙起源和将来，存在许多不同的理论。有科学家认为，在非常遥远的将来，所有的恒星都燃烧完毕，只剩下黑洞、中子星等天体，宇宙已经膨胀到现在的无数倍，而且还在膨胀，引力不足以使膨胀停止，却不停地消耗能量，使宇宙缓慢地走向衰亡，黑洞在霍金效应下释放微弱的辐射，最终会以热和光的形式蒸发掉，而后，连质子这样稳定的基本粒子也衰变、消亡了，宇宙只剩下光子、中微子，越来越少的电子和正电子，所有这些粒子都在缓慢地运动，彼此越来越远，不会再有任何基本物理过程出现，宇宙热寂了；也有科学家认为，能量从非均匀分布到均匀分布的那种变化过程，适用于宇宙系统中一切能量形式和一切事件，在任何给定物体中有一个基于其总能量与温度之比的物理量，熵，孤立系统中的熵永远趋于增大，在宇宙系统中总会有高熵和低熵区域，不可能出现绝对均匀的状态，由于熵水平的不断升高，宇宙不可能热寂；还有科学家认为，当宇宙膨胀到一定程度，所有星系行星会疏离，分子分解至夸克，甚至更小，宇宙继续膨胀，必然走向热寂。不管怎么说，热寂是有条件的，就是发生在边际异化信息迭代的停滞状态，宇宙系统中有维数众多的系统，而且这些系统具有高度的稳定性，热寂很难出现。

大爆炸理论面临的最重要难题，就是假如宇宙无限膨胀下去，结局将是什么样子。从大爆炸开始到现在，在边际异化信息迭代过程的异化作用和经验作用下，宇宙系统中形成了诸多星系，这些星系作为系统会不断地与外界环境相互作用，边际异化信息迭代过程的经验作用会竭力地使系统保持平衡和稳定。

对于诸如太阳系这样稳定的系统，边际异化信息迭代过程遵循特有的规则，也就是被关系存在所规定，并呈现出周期性的变化。在宇宙系统演化过程中，时常忽略一个最重要的问题，就是宇宙系统演化的速度，宇宙系统演化的速度对宇宙终极结果非常重要。宇宙系统演化速度逐渐减弱，这正是热寂的证据，但是，正是宇宙系统演化速度逐渐减弱，宇宙系统中已经形成的稳定系统，可以通过边际异化信息迭代过程的经验作用，适应宇宙系统演化的需要，而使宇宙系统处于稳定状态，热寂理论所期待的热寂难以发生。

三、边际异化信息嵌入理论与黑洞

霍金和罗杰·彭罗斯用全新的数学方法研究宇宙开端问题，证明了宇宙不能反弹。宇宙黑洞预言，宇宙将萎缩直至毁灭。黑洞是密度超大的星球，可以吸纳一切，光也不例外。黑洞巨大的引力，可以吸引光。黑洞中的任何事物外界都看不见。我们无法通过光的反射来观察黑洞，只能通过受其影响的周围物体来间接了解黑洞，尽管这样，黑洞还是有边界。倘若黑洞存在，毫无例外，也是宇宙系统演化的结果。有科学家认为，黑洞是死亡恒星的剩余物，在特殊大质量超巨星坍塌收缩时产生。而且，黑洞必须是一颗质量大于钱德拉塞卡极限的恒星演化到末期而形成的，质量小于钱德拉塞卡极限的恒星是无法形成黑洞的。黑洞的第二宇宙速度竟然超越了光速，所以连光都跑不出来，射进去的光不可能反射回来。广义相对论预言，宇宙和时间初始点在大爆炸处，时间在黑洞里终结，这意味边际异化信息迭代过程停止。宇宙微波背景的发现，以及对黑洞的观测结果，都在支持这些结论。有科学家认为，大爆炸是循环的，宇宙现在的膨胀达到极点时将又发生一场大爆炸，如同黑洞的形成过程一样，宇宙将变成一个高密度、小体积的球体，缩小到一定程度后，将再次发生大爆炸，根据能量守恒定律，宇宙的能量并没有消亡。不管怎么说，宇宙系统由诸多复杂系统构成，边际异化信息迭代过程的异化作用和经验作用会在复杂系统之间形成新的联系，也就是新的关系存在。宇宙系统演化不仅是宇宙膨胀的结果，还是复杂系统之间相互作用，边际异化信息迭代过程的异化作用和经验作用的结果。不仅如此，复杂系统自身结构的变化可以抑制宇宙膨胀的作用，也就是系统内部的变化会对作为外界环境的宇宙膨胀产生影响，因为系统永远作为其内部系统的外界环境而存在。边际异化信息迭代过程的异化作用和经验作用，总是使复杂系统演化向更复杂更有序的方向发展，这样宇宙系统向复杂有序方向演化的时间将变成无穷大。

广义相对论是爱因斯坦创建的引力学说，适用于行星、恒星，也适用于"黑洞"，广义相对论论证了空间和时间是怎样因大质量物体的存在而发生畸变，即物质弯曲了空间，而空间的弯曲又反过来影响穿越空间的物体的运动，这就是边际异化信息迭代过程的异化作用和经验作用的结果。宇宙系统中的大质量物体会使宇宙结构发生畸变，亦即大质量物体的边际异化信息迭代过程的异化作用同样会对外界环境产生异化作用，而且，质量越大，异化作用越大。这意味着黑洞对于周围的时空区域的影响巨大，若宇宙系统中存在黑洞，黑洞周围的宇宙结构将被撕裂，经过黑洞的物体会被引力陷阱捕获，也就是奇点。如果爱因斯坦的广义相对论是正确的，就存在一个奇点，这是具有无限密度和无限时空曲率的点，时间在那里开始，边际异化信息迭代过程也从那里开始。在霍金得到第一个奇点结果数月之后，便获得了确认宇宙有一个非常密集开端思想的观察证据，发现了贯穿整个空间的微弱的微波背景。这些微波和使用的微波炉的微波是一样的，但是微弱多了。早期非常热和密集状态遗留下的辐射是对这个背景的仅有的合理解释，随着宇宙系统的膨胀，辐射冷却下来，就是现在观察到的微弱残余。

处于时间与空间之间的黑洞，使时间放慢脚步，让空间变得有弹性，同时吞进所有经过它的一切。没有任何进入黑洞的东西能够逃离，会缓慢地释放能量。霍金证明了黑洞有一个不为零的温度，有一个比其周围环境要高一些的温度。按照物理学原理，一切比其周围温度高的物体都要释放出热量，同样黑洞也不例外。霍金预言，黑洞消失的一瞬间会产生剧烈的爆炸，释放出的能量相当于数百万颗氢弹的能量。黑洞爆炸后，能量释放的时间也非常长，会持续几百万亿年散发能量，黑洞散尽所有能量就会消失。根据爱因斯坦的能量与质量守恒定律，当物体失去能量时，同时也会失去质量。黑洞同样遵从能量与质量守恒定律，当黑洞失去能量时，黑洞也就不存在了。对于远离黑洞的稳定系统而言，边际异化信息迭代过程在竭力阻止黑洞释放能量影响的同时，还会对黑洞释放能量产生异化作用。由于边际异化信息迭代过程的异化作用和经验作用和经验作用，黑洞不会使宇宙走入终极。

四、边际异化信息嵌入理论与统一场论

爱因斯坦的后半生，一直在寻找数学框架下描写自然界所有力的统一场论，

以此清晰地揭示宇宙奥秘。爱因斯坦之所以没能实现他的梦想，是因为当时自然界的许多基本特征还没有被揭示，而后，物理学家建立了越来越完整的有关自然界的理论，现在，物理学家终于发现了有可能把这些知识缝合成一个无缝的整体，可以描述一切现象的理论——弦理论。

弦理论似乎是可以用数学描述宇宙万物的终极理论，能解释广义相对论和量子力学的统一理论，早期是从非常大的宇宙尺度来描述，到了后期则从极端微小的粒子物理尺度来描述。这种理论在描述数十亿个不同星系和每个事物时，都要能互相圆融，只是至今还未能验证弦理论，也没人提出弦理论可以在实验室检验的预测。而且，弦理论能不能成功的解释基于目前物理界已知的所有作用力和物质所组成的宇宙，以及应用到"黑洞"、"宇宙大爆炸"等，需要同时用到量子力学与广义相对论的极端情况，这还是未知数。

关于统一场论的探索，经历了漫长的历程。统一场论是20世纪物理学研究的重要方向，致力于揭示四种基本相互作用之间的联系。统一场论意在从相互作用是由场或场的量子来传递理念出发，统一地描述和揭示基本相互作用的共同本质和内在联系。这是出自于对物质世界和谐统一的哲学信念，以及竭力探求事物内在本性的顽强欲望。至今所知各种物理现象可归结为四种基本相互作用，即强相互作用、电磁相互作用、弱相互作用和引力相互作用。科学家认为这四种基本的相互作用构成了宇宙的基本存在和发展，然而，事实未必如此，因为这四种相互作用之间不存在统一的条件，也许还存在没有发现的基本相互作用，或者介于这四种基本作用之间的基本相互作用还没有出现，亦即宇宙还没有演化到那个位置，这样，在这四种基本相互作用之间没有将这四种基本相互作用统一起来的关系存在。这四种基本相互作用依存在复杂的关系中，这给宇宙系统的非线性提供了依据。也许宇宙还没有演化到统一场论要求的客观环境，现在不过是宇宙系统演化的某个阶段而已。正是缺少了相互作用的切点，才得以保持系统的非线性作用。边际异化信息嵌入理论认为，统一场论需要在更多的发现和研究的基础上作出结论，这不是人类智力的问题，而是宇宙系统演化还没有抵达那个位置，我们不过是处于宇宙系统演化的过程之中，各种相互作用的性质和规律还没有呈现出来。

关于统一场论的探索是艰难的，到目前为止，还没有令人满意的量子化的引力理论，距离真正实现爱因斯坦的宏大设想还相当远。宇宙系统中不同系统或者不同系统之间秩序的形成是边际异化信息迭代过程的异化作用和经验作用的结果，边际异化信息迭代过程总是使系统或者系统之间的关系向更加有序的方向演化。在关系存在没有形成之前，一切的努力都可能找不到实证依据。统一场论的麻烦可以见证宇宙的非线性程度，宇宙需要在演化过程中解决这些问题。

　　人类可以观测到的宇宙受到天文观测仪器的限制，但是，宇宙系统演化一直都在边际异化信息迭代过程的异化作用和经验作用的过程中。宇宙系统中的物质分布出现不平衡时，局部物质结构会不断发生膨胀和收缩变化，但宇宙整体结构相对平衡的状态不会改变。这是由于宇宙系统中的物质之间的距离相距遥远，局部物质结构不断发生膨胀和收缩，与进行中的宇宙大爆炸相比是两个不同层次的问题，局部物质结构变化是宇宙大爆炸的结果，边际异化信息迭代过程在不同层次上发生。对太阳系而言，行星之间的关系没有时间参数，但是，行星运动的轨迹是椭圆，而不是圆，椭圆轨迹使得边际异化信息迭代过程在每一时刻都有所不同。时间对于宇宙也许是没有意义的，因为时间是非物质存在的另一种形式，渗透于边际异化信息的迭代过程中，按照爱因斯坦的广义相对论，时间会随着速度的增加而变慢，这意味时间的本质就是边际异化信息迭代过程的经验作用，而且，这种经验作用是在特定的时空区域中完成的。时间作为非物质存在，存在的意义就是系统之间的相互作用，这是系统演化和存在的前提。由此可见，边际异化信息迭代过程的异化作用和经验作用在宇宙系统演化过程中起着关键的作用，在宇宙系统演化过程中，关系存在是最重要的，物质和能量不过是附属物而已。

　　在宇宙系统演化过程中，速度是物体或系统的存在状态，这样，空间、时间和速度在宇宙系统演化过程中都是相对概念，由边际异化信息嵌入理论可知，任何物质或系统在演化过程中都不是孤立存在的，总是与外界环境紧密相关，尽管基本相互作用是可测的，但是，它们可能属于不同空间、时间和速度的演化物。因为空间、时间和速度都是相对的，甚至可能存在空间重叠，这样的重叠不是四维空间在三维空间中，而是三维空间在四维空间中。也许我们没有注意到，边际异化信息嵌入理论提出后，我们必须接受空间、时间和速度在宇宙系统中都是相对概念这个事实，如果将速度作为存在维度的参数，而不仅仅是维数之下的变量，也就是速度有始点也有方向，而且，作为相对概念还是有方向的矢量。所以，在宇宙系统演化的坐标系中，作为相对概念的空间、时间和速度，是可以取负值的，但这不等于不承认宇宙的始点。

　　在空间、时间和速度都是相对概念的语境下，就会存在另外一套运作在空间、时间和速度边界上的物理学定律，我们现在所知的物理学定律在那里完全等效。倘若存在一个位于无限处的边界，这宇宙可以用超弦理论描述，这套描述和在该时空边界上起作用的量子场论完全等效。这样，全部奥秘就都被落在了宇宙的边界上。这个结论意味着，在各自生效在不同维数的时空速中，两个表面上看来非常不同的理论是完全等效的。生物将无法确定它们是栖息于一个由弦论描述的时空速还是一个由量子场论描述的时空速中。倘若将速度作为相对概念，得一个在某一时空中难以计算的问题可以用另一种方式解决。

不仅在统一场论的研究中，在其他一切的研究中，都忽略了边际异化信息迭代过程的异化作用和经验作用，这在一个系统中是可以的，倘若是两个不同系统中的物质相互作用，边际异化信息迭过程的异化作用和经验作用是不可以忽略的。诸如电磁场不同点之间是连续变化的，描述的自由度是无限的，超弦理论支持无限多的自由度。边际异化信息嵌入理论隐含将封闭宇宙内的自由度限制到有限的数目上，场论因自由度的无限所以不可能是最终理论。此外，即使自由度无限的问题得到了解决，信息量和表面界之间那种神秘的对应关系也应该得到解决。关于统一场论，最终理论考虑的不是场，甚至不是时空速，应该是不同维度或者系统之间的边际异化信息迭代，关系存在是世界的组成部分。

宇宙系统演化过程中，形成了不同的物质形态，与此相应的是关系存在的不断形成，当系统演化达到稳定状态时，关系存在就成为维持系统稳定的依据，从这种意义上说，非物质存在与物质存在处于同等地位，是同一边际异化过程迭代过程的异化作用和经验作用的不同结果，异化作用是对物质存在的作用，经验作用是对非物质存在的作用。

第十三章　生物系统的演化

生物系统演化是一切生命形态发生、发展的演变过程，也就是生物系统经历了从无到有的演化过程。由于外界环境的作用，生物系统演化从低级向高级、从无序到有序、从简单到复杂、从不稳定到稳定的方向发展，满足初始条件等于零，生物系统是嵌入生成系统。在生物系统演化过程中，由于外界环境复杂变化不同，生物系统中不同子系统演化存在巨大差异，最终导致了不同种系的形成。在生物系统演化过程中，边际异化信息迭代过程的异化作用和经验作用，当经验作用的极限趋于零时，会在群体中发生突变；当异化作用的极限趋于零时，生物系统演化达到稳定阶段，边际异化信息迭代过程的经验作用的目的是使生物系统更好地适应外界环境的变化。

生物系统演化论是生物学最基本的理论之一。进化是生物在变异、遗传与自然选择作用下的演变发展，物种淘汰和物种产生过程，实际上，这些过程就是边际异化信息嵌入的结果。地球上原来无生命，大约在 30 多亿年前，在一定的条件下，形成了原始生命。而后，生物系统不断演化，已经有 170 多万个物种。查尔斯·罗伯特·达尔文提出了生物系统演化论，并在《物种起源》中详尽论述了生物系统演化与自然环境的关系，亦即生物系统演化是自然环境作用的结果，尽管比较解剖学、古生物学和胚胎发育重演律早已成为支持进化论的三大经典证据，而且，动植物培养、化石记录、解剖比较、退化器官、胚胎发育和生物地理分布等，也是生物系统演化的证据，但是，由于没有涉猎生物系统是怎么与外界环境相互作用的，一直被指责进化过程缺少连续性，诸如在猿向人演化的过程中，缺少介于猿和人之间的过渡生物。倘若用边际异化信息迭代过程诠释生物系统演化，那就是由于外界环境不同，边际异化信息嵌入不同，导致的生理结构的变化也完全不同。

在古代栽培植物和驯养动物的过程中，人类积累了大量生物的形态、构造和生活习性的知识，发现了生物肌体的变化是生物系统与外界环境相互作用的结果，逐步形成了朴素的生物系统演化思想。古希腊哲学家亚里士多德通过对动物知识的系统整理，将 540 种动物按性状的异同分为有血的和无血的两大群，每群之下又分为若干类。并提出生物等级也就是生物阶梯的观念，以及自然界所有生物形成一个连续的系列，从植物一直到人逐渐变得完善起来的直线系列。在中国战国时期汇集的《尔雅》中也记载了生物类型的变化；在汉初的《淮南子》中，不仅对动植物作了初步分类，而且提出各类生物由原始类型发展而来。

曾几何时，进化思想发展非常缓慢，直到 18 世纪，瑞典植物学家林耐提出了分类系统，却不承认物种是可变的。在大量事实面前，晚年的林耐不得不承认由于杂交的结果能产生新种。同林耐的观点相反，法国学者布丰相信物种是变化的，现代的动物是少数原始类型的后代。他把有肌体与居住环境联系起来，认为气候、食物和人的驯养等因素可引起动物性状的变异。另一位法国学者拉马克在其《动物学哲学》中，用环境作用的影响、器官的用进废退和获得性的遗传等原理解释生物系统演化过程，创立了第一个比较严整的进化理论。1859年达尔文发表《物种起源》，论证了地球上现存的生物都由共同祖先发展而来，生物之间存在亲缘关系，提出了自然选择学说诠释进化的原因，从而创立了科学的进化理论，揭示了生物发展的历史规律。

19 世纪 80 年代后，以魏斯曼为代表的新达尔文主义，把种质论和自然选择学说相结合，丰富了达尔文的进化理论。20 世纪 30 年代以来，以杜布尚斯基等人为代表的综合进化论综合了细胞遗传学、群体遗传学以及古生物学等学科的成就，进一步发展了以自然选择为核心的进化理论。60 年代末，日本学者木村资生等人提出中性学说，又在分子水平上揭示了进化的某些特征，补充丰富了进化论。

一、生物系统演化与边际异化信息嵌入

生物在与自然环境相互作用过程中不断变化，家养动物和植物栽培的过程中，同一物种形态差别极大。通过人工选择可以改变物种形态，得到新品种。由人工选择获得的品种，彼此之间差别有时比野外物种之间的差别还大。诸如在野外见到狼狗和哈巴狗，完全可能把它们当成像狼和狐狸那样两个截然不同的物种。动植物驯养为生物可变性提供了感性、直观的证据。

化石是生物遗迹，不仅是动物形态的表达，也是生物体尸体与外界环境相互作用的结果，也无疑会反映主要生物类群出现的先后顺序，并且，这个顺序与从现存生物的比较得到的顺序相符。那些已经不存在、灭绝了的物种依然已化石这种特殊方式现在，这导致了生物界的组成不断变化。化石印刻了在时间维度中变化的趋势，甚至在两个类群之间可以发现处于过渡形态的化石，这当然可以理解为外界环境的不同因素所致。诸如从形态结构（心脏结构）和生理特点（呼吸系统）的比较，可以推测脊椎动物从低级到高级的顺序是鱼类、两栖类、爬行类和哺乳类。化石记录了的鱼类化石的确在较早的地层出现，而后是两栖类、爬行类，再后是哺乳类化石。化石记录作为边际异化信息嵌入的结果，展示了从低级到高级的顺序，这是生物系统演化的一个有力证据。

比较解剖学为生物系统演化论提供了许多证据，在十六世纪，就有科学家发现人和鸟虽然外表很不相同，骨骼组成和排列非常相似。到了十九世纪，研究不同生物种类的形态结构的比较解剖学发现，生物种类的内部结构同源性越来越明显。正如达尔文指出的那样：用于抓握的人手，用于挖掘的鼹鼠前肢，用于奔跑的马腿，用于游泳的海豚鳍状肢和用于飞翔的蝙蝠的翼手，它们的外形是如此的迥异，功能是如此的不同，但是剔除皮毛、肌肉之后，呈现在我们眼前的骨架却又是如此相似。这些证据充分说明了生物由同一祖先进化而来，

在与外界环境相互作用的过程中，由于边际异化信息嵌入导致了不同的功能和外形，结构以进化或退化的形式存在，并且千差万别。倘若生物被分别创造，根本没必要让有不同功能和外形的器官具有相似的结构，设计这样的结构，在功能和外形上总会时显得不那么合理。

比较解剖学发现了许多生物都存在退化的器官，这是生物系统演化的证据。诸如鲸的后肢消失了，后肢骨却没有消失，还可以在尾部找到已经不起作用的盆骨和股骨。甚至在一些蛇类中，也能找到盆骨和股骨的残余。由此可以推断，鲸是由陆地四足动物进化而来，蛇是由蜥蜴进化而来。人类已经完全退化的器官也很多，诸如尾骨、转耳肌、阑尾、瞬膜（第三眼睑）等都完全退化了，不起任何作用。这似乎在提示我们的祖先曾经有像猴一样有尾巴，像兔子一样转动耳朵，像草食动物一样有发达的盲肠，像青蛙一样眨眼睛，除此之外，没有任何合理的解释。

在十八世纪，动物学家就发现动物胚胎发育过程，会经历动物演化的所有阶段，经过一系列与较低等动物很相似的时期。诸如人在胚胎发育的早期出现了鳃裂，不仅外形像鱼，而且内脏也像鱼：有动脉弓，心脏只有两腔等等。人是由鱼进化来的，祖先的特征在胚胎发育过程中重演了。爬行类、鸟类和哺乳类在胚胎发育的早期都跟鱼类相似，而且有些时期几乎没有区别，这意味着所有的脊椎动物都有共同的祖先。

究竟遇到了怎样的环境变化，使有的器官如此进化，而另一些器官又如此退化呢？无论是器官发达，还是器官退化，都是在外界环境的作用下，经过边际异化信息迭代过程的异化作用，边际异化信息嵌入的结果。新达尔文主义的代表人物魏斯曼通过自己的实验研究，探讨了遗传和进化问题。他做了著名的小鼠尾巴切割实验，发现连续切割22代，小鼠尾巴并未变短，他由此否定获得性状遗传。魏斯曼提出，生物体由种质和体质所组成。种质即遗传物质，专司生殖和遗传；体质执行营养和生长等机能。种质是稳定的、连续的，不受体质的影响，包含在性细胞核主要是染色体里。获得性状是体质的变化，因而不能遗传。在魏斯曼那里种质和体质是绝对对立的，这使得他的理论具有一定的局限性。问题就出在他对小鼠尾巴切割实验，他忽略了器官的进化与退化是外界环境与生物相互作用，边际异化信息嵌入的结果。外界环境与生物的作用是适应与不适应，应当做的是营造不适应小鼠尾巴存在的外界环境，而不是将尾巴切割掉。切掉尾巴在魏斯曼理论中应当属于体质范畴，以此来解释种质的稳定性是不准确的。外界环境对生物的稳定作用，在漫长的生物系统演化过程中，通过对体质的影响，在系统水平上进行边际异化信息迭代，进而引起种质的改变。

二、达尔文与生物系统演化论

西方航海业的发展，博物学家发现在美洲和澳洲有无数新奇的物种。许多物种的整个属、科、目，只在某个地理区域内。当博物学家在澳洲和南美见到袋鼠、袋狼、袋熊、袋鼬、袋貂、袋獾等动物，他们提出了这样的疑问：为什么只在这里有袋类哺乳动物？莫非这里的环境是为有袋类而设？事实并非如此，移民给这些地方带去高等哺乳动物后，许多有袋类因为竞争不过高等哺乳类数量锐减甚至灭绝。更合理的解释是，由于这些地区与别的大陆隔绝，而有了独特的进化途径。即使是一个群岛，也往往有在别的地方找不到的特有物种。达尔文在加拉帕格斯群岛看到了那些岛与岛之间不同种的巨龟，看到了在别的地方找不到的多达十三种的"达尔文雀"后，作出的解释就是这些物种的祖先都从别的地方来，几万年几十万年后发生了变化，从而产生了形形色色的特有物种。

法国博物学家拉马克认为生物界是从最简单、最原始的微生物按次序上升到最复杂、最高等的人类的阶梯，而所谓生物系统演化，就是从非生物自然产生微生物，微生物系统演化成低等生物，低等生物系统演化成高等生物，直到进化成人的过程。拉马克理论的核心在于：生物体本身有着越变越复杂、向更高级形态进化的内在欲望；生活环境能够改变生物体的形态结构，而后天获得的性状能够遗传，亦即用进废退。在著名的长颈鹿例子中，拉马克解释长颈鹿的长颈由来：长颈鹿的祖先经常伸长了脖子去吃树高处的叶子，脖子受到了锻炼，变长了，而这一点可以遗传，因此其后代就要比父母的脖子长一些，一代又一代，脖子就越来越长。

拉马克理论不能让当时的科学家接受进化论。不仅有宗教原因，也有科学上的质疑。诸如拉马克进化论认为，非生物能自然产生微生物，但是当时虽然巴斯德还未做否定自然发生论的著名实验，科学界却已普遍认为有足够的证据表明自然发生论是不正确的。这样，拉马克常常被当做反面教材来嘲笑和批驳。生物学界迫切需要能够无可置疑地证明生物系统演化的事实，给出合理的解释，达尔文做到了。

在环球航行时，有三组事实使得达尔文无法接受神创论的说教。一是生物种类的连续性。他在南美洲挖到了一些已灭绝的犰狳的化石，与当地仍存活的犰狳的骨架几乎一样，但是要大得多。于是，达尔文推断，现今的犰狳就是由这种已灭绝的大犰狳进化来。二是地方特有物种的存在。当他穿越南美大草原时，某种鸵鸟逐渐被另一种不同的、然而很相似的鸵鸟所取代。每个地区有着既不同又相似的特有物种，这些都是相同的祖先在处于地理隔绝状态分别进化的结果。当达尔文比较了非洲佛得角群岛和南美加拉帕格斯群岛上的生物类群后发现，这两个群岛的地理环境相似，在相似的地理环境下应该创造出相似的生物类群，但是这两个群岛的生物类群却差别很大。事实上，佛得角群岛的生物类群更接近它附近的非洲大陆，显然，岛上的生物来自非洲大陆并逐渐发生了变化。这个进化过程在加拉帕格斯群岛上更加明显，组成这个群岛的各个小岛虽然环境相似，却各有自己独特的海龟、蜥蜴和雀类，这些特有物种都是同一祖先在地理隔绝条件下进化形成的。

达尔文进一步推导：任何物种的个体都各不相同，都存在着变异，这些变异可能是中性的，也可能会影响生存能力，导致个体的生存能力有强有弱。在生存竞争中，生存能力强的个体能产生较多的后代，种族得以繁衍，其遗传性状在数量上逐渐取得了优势，而生存能力弱的个体则逐渐被淘汰，即所谓"适者生存"，其结果，是使生物物种因适应环境而逐渐发生了变化。达尔文把这个过程称为自然选择。因此，在达尔文看来，长颈鹿的由来，并不是用进废退的结果，而是因为长颈鹿的祖先当中本来就有长脖子的变异，在环境发生变化、食物稀少时，脖子长的因为能够吃到树高处的叶子而有了生存优势，一代又一代选择的结果，使得长脖子的性状在群体中扩散开来，进而产生了长颈鹿这个新的物种。

三、生物系统演化与边际异化信息迭代

地球上生命进化的轨迹是从最原始的无细胞结构生物，进化为有细胞结构的原核生物，从原核生物系统演化为真核单细胞生物，而后按照不同方向发展，衍生了真菌界、植物界和动物界。植物界从藻类到裸蕨植物再到蕨类植物、裸子植物，最后出现了被子植物。动物界从原始鞭毛虫到多细胞动物，从原始多细胞动物到出现脊索动物，进而演化出高等脊索动物，脊椎动物。脊椎动物中的鱼类又演化到两栖类再到爬行类，从中分化出哺乳类和鸟类，哺乳类中的一支发展为高等智慧生物——人。

生物系统历史发展证明，生物系统演化是从水生到陆生、从简单到复杂、从低级到高级和从无序到有序的过程，显然具有进步性发展趋势。在生物系统演化过程中，不同层次的形态结构逐步复杂化、完善化，生理系统功能愈益专门化，效能和遗传信息量逐步增加，不仅如此，内环境调控不断完善，对环境分析能力和反应方式的发展，强化了肌体对外界环境的自主性，扩大了活动范围。生物系统演化的道路是曲折的，由于外界环境的复杂变化，不仅仅是进化，还存在特化和退化。这意味着生物系统中的各个子系统，也就是物种与外界环境相互作用的过程中，由于外界环境不同，边际异化信息迭代过程的异化作用和经验作用也不同，生物系统中的物种进化不仅不同步进行，而且，已经进化的某些器官，由于不适应外界环境而发生了退化。这涉及生物学中的特化概念，特化不是生物学的全面完善化，而是生物对某种环境条件的特异适应。这种进化有利于一个方面发展，却减少了其他方面的适应性，亦即外界环境作用于生物系统的因素发生变化，某些因素与生物系统反复作用，边际异化信息迭代发生的频率极高，而另外一些因素突然减少或者消失，没有边际异化信息迭代，也就没有边际异化信息嵌入，导致了特化的发生，诸如马由多趾演变为适于奔跑的单蹄。当外界环境条件变化时，高度特化的生物类型往往由于不能适应而灭绝，诸如爱尔兰鹿，由于过分发达的角对生存弊多利少，以致终于灭绝。对寄生或固着生活方式的适应，可使肌体某些器官和生理系统功能趋向退化，诸如有一种深海寄生鱼，雄体寄生在雌体上，雄体消化器官退化，唯有精巢特别膨大，以保证种族繁衍。尽管有些研究者对进化的进步性提出质疑，指出进步性不是进化的基本特征，也不是进化的本质。确实如此，只是进步也是弹性很大的相对概念，而且需要一个参照物。只要认定存在就是合理的这样一个规定，进化就永远都具有进步性，进步性发展是进化的主流和本质。

生物系统演化过程中，各个物种和类群的进化，总是通过不同方式进行。物种形成的小进化表现为渐进式和爆发式，渐进式是由一个种逐渐演变为另一个或多个新种，爆发式是由多倍化种形成，尽管这种方式在有性生殖的动物中很少发生，在植物的进化中却相当普遍，约有一半左右的植物种是通过染色体数目的突然改变产生的多倍体。无论是渐进式还是爆发式，都是生物系统与外界环境相互作用的结果，只是由于外界环境的作用，使得边际异化信息迭代过程发生了变化，进而，边际异化信息迭代过程的异化作用和经验作用也不一样，边际异化信息嵌入也就完全不同。物类形成的大进化是爆发式的，旧的类型和类群被迅速发展起来的新生类型和类群所替代。

生物系统渐进式进化是达尔文进化论的基本概念。达尔文指出在生存斗争中，由适应的变异逐渐积累就会发展为显著的变异而导致新种的形成。在边际异化信息迭代过程中，异化作用逐渐发挥作用，边际异化信息嵌入不断积累，直到在系统中一定份额之后，在系统演化中具有举足轻重的地位时，与以前不同的新种也就出现了。按照达尔文的理论，"自然选择只能通过累积轻微的、连续的、有益的变异而发生作用，所以不能产生巨大的或突然的变化，它只能通过短且慢的步骤发生作用"。与达尔文的观点相反，早期遗传学家荷兰的H·德·弗里斯等指出，新种可由大的不连续变异突变直接产生，并将这种方式作为进化变化的主要源泉，自然选择对生物系统演化不起积极作用。现代进化论坚持达尔文的渐变论思想和自然选择的创造性作用，强调进化是群体在长时期的遗传上的变化，并通过突变（基因突变和染色体畸变）或遗传重组、选择、漂变、迁移和隔离等因素的作用，整个群体的基因组成就会发生变化，造成生殖隔离，演变为不同物种。20世纪70年代以来，一些古生物学者根据化石记录中显示出的进化间隙，提出间断平衡学说，代替传统的渐进观点。间断平衡学说指出物种长期处于变化很小的静态平衡状态，由于某种原因，这种平衡会突然被打断，在较短时间内迅速成为新种。不管怎么说，生物系统与外界环境的作用时时刻刻发生着，这是生物系统存在的方式，也是生物系统演化的动力，没有外界环境的作用，生物系统就会沿着从有序、高级、复杂到无序、低级、简单的方向发展，熵会逐渐地增加，最后导致系统的消失。

生物系统演化既包含有缓慢的渐进，也包含有急剧的跃进；既是连续的，又是间断的。整个演化过程是渐进与跃进、连续与间断的辩证统一。种群是生物生存和生物系统演化的基本单位，物种中的一个个体不能长期生存，物种长期生存的基本单位是种群。一个个体是不可能进化的，生物系统演化通过自然选择实现，自然选择的对象不是个体而是一个群体。种群也是生物繁殖的基本单位，种群内的个体不是机械地集合在一起，而是彼此可以交配，并通过繁殖将各自的基因传递给后代。这就涉及基因库和基因频率问题，基因库是一个种群所含的全部基因，每个个体所含有的基因只能是种群基因库中的一个组成部分。每个种群都有它独特的基因库，种群中的个体一代一代地死亡，但基因库却代代相传，并在传递过程中得到保持和发展。种群越大，基因库也越大，种群越小基因库也越小。当种群变得很小时，就有可能失去遗传的多样性，从而失去了进化上的优势而逐渐被淘汰。基因频率是某种基因在某个种群中出现的比例，在理想状态下，诸如种群足够大，没有基因突变，生存空间和食物都无限的条件下，没有任何生存压力，种群内个体之间的交配随机进行，这时，种群中的基因频率是不变的。然而，理想状态在自然界是不存在的，甚至在实验条件下也不存在。由于存在基因突变、基因重组和自然选择等因素，种群的基因频率总是在不断变化的。这种基因频率变化的方向是由自然选择决定的，也就是外界环境作用的结果。在自然状态下，边际异化信息迭代总是在基因突变、基因重组和自然选择等情况下进行，基因突变、基因重组和自然选择等变化的频率越高，生物系统演化的动力越大，也就越占生存优势，生物系统演化实质上就是种群基因频率发生变化的过程，而且，在生物系统演化的同时，还获得演化的动力，这一切都可以归因为边际异化信息迭代异化作用的结果，非物质存在贯穿于生物系统演化过程。

可遗传变异是边际异化信息迭代过程异化作用的结果，这意味着可遗传变异是生物系统演化的原始材料。可遗传的变异主要来自基因突变、基因重组和染色体变异，也就是外界环境的变化。在生物系统演化理论中，常将基因突变和染色体变异统称为突变。基因突变是 DNA 分子结构的改变，即基因内部脱氧核苷酸的排列顺序发生改变。突变发生的条件可分为自然突变和诱发突变，不管什么条件下发生的突变，都是随机的、没有方向的，但是，在边际异化信息迭代过程的异化作用下，突变必须沿着生物系统演化的有序、高级和复杂的方向发展，因为这是适应外界环境的结果。染色体变异包括染色体结构的变异和染色体数量的变异，染色体数量的变异又包括个体染色体的增加或减少（非整倍数变化）和成倍地增加或减少（整倍数变化）两种类型。染色体结构的变异与非整倍数变异，由于破坏了生物体内遗传物质的平衡，不仅对生命活动不利，有时甚至致命，这对生物系统演化意义不大，可以理解为自然淘汰。但是，染色体整倍数变化不仅没有破坏原有遗传物质平衡，而且还能够加强生物体的某些生命活动，对生物系统演化，特别是某些新物种的形成具有一定意义，诸如自然界中多倍物种小麦、燕麦、棉花、烟草、甘蔗、香蕉、苹果、梨、水仙等的形成，这也是外界环境变化的结果。环境变化作为生物系统演化的动力，决定了新物种的形成。基因重组是染色体间基因的交换和组合，在减数分裂过程中，又由于在有性生殖过程中，雌雄配子的结合是随机的，增加了后代性状的变异类型。在基因的减数分裂过程中，不仅涉及同一个核内染色体复制后发生重组和互换，也涉及有性生殖雌雄配子结合的随机性问题，经过边际异化信息迭代，同一个核内染色体复制后发生重组和互换，结果就产生了大量与亲本不同的基因组合的配子类型，这无疑增加了后代性状的变异类型，这些过程不可能脱离外界环境的作用。基因重组包括了基因自由组合定律和基因连锁与互换定律，突变和基因重组都是不定向的，既是有利的，也是不利的。但有利和不利不是绝对的，这要取决于环境条件。环境条件改变了，原先有利的变异可能变得不利，而原先不利的变异可能变得有利。等位基因是通过基因突变产生的，并在有性生殖过程中通过基因重组而形成多种多样的基因型，从而使种群出现大量的可遗传变异。在生物学理论中，变异是不定向的，只是给生物系统演化提供原始材料，不能决定生物系统演化的方向，生物系统演化的方向由自然选择来决定。尽管如此，变异依然属于适应外界环境的结果，无目的却指向目的，其中的目的性完全可以从食物链的链条中透视出来。

四、自然选择与生物系统演化

种群中产生的变异是不定向的，经过长期的自然选择，其中的不利变异被不断淘汰，有利变异则逐渐积累，使种群的基因频率发生定向的改变，导致生物朝着一定的方向缓慢地进化。自然选择是边际异化信息迭代过程中经验作用的结果，可以使变异指向生物系统演化的目的。基因频率改变是种群变异的另一种表现形式，引起基因频率改变的因素主要有选择、遗传漂变和迁移。选择是环境对变异的选择，主要体现为边际异化信息迭代过程的经验作用，保存有利变异和淘汰不利变异的过程，选择的实质是定向地改变群体的基因频率，也是生物系统演化和物种形成的主导因素，已经发生的变异能否保留下来继续进化或成为新物种，必须经过自然选择的考验，自然选择决定变异类型的生存或淘汰。在边际异化信息迭代过程的经验作用下，自然选择只保留与环境相协调的变异类型（有利变异），亦即自然选择是定向的，指向目的的。经过无数次选择，使一定区域某物种的有利变异的基因得到加强，不利变异的基因逐渐清除，从而改变了物种在同区域或不同区域内的基因频率（达尔文只是在个体水平上注意到不同性状的保留与否，而不能从分子水平对自然选择的结果加以分析），形成同一区域内物种的新类型或不同区域内同一物种的亚种，或经长期的选择，使基因频率的改变抵达生殖隔离的程度，便形成新的物种。边际异化信息迭代过程的经验作用决定不同类型变异的命运，也就决定了生物系统演化与物种形成的方向。

遗传漂变和迁移针对的是不同情况，当种群太小，含有某基因的个体在种群中的数量又很少的情况下，可能会由于这个个体的突然死亡或没有交配，而使这个基因在这个种群中消失，这就是遗传漂变。种群越小，遗传漂变就越显著。当含有某种基因的个体在从一个地区迁移到另一个地区的机会不均等，而导致基因频率发生改变就是迁移，诸如一对等位基因 A 和 a，如果含有 A 基因的个体比含有 a 基因的个体更多地迁移到一个新的地区，那么在这个新地区建立的新种群的基因频率就发生了变化。

导致物种形成的一种重要因素是隔离，物种是分布在一定的自然区域，具有一定的形态结构和生理系统功能，而且在自然状态下能够相互交配和繁殖，能够产生出可育后代的一群生物个体。隔离是将一个种群分隔成许多个小种群，使彼此不能交配，这样不同的种群在不同的环境中，就会向不同的方向发展，就有可能形成不同的物种。隔离有地理隔离和生殖隔离两种情况，地理隔离是分布在不同自然区域的种群，由于地理空间上的隔离，使彼此间无法相遇而不能进行基因交流。一定的地理隔离及相应区域的自然选择，可使分开的小种群朝着不同方向分化，形成各自的基因库和基因频率，分类学上将这种只有地理隔离的同一物种的几个种群叫亚种。由于地理隔离是自然选择的结果，也就是边际异化信息迭代过程经验作用的结果。生殖隔离是指种群间的个体不能自由交配，或者交配后不能产生出可育的后代的现象，这是边际异化信息迭代过程异化作用的结果。一定的地理隔离有助于亚种的形成，进一步的地理隔离使它们的基因库和基因频率继续朝不同方向发展，形成更大的差异。把这样的群体和最初的种群放一起，将不发生基因交流，它们已经和原来的种群形成了生殖屏障，即生殖隔离。如果只有地理隔离，一旦发生某种地质变化，两个分开的小种群重新相遇，可以再融合在一起。地理隔离是物种形成的量变阶段，生殖隔离是物种形成的质变时期。只有地理隔离而不形成生殖隔离，只能产生生物新类型或亚种，绝不可能产生新的物种。生殖隔离是物种形成的关键，是物种形成的最后阶段，是物种间真正的界线。在地理隔离向生殖隔离质变的过程中，关键因素在于地理隔离在基因水平上的变异，这种变异当然是外界环境作用的结果，既包含边际异化信息迭代过程的异化作用，也包含边际异化信息迭代过程的经验作用。生殖隔离保持了物种间的不可交配性，从而也保证了物种的相对稳定性。生殖隔离分受精前隔离和受精后隔离，生物因求偶方式、繁殖期、开花季节、花形态等的不同而不能受精属于受精前生殖隔离，这种隔离是边际异化信息迭代过程经验作用失效的结果。胚胎发育早期死亡或产生后代不属于受精后生殖隔离，这是边际异化信息迭代过程异化作用的结果。物种形成的形式是多种多样的，比较常见的方式是经过长期的地理隔离而达到生殖隔离，生殖隔离一经形成，原先的一个物种就演化成的两个不同的物种。这种演化的过程是极其缓慢的。不同物种间都存在生殖隔离，物种的形成必须经过生殖隔离时期，但不一定要经过地理隔离，如在同一自然区域 A 物种进化为 B 物种。边际异化信息迭代过程的异化作用在物种形成过程中起到了重要作用，但是在地理隔离基础上，经选择加速生殖隔离的形成，经地理隔离、生殖隔离形成新物种是物种形成常见的方式。

五、遗传与生物系统演化

遗传在生殖发育和种族进化中的作用不言而喻，在生物个体发育中，遗传可使子代与亲代相似，从而保持物种的相对稳定性，可以实现生物系统与外界环境现在的联系，这对于个体适应外界环境非常重要，也就是边际异化信息迭代过程的经验作用可以从遗传那里获得。遗传在种族进化过程中的作用，是在一次次自然选择的基础上，也就是边际异化信息迭代过程的异化作用，不断地进行边际异化信息嵌入，积累生物微小变异成显著有种变异，进而产生生物新类型或新的物种。

现代生物系统演化理论的基本观点种群是生物系统演化的基本单位，生物系统演化的实质在于种群基因频率的改变。突变和基因重组、自然选择、隔离是物种形成过程的三个基本环节，通过综合作用，也就是边际异化信息迭代过程的异化作用和经验作用，种群产生分化，最终导致新物种的形成。突变和基因重组产生生物系统演化的原始材料，自然选择使种群的基因频率发生定向的改变并决定生物系统演化的方向，隔离是新物种形成的必要条件，这些全部是边际异化信息迭代过程的异化作用和经验作用的结果，只是这些作用发生在生物系统与外界环境相互作用的不同层次上。

自然选择一直被认为是驱动进化的主要因素，也是创造生物多样性的主要原因。纽约斯托尼布鲁克大学生态与进化学院的科学家马西莫·皮格留奇认为，目前生物学中最伟大的未解之谜之一就是对自然选择的定位问题，自然选择到底是不是推进进化方向和创造物种多样性的唯一原因？也许还有未知的因素一直在发挥作用。答案中的未知因素就是边际异化信息迭代，只有边际异化信息迭代过程才能同时既满足外界环境，又满足生物系统的要求，而且，由于边际异化信息迭代过程的异化作用和经验作用，生物系统演化总是与外界环境要求相吻合，而且又是在原有的基础上继续演化，这意味着生物系统自然选择是推进进化方向和创造物种多样性的唯一原因，那些退化的器官之所以退化，意味着与外界环境相互作用的消失，假如不消失不是更好吗？生物系统演化不就更复杂吗？问题是这一切都是自然选择的结果，只要自然选择了，就是进化的方向，也就是进化的方向只能由自然选择这单一的条件所决定。这个问题之所以留到现在，是因为自然选择似乎只给出了生物系统演化的方式，而没有给出自然选择究竟是怎么实现的。边际异化信息嵌入理论给出了自然选择的发生过程，从发生学的角度诠释了生物选择，对复杂的生物系统而言，边际异化信息迭代总是发生在不同层次上，最后又在系统意义上发生作用，自然选择规律作为生物系统与外界环境相互作用的规律，是以非物质形式存在的。

当一些科学家列出了其他一些可能驱动生物系统演化的因素时，皮格留奇博士指出，"在过去的二十年间，科学家们开始推测复杂的生物系统（如活体生物本身）的某些属性对进化有驱动作用，它们和自然选择的作用合在一起，使得原始生物系统演化出了眼睛、细菌鞭毛、翅膀或者是龟壳一类奇怪的特征，以适应环境的需要"。皮格留奇博士指出的可能驱动生物系统演化的另外因素就是生物系统本身，当然，这早就属于边际异化信息迭代过程的一部分，甚至可以说是生物系统与外界环境相互作用的切点。

在边际异化信息嵌入理论的语境下，生物系统具有自发的自我形成秩序的特性，这种自我组织的能力也是推进物种进化的动力之一，也就是非物质存在的价值所在，而且这种能力还可以遗传给下一代。生物的有序性的典型例子是蛋白质的结构，蛋白质是一长串氨基酸在空间中扭转缠绕形成的，其空间结构决定蛋白质的特性。蛋白质的特性千变万化是因为其空间结构可以有无数种，如果蛋白质仅仅是由 100 个氨基酸组成的，形成的形状就足以达到天文数字。蛋白质形状的装换是在几秒钟或是几分钟的时间里有序进行的，但这种转换顺序却无法计算出来，这种转换次序实在是太复杂了。随着生物学、生态学、遗传学和计算机科学的综合发展，促进生物系统演化的各种因素和其在进化过程中所起的作用都会越来越清晰，达尔文的自然选择驱动的进化论将会在不同理论中被诠释。

六、食物链与生物系统演化

食物链是生态系统中贮存于有机物中的化学能在生态系统中层层传导，也就是各种生物通过一系列吃与被吃的关系，把这种生物与那种生物紧密地联系起来，这种生物之间以食物营养关系彼此联系起来的序列，在生态学上被称为食物链。食物链是发生在生物系统内部的事件，这是生物系统演化的结果。生物系统是一个开放的系统，需要植物提供能量，这是生物系统与外界环境一种天然的联系。食物链是一种食物路径，食物链以生物种群为单位，联系着群落中的不同物种。植物所固定的能量通过一系列的取食和被取食关系在生态系统中传递，生物之间存在的这种单方向营养和能量传递关系就是食物链。食物链是生态系统营养结构的表现形式，分为牧食食物链和腐食食物链。腐食食物链是动植物死亡后被细菌和真菌所分解，能量直接自生产者或死亡的动物残体流向分解者。在热带雨林和浅水生态系统中腐食食物链占有重要地位。在牧食食物链中，各种动物通过活的有肌体以捕食与被捕食的关系建立的，能量沿着生产者到各级消费者的途径流动。食物链中的能量和营养素在不同生物间传递着，能量在食物链的传递表现为单向传导、逐级递减的特点。生态系统中能量在沿着牧食食物链传递时，从一个环节到另一个环节，能量大约要损失90%。

1927年，英国动物学家埃尔顿（C. S. Eiton）提出了食物链的概念。倘若一种有毒物质被食物链的低级部分吸收，诸如被草吸收，虽然浓度很低，不影响草的生长，但兔子吃草后有毒物质很难排泄，如果它经常吃草，有毒物质会逐渐在体内积累，鹰吃大量的兔子，有毒物质会在鹰体内继续积累，因此食物链有累积和放大的效应。美国国鸟白头鹰之所以面临灭绝，并不是被人捕杀，而是因为有害化学物质DDT逐步在其体内积累，导致生下的蛋皆是软壳，无法孵化。一个物种灭绝，就会破坏生态系统的平衡，导致其物种数量的变化，因此食物链对环境有非常重要的影响，这就是生物系统对环境的作用。当然，生物系统与外界环境之间的联系必须有切点存在，这个切点正是自然选择的结果，诸如渡渡鸟，一种不会飞的鸟。这种鸟在被人类发现后仅仅200年的时间里，便由于人类的捕杀和人类活动的影响彻底绝灭，奇怪的是，渡渡鸟灭绝后，与渡渡鸟一样是毛里求斯特产的一种珍贵的树木——大颅榄树也渐渐稀少，似乎患上了不孕症。本来渡渡鸟是喜欢在大颅榄树的林中生活，在渡渡鸟经过的地方，大颅榄树总是繁茂，幼苗茁壮。到了20世纪80年代，毛里求斯只剩下13株大颅榄树，这种名贵的树眼看也要从地球上消失了。抢救大颅榄树成了一个紧张的课题，科学家们通过种种实验与推想分析，可是几年过去了，没有任何进展。1981年，美国生态学家坦普尔也来到毛里求斯研究这种树木，这一年正好是渡渡鸟灭绝300周年。坦普尔细心地测定了大颅榄树的年轮后发现，它的树龄正好是300年，就是说，渡渡鸟灭绝之日也正是大颅榄树绝育之时。坦普尔发现，在渡渡鸟的遗骸中有几颗大颅榄树的果实，原来渡渡鸟喜欢吃这种树木的果实。最后坦普尔推断出，大颅榄树的果实被渡渡鸟吃下去后，果实被消化掉了，种子外边的硬壳也消化掉，这样种子排出体外才能够发芽。最后科学家让吐绶鸡来吃下大颅榄树的果实，以取代渡渡鸟，从此，这种树木终于绝处逢生。渡渡鸟与大颅榄树相依为命，鸟以果实为食，树以鸟来生根发芽，就是它们之间相互联系的切点所在。

边际异化信息迭代过程的异化作用和经验作用，以及外界环境的复杂性，造就了复杂的生物系统。生态系统中的生物虽然种类繁多，在生态系统分别扮演着不同的角色，根据它们在能量和物质运动中所起的作用，可以归纳为生产者、消费者和分解者三类。生产者主要是绿色植物，能用无机物制造营养物质的自养生物，这种功能就是光合作用，也包括一些化能细菌（如化能细菌），同样也能够以无机物合成有机物，生产者在生态系统中的作用是进行初级生产，产生的生物量称为初级生产量或第一性生产量。生产者的活动是从环境中得到二氧化碳和水，在太阳光能或化学能的作用下合成碳水化合物（以葡萄糖为主）。因此太阳辐射能只有通过生产者，才能不断地输入到生态系统中转化为化学能力即生物能，成为消费者和分解者生命活动中唯一的能源。

消费者是那些以其他生物或有机物为食的动物，直接或间接以植物为食。根据食性不同，可以区分为食草动物和食肉动物两大类，食草动物称为第一级消费者，吞食植物而得到自己需要的食物和能量，这类动物诸如昆虫、鼠类、野猪一直到象。食草动物又可被食肉动物所捕食，这些食肉动物称为第二级消费者，诸如瓢虫以蚜虫为食，黄鼠狼吃鼠类等，这样，瓢虫和黄鼠狼等又可称为第一级食肉者。又有一些捕食小型食肉动物的大型食肉动物如狐狸、狼、蛇等，称为第三级消费者或第二级食肉者。又有以第二级食肉动物为食物的如狮、虎、豹、鹰、鹫等猛兽猛禽，就是第四级消费者或第三级食肉者。寄生物是特殊的消费者，根据食性可看做是食草动物或食肉动物。但某些寄生植物诸如桑寄生、槲寄生等，由于能自己制造食物，所以属于生产者。而杂食类消费者是介于食草性动物和食肉性动物之间的类型，既吃植物，又吃动物，诸如鲤鱼、熊等，人的食物也属于杂食性。这些不同等级的消费者从不同的生物中得到食物，就形成了营养级。由于很多动物不只是从一个营养级的生物中得到食物，诸如第三级食肉者不仅捕食第二级食肉者，同样也捕食第一级食肉者和食草者，所以它属于几个营养级。而最后达到人类是最高级的消费者，他不仅是各级的食肉者，而且又以植物作为食物，各个营养级之间的界限是不明显的。

边际异化信息迭代过程总是在不同层次上进行，自然界中每种动物并不只吃一种食物，形成一个复杂的食物链网。分解者主要是各种细菌和真菌，也包括某些原生动物及腐食性动物诸如食枯木的甲虫、白蚁、蚯蚓和一些软体动物等，它们把复杂的动植物残体分解为简单的化合物，最后分解成无机物归还到环境中去，被生产者再利用。分解者在物质循环和能量流动中具有重要的意义，因为大约有 90% 的陆地初级生产量都必须经过分解者的作用而归还给大地，再经过传递作用输送给绿色植物进行光合作用。

生物链是在边际异化信息迭代过程中形成的，不能根据自己的愿望来改变的，倘若改变不当，则会对生物产生极大的影响，这是一种最为显见的关系存在，毫无疑问，这种关系存在是边际异化信息迭代过程经验作用的结果。食物链也是营养链，一种各种生物以食物联系起来的链锁关系。食物链以生物种群为单位，联系群落中的不同物种。生物之间实际的取食和被取食关系并不像食物链所表达的那么简单，食虫鸟不仅捕食瓢虫，还捕食蝶蛾等多种无脊椎动物，而且食虫鸟本身也不仅被鹰隼捕食，而且也是猫头鹰的捕食对象，甚至鸟卵也常常成为鼠类或其他动物的食物。生物之间通过能量传递关系存在错综复杂的普遍联系，这种联系像是一个无形的网把所有生物都包括在内，使它们彼此之间都有着某种直接或间接的关系。

边际异化信息迭代过程是复杂的，这导致了食物网的复杂。复杂的食物网是使生态系统保持稳定的重要条件，食物网越复杂，生态系统抵抗外力干扰的能力就越强，食物网越简单，生态系统就越容易发生波动和毁灭。假如在一个岛屿上只生活着草、鹿和狼。在这种情况下，鹿一旦消失，狼就会饿死。倘若除了鹿以外还有其他的食草动物（如牛或羚羊），那么鹿一旦消失，对狼的影响就不会那么大。反过来说，倘若狼首先绝灭，鹿的数量就会因失去控制而急剧增加，草就会遭到过度啃食，结果鹿和草的数量都会大大下降，甚至会同归于尽。倘若除了狼以外还有另一种肉食动物存在，那么狼一旦绝灭，这种肉食动物就会增加对鹿的捕食压力而不致使鹿群发展得太大，从而就有可能防止生态系统的崩溃。

边际异化信息迭代过程的经验作用可以使保持生态系统平衡。生态平衡就是在生态系统中，各种生物的数量和所占比例总是维持在相对稳定的状态。在一个具有复杂食物网的生态系统中，不会由于一种生物的消失而引起整个生态系统的失调，但是任何一种生物的绝灭都会在不同程度上使生态系统的稳定性有所下降。当一个生态系统的食物网变得非常简单的时候，任何外界环境变化都可能引起这个生态系统发生剧烈的波动。苔原生态系统是地球上食物网结构比较简单的生态系统，因而也是地球上比较脆弱和对外力干扰比较敏感的生态系统。虽然苔原生态系统中的生物能够忍受地球上最严寒的气候，但是苔原的动植物种类与草原和森林生态系统相比却少得多，食物网的结构也简单得多，因此，个别物种的兴衰都有可能导致整个苔原生态系统的失调或毁灭。

在生物系统演化的过程中，边际异化信息迭代过程的异化作用形成了生物的不同形态，边际异化信息迭代的经验作用形成了生物之间特有的关系，这些甚至浸润在生物最基本的存在方式食物链之中，食物链是嵌入基因中的关系存在。

第十四章　自然人的形成与发展

人类的形成原因与其他生物一样，都是突变和基因重组、自然选择、隔离三个基本环节综合作用的结果。人类的形成是生物系统进化到一定阶段后，由于外界环境的剧烈变化，导致生物系统演化继续进行，所以，人类的形成是在其他种系演化达到稳定状态后，继续演化的结果，人类系统不仅满足初始条件等于零，而且，在外界环境作用下，人类不断地从低级向高级、从无序向有序、从简单到复杂、从不稳定向稳定的方向演化，人类是嵌入生成系统，人类在边际异化信息迭代过程的异化作用和经验作用过程中不断发展，现代生物进化理论的基本观点是：进化的基本单位是种群，进化的实质是种群基因频率的改变。物种形成的基本环节是：突变和基因重组提供进化的原材料；自然选择使基因频率定向改变，决定进化的方向；隔离是物种形成的必要条件。作为生物的人类与其他生物的形成本质是一样的，而且是动物进化的直接后代，从进化意义上说，那些现存的生物是人类的远古祖先。这样，对人的发展研究，需要以人类产生的动物前提为始点，就是从猿到人的进化开始研究，从猿到人的进化是物质形态和非物质形态的双重进化的结果。

一、人类的形成

从猿到人进化的基本单位是群体。种群由生活在同一外界环境中，自由交配和繁殖的同种个体组成。由于种群中的个体生活在同样的外界环境中，这就意味着发生在个体那里的边际异化信息迭代没有本质的区别。这使得发生在个体那里的遗传变异，就是发生在种群那里的遗传变异，生物进化不是个体基因的改变，而是群体基因的改变，这是边际异化信息嵌入的结果。

古生物学和古人类学通过对化石的研究表明，大约在3500至2400万年前的热带雨林中，生活一种猿猴类，猿猴类生活的晚期，分化出了现代长臂猿的祖先和另一种较大形体的猿类——森林古猿。森林古猿生活在大约2400至600万年前，遍布欧亚非大陆，由于森林古猿长久的分布在自然环境不尽相同的地区，边际异化信息迭代产生的异化作用也不尽相同，不同地区先后分化出各种不同猿类是必然的结果。大约在1600万年前分化出了猩猩的祖先，大约900万年前分化出了大猩猩的祖先，大约600万年前分化出了黑猩猩的祖先，人类的祖先大约在600至500万年前被分化出来。

人类来自于古猿种群，人类和人类社会由古猿种群的生物演化而来。生物学认定古猿种群为人科动物的始祖，也就是人类的祖先，人类在那时从其他动物中分离出来。人科动物的发展经历了不同阶段，在工具制造和狩猎活动中，边际异化信息迭代过程的异化作用和经验作用，使得人类发生了本质的变化，异化作用形成了现代人类的体质，经验作用使得大脑具有更高级的抽象思维能力，以此创造更多的工具，并对工具的依赖越来越强。在人类祖先那里，虽然，群体结构完全是由本能决定的动物联合体，但是，由于工具制造和狩猎活动的异化作用，体质形态向人类方向发展，或者说，由于工具制造和狩猎活动的异化作用，体质形态逐渐发展为人类。另一方面，边际异化信息迭代的经验作用使得群体组织规则逐渐脱离本能的控制，不断适应使用工具和狩猎活动，发展出人类社会组织结构的前提和雏形。由此可见，人和人类社会的形成同步进行，边际异化信息迭代过程总是在异化作用和经验作用两个维度上进行，异化作用使得生物系统不断进化，实现了从人科动物到人的过渡；经验作用使人科动物不断原理本能控制，形成了人类社会组织结构的基础，具有了人类社会组织结构的雏形。边际异化信息迭代的经验作用在社会生活的不同领域同时展开，不断地完善，逐步取代动物联合体结构。由于工具制造和狩猎活动的增加，边际异化信息迭代过程的异化作用和经验，使人和人类社会进入社会历史发展阶段。

人科动物进化到人类的契机无疑是外界环境使然，生物进化是边际异化信息迭代过程的异化作用结果。由于人类肌体中包含诸多系统，诸如生理系统、心理系统和行为系统等等，边际异化信息迭代过程的异化作用和经验作用在人类肌体内的不同系统中同时展开，同步协同进化。同步协同进化是从猿到人转变中基本的进化原则，从猿到人的转变主要依赖于边际异化信息迭代过程对生理系统、心理系统和行为系统的异化作用和经验作用，异化作用和经验作用必然引起群体生理遗传、群体心理活动和群体行为结构的改变。在从猿到人的转变过程中，外界环境变化导致个体那里的边际异化信息迭代过程的异化作用和经验作用，在生理系统、心理系统和行为系统三个维度上同时同步进行，在猿那里都表现为适应性的变化。边际异化信息迭代过程的异化作用和经验作用的作用过程在猿的个体那里，结果却是对猿的群体的作用，形成了猿与外界环境新的特定联系，进而导致基因的改变。

人类祖先从森林古猿分化而来的最直接原因，就是外界环境的剧烈变化。外界环境的变化使森林古猿栖息的森林大面积地消失，古猿生存环境从原来的林栖过渡到林地栖，从林地栖再过渡到地栖，最后过渡到热带草原生活，在古猿适应外界环境变化过程中，边际异化信息迭代过程的异化作用和经验作用迫使古猿不得不采取新的适应群体生存方式，猿群的生理系统、心理系统和行为系统在边际异化信息迭代过程的异化作用和经验作用下，形成了新的群体生存方式，最终导致猿向人的转变，进而实现猿的群体向人的社会转变。

古猿群体生存方式之所以变化，是因为进化等级较高的猿类，边际异化信息迭代过程的异化作用和经验作用总用从生理系统、心理系统和行为系统等全方位同时同步进行。生理系统、心理系统和行为系统的改变是边际异化信息嵌入的结果，古猿群体生存方式具有极大的可塑性。灵长类动物学家对生活在天然环境中的野生猿类所做的大量考察表明，猿类在物种进化阶梯上的位置与存在的群体结构不存在某种严格对应的关系，诸如同一种群体结构可以在不同科的动物中出现，同一类甚至同一种动物可能存在不同的群体结构，造成这种群体结构可塑性的原因，就是动物种群适应生存环境的差异，这都是边际异化信息迭代过程的异化作用和经验作用的结果。由此可见，古猿的群体结构具有多种可能性，任何一种可能性的实现，都决定于古猿与外界环境相互作用的边际异化信息迭代过程，由此可见，生存环境选择作用就是被生存环境异化，与生存环境形成新的联系。这样的群体结构构成了古猿在适应新的生存环境的过程中，形成新的群体结构的生物学前提。

关于灵长类动物群体结构的研究表明，灵长类动物群体结构的规模大小和联合程度，总是受制于获取食物、躲避敌害的难易程度，这是边际异化信息迭代过程对群体结构经验作用的结果，进而导致了灵长类动物对森林依赖程度越高，群体结构规模越小，联合程度越松散；对森林依赖程度越低，群体结构规模越大，联合程度越紧密。森林为灵长类动物提供了充分的食物，野果、嫩叶和嫩枝，同时，树上活动成为避免猛兽袭击的安全场所。没有森林屏障的开阔草原，既不能提供充足的食物，也没有躲避猛兽袭击的安全地带，必然导致动物群体结构的规模大和联合程度高的结果。现代灵长类的群体结构大致有三类：林栖结构最为典型的是猩猩、长臂猿，群体结构是三、五结伙的小群体，也有单独行动的成年雄性；林地栖结构最为典型的是生活于半林地半草原式环境中的黑猩猩，由40至50只黑猩猩组成群落，在林区常化为若干亚群或小群活动，到开阔地或草原时，结为大群活动；地栖结构最为典型的是生活于热带草原的狒狒，由40至50只狒狒组成，行进时雌兽和幼兽走在中间，周围由雄性组成严密卫队。人类动物祖先的群体结构从林栖型，到林地栖型，最后转变为草原地栖型，对外界环境的适应是边际异化信息迭代过程的异化作用和经验作用的结果。

人类的祖先古猿在草原地栖息后，成为比现代狒狒进化等级更高的动物。古猿的智力比狒狒发达，躯体比狒狒庞大，直立行走，可以手持各类天然工具。这样的群体在草原上活动，比狒狒群具有更强大的实力。狒狒基本上是素食，可人类祖先的古猿是杂食，在草原的干旱季节，古猿必须从事较大规模的狩猎活动。较大规模的狩猎活动导致了工具应用和制造，无论是制造工具，还是应用工具，古猿与外界环境的任何作用，都会通过边际异化信息迭代过程的异化作用和经验作用，将边际异化信息嵌入古猿的生理系统、心理系统和行为系统，实现古猿向正在形成中的人转化。在古猿向正在形成中的人转化过程中，边际异化信息迭代过程的经验作用能动地选择那些经验中对自己有利的边际异化信息，边际异化信息嵌入的过程，就是古猿向人的转化过程。边际异化信息迭代过程也是皮质生长和发展过程，没有外界环境信息的变化，没有边际异化信息迭代过程和经验作用，大脑皮质的生长和发展是不可能的。当然，外界环境对大脑皮质的异化作用要经历一系列的高级神经过程，在生理上遵循具有客观能动性的条件反射，在心理上遵循快乐原则，在行为上遵循趋利避害的原则，这些高级神经活动具有经验性，每一次的结果，都是下一次的初值，边际异化信息迭代过程的异化作用和经验作用正是在边际异化信息嵌入的过程中实现的。在个体与外界环境相互作用过程中，已经不是已知的原则发挥作用，重要的是边际异化信息迭代过程的经验作用发挥的客观能动作用，这种客观能动性对于有意识活动的人来说，似乎又变成了主观能动性。

古猿群体结构的生物性具有可异化性，有了古猿对草原环境的适应，由于边际异化信息迭代过程的异化作用的异化作用和经验作用，最初是异化作用大于经验作用，古猿适应外界环境后，主要就是经验作用的影响，进而使得古猿与对环境的适应程度不断发展。倘若最初的适应性得不到发展，古猿将不可避免地遭遇自然淘汰。古猿的大量分支由于没有取得这种适应性的发展全部灭绝了，只有获得了这种适应性的古猿，才可能逐步地向人的维度转变，而且，在遵循生理的条件反射、心理的快乐原则、行为的趋利避害下，同时同步协同进化。

二、从猿到人的生理遗传进化

类人古猿群体生理遗传的进化主要在体质形态上，这是类人古猿与外界环境相互作用，边际异化信息迭代过程的异化作用的结果。由于食物和获取食物方式的变化，边际异化信息迭代过程的异化作用主要体现在对体质形态的牙齿、手足分工、脑容量的作用。食物变化使得嘴与食物相互作用发生了变化，边际异化信息迭代过程的异化作用和经验作用导致了犬齿缩小，齿隙缩小直至完全消失，臼齿增高、增厚、向前靠紧、五个齿尖形成复杂的咀嚼面，牙齿结构接近同一个水平面，以便左右移动，适合咀嚼大量细小和坚硬食物。这是因为林栖生活以果类、嫩叶为食，地栖生活以坚果、块根之类坚硬食物为食，这种定向的适应性的异化作用，是通过边际异化信息迭代实现的。定向的适应性异化是类人古猿与环境相互作用的结果，边际异化信息迭代过程实现了生理遗传与外界环境相互作用的新联系。当然，边际异化信息迭代过程的经验作用也具有举足轻重的地位，假如没有边际异化信息迭代过程的经验作用，就不会形成生理与外界环境之间的条件反射，根据巴甫洛夫的条件反射原理，反复不断的持续的条件反射，可以造成遗传的改变。这种反射性是外界环境信息进入类人古猿大脑后，与类人古猿建立了新的神经联系，这些联系发生在大脑皮质。由于边际异化信息迭代过程具有客观能动性，是通过无条件反射到条件反射的变化实现的，进而改变类人古猿生理遗传基因。这样的结论与新达尔文主义似乎存在冲突，新达尔文主义代表人物魏斯曼通过实验研究，探讨了遗传和进化问题。他做了著名的小鼠尾巴切割实验，发现连续切割22代，小鼠尾巴并未变短，由此他否定获得性状遗传。这样的否定实在有些武断，获得性状遗传是通过边际异化信息迭代过程的异化作用和经验作用实现的，连续切割22代小鼠尾巴不可能让小鼠尾巴变短，因为若想让小鼠尾巴变短，必须有让小鼠尾巴变短的外界环境，只有通过外界环境的改变，才能实现获得性状遗传。

有关研究表明，人类的肩胛骨与两臂的使用，与树栖猿类相近，在进化过程中，由于边际异化信息迭代过程的异化作用和经验作用，外界环境的改变自然而然地会导致功能意义的改变。树栖猿类的肩胛骨和两臂的使用方式，在边际异化信息迭代过程的异化作用和经验作用下，必然转化为人类的肩胛骨和两臂的使用方式。人类祖先古猿从树栖过渡到地栖，肩胛骨功能和两臂使用方式的转化并不具有决定性意义，手足分工和直立行走成为古猿走向地面后进化的重要标志。手足分工功能的改变，适应了从树栖过渡到地栖的外界环境，边际异化信息迭代过程的异化作用和经验作用使得树栖猿类失去了在觅食和运动时，悬吊身体将臂部高举过头的功能。恩格斯认为，手足的分工是从猿到人转变过程中"具有决定意义的一步"，因为"手变得自由了，能够不断地获得新的技巧，而这样获得的较大的灵活性便遗传下来，一代一代地增加着"。[1] 现代猿类研究表明，现存的所有猿类都不是真正的两足直立者，它们的前肢从未得到完全意义的解放，至少是辅助行走，以指关节挂地辅助两足。

手足分工就是实现肌体与外界环境新的联系，这种新的联系不断地将边际异化信息嵌入身体之中，进而导致大脑结构改变。大脑结构和功能的改变，是边际异化信息迭代过程的异化作用和经验作用的结果，具体表现为边际异化信息迭代过程会将新的边际异化信息嵌入大脑皮质，同时，既有生理物质相对应，也有边际异化信息之间新的关系形成。或者说，边际异化信息迭代过程伴随着一系列生物化学物质的生成，这些生物化学物质作为边际异化信息的载体，增加了大脑的重量，改变了大脑的生理结构。人类学家研究证明，人科生物大脑发展不仅经历了一个由小变大量的发展，而且大脑结构也有很大的改变。大脑重量和功能的改变，是人科生物成为人最为重要的环节，美国古人类学家 D. 匹尔比姆认为，与猿脑相比，人脑并不仅仅是单纯的扩大，而是被重新建造了。实际上可以说脑的重建发生在前，随之而来的才是脑的扩大。[2] 然而，诸多科学家的结论都只从性状和功能的解释，没有给出大脑重量和功能是怎么发生改变的。结构的重建导致了生理物质重量的增加和功能的分化，这些都是边际异化信息迭代过程的异化作用和经验作用的结果，没有边际异化信息的嵌入，生理

---

① 《马克思恩格斯选集》第 3 卷，第 509 页。
② 蔡俊生：《人类社会的形成和原始社会形态》，中国社会科学出版社 1988 年版，第 76 页。

和功能的增加和分化是绝对不可能的。神经心理学家鲁利亚认为，大脑皮质发展具有决定意义的环节，是皮质分析器三级区的扩展，语言中枢的分化和发展，以及皮质前额叶部位的特化突出发展等一系列变化。这些变化都必须仰仗外界环境对大脑的刺激，当然，来自外界环境的刺激总是与生理需要息息相关，边际异化过程的经验作用决定了大脑对外界环境的筛选，在众多的外界环境信息中，只有那些与人科生物息息相关的外界环境信息才可能进入大脑，并通过边际异化信息迭代在大脑中形成新的神经联系，实现大脑生理物质重量的增加和功能结构的分化。

三、从猿到人的心理模式进化

在从猿到人的进化过程中，群体心理结构与群体生理遗传同步进化。从猿到人的心理进化主要是抽象思维能力和语言能力的形成和发展，从猿到人的心理进化是新的群体制约关系在心理上的反射。新的群体制约关系在群体与外界环境相互作用的过程中，边际异化信息之中，新的群体制约关系通过边际异化信息迭代过程的异化作用和经验作用，嵌入群体行为结构和群体生理遗传之中。为了适应外界环境的变化，猿群中发展了两种制约群体关系的原则，团结互助原则和优势服从原则。群体行为必须符合绝大多数个体的利益，个体必须服从群体利益，在这种语境下，团结互助原则既是行为（利他）原则，也是心理（群体意识）原则。从理论上说，只有当群体中的个体意识到群体存在和发展的价值，利他行为才可能成为行为规范。但是，对于新的群体结构，利他行为的结果反复出现时，边际异化信息迭代的经验作用，一定遵循趋利避害的快乐原则，根据条件反射原理，边际异化信息迭代的经验作用会嵌入利他行为的条件反射。反反复复的条件反射的出现，群体中的个体可以意识到群体存在和发展的价值。

团结互助原则折射了猿的智能发展程度。优势服从原则同样既是行为（服从）原则，也是心理（敬畏）原则。优势服从原则是优胜劣汰原则的延伸，是敬畏心理发生作用。在群体规模较小、联合程度较松散的林栖环境中，团结互助原则和优势服从原则不可能得到较高程度的发展。在地栖环境中，猿结成了规模大、联合程度紧密的群体，团结互助原则和优势服从原则在群体中的个体相互作用的过程中，通过边际异化信息迭代的经验作用，优势服从原则能够得到较好发展。而且，在绝大多数情况下，这两个原则同时发挥作用。由于边际异化信息迭代过程的异化作用和经验作用，心理活动开始从本能向自觉转化，而且，随着自觉程度不断增加，团结互助原则和优势服从原则成为边际异化信息迭代特有的模式。在团结互助原则和优势服从原则发展中，一方面由于边际异化信息迭代经验作用，团结互助原则越来越占主导地位，优势服从原则越来越依赖或通过团结互助原则发生作用，而不是更多地依赖和通过殊死的争斗来实现；另一方面由于边际异化信息迭代异化作用，猿的心理生理结构发生变化，对自身行为更有控制能力。

在团结互助原则的作用下，服从首领权威成为新的群体心理系统。群体中的个体在相互作用的过程中，由于边际异化信息迭代异化作用和经验作用，服从首领权威成为对群体统一价值的接受，这是团结互助原则浸润于群体心理系统的结果。对群体动物而言，心理发展到一定程度后，必然形成群体成员和首领、群体成员之间的交际性心理沟通。最初，在群体成员和首领、群体成员之间的交际性心理沟通过程中，边际异化信息迭代的边际异化信息来自于非言语的身体语言，身体姿态、手势、表情、触摸和碰撞等，而后，边际异化信息迭代的边际异化信息逐渐地来自于声带发出的声音，最后就变成了连续语句，尽管连续语句发展得缓慢。在边际异化信息迭代的过程中，非言语符号被语言符号迭代发生在大脑的不同区域，在语言符号的最高级区，边际异化信息迭代可以引起其他区域的同时活动。

在高等猿类群体中已经存在相当复杂、灵敏的交流手段，不仅是姿态、手势、面部表情、和声音，边际异化信息迭代对于来自视觉、听觉、嗅觉、触觉和味觉的一切信息都给予支持，这涉及大脑不同区域的活动。个体通过边际异化信息迭代的经验作用和异化作用，不断地、频繁地调节的心理和行为，调整与其他个体的联系，形成统一的动物联合体。值得注意的是，在高等灵长类群体中，已经发展出了群体文化意识，群体文化意识作为非肌体遗传的文化意识遗传，通过边际异化信息迭代世代传承。当群体中的某个体偶然获得了某种技能后，这一技能会在群体中通过相互学习而转化为群体文化意识，从而丰富群体文化意识。有些科学家就曾发现，当一只年轻的母猴获得了把甘薯放到小溪里洗去上面的沙子的技能后，这一技能便逐步传给了整个猴群，逐渐取代了以前把沙子擦掉的习惯；而当一只母猴获得了借助水的浮力把麦粒与沙子分开的技能后，别的猴子也逐步学会了模仿这只母猴的行为，这就是将混有沙子的麦粒扔进水里，麦粒浮于水面，而沙子则沉入了水底。①

有声语言的产生是群体中的个体相互交流的结果，但是，个体之间的广泛交流并不能必然产生有声语言。在人对现代猿类的驯化中已经证明，由于声带结构的特化发展，现代猿类通过驯化可以习得数量可观的复杂的手语词汇，但是却不可能习得多音节变化的口语。这是边际异化信息迭代经验作用的结果。多音节变化的口语的产生，必须以相应的发音器官的结构为生理基础，这样的生理基础是边际异化信息迭代异化作用的结果，人对现代猿类的驯化只能产生经验作用，不能产生异化作用。人类祖先类人猿的发音器官结构具有可塑性，在类人猿分叉演化中，由于外界环境不同，边际异化信息迭代过程的异化作用和经验作用也不同，一支形成了现代猿类难以发出多音节语声的特化结构，另一支形成了人类能够发出多音节语声的特化结构。发音器官的生理结构以直立行走的体姿为前提逐步形成，直立行走改变了整个身体的生理结构，发音器官的重要部位喉的位置随人的站立而变低，盖在喉口上方的会厌软骨的舌根附近，增大了喉入口的距离，喉冲出的气流更易进入口腔，这为使用语言符号提供了生理基础，当然，这种生理基础也是不断使用发音器官的结果。发音器官的使用为直立行走适应外界环境起到了重要作用，由此可见，边际异化信息迭代过程的异化作用和经验作用，在类人猿这个系统中全方位同步进行，边际异化信息迭代过程的异化作用和经验作用不是针对某个单一部位进行的，而是对整个生理系统进行的，生理系统的各个部分一定是相互协调的，协调的目的就是更好地适应外界环境。

边际异化信息迭代对动物体质形态的异化作用是同步的，直立行走整体姿态的改变，不仅使手足得到明确分工，而且也使人体的骨骼、肌肉和神经发生了全方位的相应的变化。从猿到人的发音器官的功能进化，正是这种从猿到人的体质形态同步进化的一个重要方面。

大脑结构、发音器官的进化，是边际异化信息迭代异化作用的结果，这个结果为利用语言符号进行边际异化信息迭代提供了生理基础，这也是抽象思维发展的前提，但是，抽象思维能力的产生并不始于利用语音符号进行边际异化信息迭代，手势语先于音节语，它们在边际异化信息迭代过程中，都是以边际异化信息出现的，最初的抽象思维是在以手势语为中介，进行边际异化信息迭

---

① ［美］马文·哈里斯著，李培荣、高地译：《文化人类学》，东方出版社 1988 年版，第 28-29 页。

代。人类驯化的黑猩猩可以使用大量手势与人对话，却不能学会人类复杂的音节语。由于手势语交际的局限性，以此为中介的抽象思维发生在大脑皮质的较低部位，抽象思维能力低下简单。手势与语言不仅是感觉器官的差异，还有抽象程度的不同，只有当复杂的语言符号系统发展起来后，才能在边际异化信息迭代过程中嵌入更加抽象的程序，抽象思维的能力才可能得到较大幅度的提高。

语言符号信息系统和抽象思维能力的形成和发展，是从猿到人心理系统进化的最重要结果。随着抽象思维能力的发展，猿的感知、记忆、想象等心理获得同步发展。抽象思维能力对正在形成中的人的心理系统，具有重要的意义和价值。抽象思维层次上的边际异化信息迭代异化作用，使得正在形成中的人的心理系统向更高层次发展，借助语言符号边际异化信息迭代过程中的边际异化信息嵌入到大脑中。心理系统在边际异化信息迭代过程中，不可避免地受到边际异化信息迭代的经验作用，边际异化信息要与记忆中的边际异化信息相联系，心理系统发展的意义是双重的，一方面是心理系统的发展，另一方面是与之相对应的生理结构变化，整个心理系统获得整体意义上的进化。在抽象思维层次上的心理系统中，边际异化信息迭代总是在抽象思维层次上活动，并将心理系统的异化作用嵌入到心理活动的各个层面。通过边际异化信息迭代异化作用和经验作用的嵌入，根据符号推演目的的逻辑要求进行的边际异化信息迭代，异化作用使得感知、记忆、想象等心理活动获得全新的发展，在纯粹的动物性心理活动中嵌入了来自高层次的边际异化信息，这减少了心理系统中的盲目性和自由度，逐步转化在抽象思维层次上进行边际异化信息迭代的心理系统。在抽象思维层次上进行的边际异化信息迭代过程的异化作用和经验作用，使得正在形成中的人的心理系统向更高级、更复杂、更有序的方向演化，这就是从猿的心理系统向人的心理系统演化的过程。在心理系统演化过程中，边际异化信息迭代的经验作用使得抽象思维能力获得发展，异化作用使得感知、记忆、形象思维获得发展，并逐步向人的心理系统演化。与心理系统演化相一致的是边际异化信息迭代过程的异化作用和经验作用使得各类感官结构、神经通路、神经元结构，以及整个脑结构的生理、功能的定向发展。在边际异化信息迭代过程中，不同层次的边际异化信息形成新的联系，导致了心理系统与生理系统相互作用，心理系统进化使得猿在进化过程中获得了全方位的进化，边际异化信息迭代过程的异化作用和经验作用对猿的心理系统和生理系统是同步的，最终演化为人的心理系统和生理系统。在从猿到人的心理系统进化过程中，在抽象思维层次上，由于边际异化信息迭代的经验作用，必然导致心理系统与目的性和计划性紧密相连，倘若没有经验作用，心理系统与目的性和计划性就难以实现。

四、从猿到人的行为方式进化

从猿到人的行为方式演化，是从动物本能行为方式到人的文明行为方式的进化过程。由于行为目的性的预先嵌入和使用工具，边际异化信息迭代过程使目的性和工具的发展形成了内在统一关系。目的性总是与工具水平相联系，特定水平的工具决定了特定水平的目的。大量研究资料表明，在高等灵长类动物中，行为的目的性获得了相当发展，尤其是最接近于人的猿类行为的目的性的发展极为高超。野生黑猩猩能够制作和使用简单的工具，有了文明的开始。边际异化信息迭代过程的经验作用总是伴有一定目的性的参与，人类祖先古猿已经开始制作和使用简单工具，这是从猿到人转变的初始状态。古猿与外界环境相互作用，被迫从林栖走向地栖生活，在没有有利天然屏障的环境中，必须结成紧密群体来防御猛兽的袭击，个体之间的合作成为群体生存的前提，不仅如此，在食物来源相对贫乏的情况下，为获取足够的食物，需要进行群体性的采集和狩猎，这时，边际异化信息迭代过程的异化作用和经验作用使得行为方式发生了根本的变化，古猿更为自觉地制作和利用工具。

在草原地栖环境中，古猿群体与外界环境相互作用，边际异化信息迭代过程的异化作用和经验作用同时同步进行，边际异化信息迭代逐渐在抽象思维层次上进行，适应古猿创造工具和利用工具御敌、采集和狩猎需要。现代林栖黑猩猩和草原地栖黑猩猩的御敌行为，不仅在利用工具的水平上，而且在御敌的目的性上，都存在很大差异。在用"豹子"模型对黑猩猩御敌行为试验中，草原地栖黑猩猩在吠叫中联合成多数，手持大木棒向"豹子"冲击，冲击有节奏地反复进行，并基本上是用双足行走，它们把抢起大棒轮番向"豹子"抛出，对"豹子"进行了多次强有力的打击，几乎所有被黑猩猩抛向模型的木棍，都击中了目标。而在对森林黑猩猩所做的同类试验中则呈现出了另外一番情景：远远望见豹子后，黑猩猩们开始大声喧哗，摇动树枝和灌木，如果也抓住了木棍，那么，几乎是立即就把它抛了出去，根本无法击中目标。此时，黑猩猩们多半四肢行动。显然，在这类试验所揭示的草原黑猩猩和森林黑猩猩的御敌行为方式是有极大差异的：前者是直立行走，面对敌兽，有效地利用工具，并有组织地协同对敌兽进行反复多次的致命性攻击；后者则缺乏面对敌兽的勇气，不能有效利用工具，并组织性极差地对敌兽进行恐吓，而不是进攻。前者的目的是要致敌死命，而后者的目的则只是吓跑敌兽，目的不同是因为边际异化信息迭代过程的结果不同。

古猿御敌的能力和狩猎水平发展是同时同步进行，在绝大多数情况下，古猿狩猎的对象是较温顺的食草动物，当然，也不排除少量的食肉猛兽。防御杀伤或杀死猛兽时，猛兽就成了古猿行猎对象和食物来源。群体御敌、狩猎和采集的行为方式使得个体偶然获得的技能，有更多的机会快捷地传播给群体中的其他个体，在边际异化信息迭代过程的异化作用下，将使群体行为方式向更复杂、更有序、更稳定的方向演化，古猿的群体性也就在群体行为方式演化过程中得到承继。

从猿到人的行为方式演化过程中，从猿的群体狩猎、采集到人的生产劳动，边际异化信息迭代过程的异化作用将边际异化信息嵌入基因中，使得心理——行为模式成为先天预成程序，边际异化信息迭代过程的经验作用将使得行为方式具有目的性和计划性，在维持生存的同时制造工具。从猿那里开始至今，一直都在制造工具，这势必涉及能否用猿和人使用和制造工具能力来测度行为方式进化的本质。回答是否定的。现代野生猿类不仅可以制造简单的工具，还可以正确工具，倘若用制作工具的复杂程度和偶然程度作为测度人和猿行为方式进化的标准，显然是不合适的，需要寻找的是人从猿中分化出来行为方式进化的标志，而不是人和猿的行为方式的差别。猿制造工具不仅是简单的，而且具有很大的效仿性，在物质成为工具的过程中只做了粗略的改造；人制造工具不是受到外界偶然性的启发，而是在边际异化信息迭代过程的经验作用和异化作用下，大脑中生成了外界环境所没有的边际异化信息，并将这些边际异化信息通过行为制造出各种各样的工具，这才是文明的开始，与大脑结构的变化密不可分，只有大脑进化到这个位置，才会有生理基础支持制造工具的行为。从猿到人的行为方式进化是漫长的，从猿群的本能行为到猿人的准劳动行为，再到真实意义上的人的生产劳动，这一系列的行为方式进化，都是在边际异化信息迭代过程的异化作用和经验作用中完成的。

五、人类生理、心理和行为的同步进化

从猿到人的生理系统演化、心理系统演化和行为系统演化，表现为从猿到人的生理、心理和行为的进化，构成了从猿的种群到人类社会发展的过程中，生理系统、心理系统和行为系统同时同步协同演化的内在统一。就个体而言，

由于边际异化信息迭代过程的异化作用和经验作用，生理系统、心理系统和行为系统在演化过程中相互作用、相互制约、互为基础，边际异化信息迭代的过程实现了生理系统、心理系统和行为系统的内在统一，而且，从猿到人的生理系统、心理系统和行为系统的演化的内在统一具有同步性。

由于边际异化信息迭代过程的异化作用和经验作用同步进行，这使得从猿到人的演化具有同步性。在边际异化信息迭代过程中，任何边际异化信息嵌入都将导致生理系统、心理系统和行为系统演化，在纵向上演化具有同步性，横向上建构了新的关系。古猿被迫进入草原地栖后，与外界环境相互作用，由于边际异化信息迭代过程的经验作用，导致了新的群体生存方式的形成，进一步推进猿群的生理系统、心理系统和行为系统演化。生理上不得不直立行走，心理上不得不处于高度警觉状态，对群体成员的关系和周围环境做准确判断，行为上不得不利用工具进行群体御敌、狩猎和采集等等。最初的生理系统、心理系统和行为系统演化，只是在古猿纯生物本能的可塑性基础上，但是，直立行走改变了古猿与外界环境的联系，可以更好地利用工具，高警觉地做出心理判断，而且，边际异化信息迭代过程的经验作用，为使用工具提供了目的和计划。在边际异化信息迭代过程中，工具对行为的异化作用制约猿群的生理活动，诸如怎样行走、前肢持握等等，经验作用提供有目的的观察和思考。从猿到人的最初群体生存方式的转变，就是生理系统、心理系统和行为系统相互规定、相互制约的同步演化。同步演化以最初生物本能的可塑性为基础，而后，由于边际异化信息迭代过程的异化作用和经验作用，猿的生理系统、心理系统和行为系统进行全方位的同步演化，由于边际异化信息迭代过程的异化作用和经验作用，边际异化信息嵌入生理系统后，群体生存方式开始超越生物本能，向人的方向同步协同进化。

超越猿的生物性本能向人类社会发展不可能是单一方面进化的结果。在猿与外界环境相互作用的过程中，边际异化信息迭代过程都是在猿这个系统的整体意义上发生的，或者更确切地说，就发生在大脑皮质上，而后，由于大脑功能的作用，必然使生理系统、心理系统和行为系统的活动形成新的联系。不论猿这个系统中包含多少个子系统，任何子系统的活动都会引起系统的改变，并对其他子系统产生作用。边际异化信息迭代过程的异化作用和经验作用可能是具体作用于某个子系统，但是，边际异化信息迭代过程在系统层面上进行，必然会导致其他子系统的变化。从猿到人的进化总是在生理系统、心理系统和行为系统三个维度上同时进行，诸如手足分工、脑容量的扩大和脑结构的重建、语言为中介的抽象思维、制造工具等等，都是同步进行的。手足分工以直立行走和手活动增加等生理进化为基础，同时，直立行走使感知视野扩大，而且直立行走、手足分工可以更多利用工具等等，进化总是在同步协同意义上进行。边际异化信息迭代过程的异化作用和经验作用，使得脑容量的扩大和脑结构的进化，即是神经生理结构的进化；经验作用使得猿群交往心理具有目的性和计划性，生理系统和心理系统演化的定向选择必然导致一系列的进化过程，语言符号的边际异化信息使得边际异化信息迭代过程在抽象思维层次上进行，这是猿的心理系统向人的心理系统演化的决定环节。大脑和发音器官的生理进化，猿群体内的交际行为，以及有目的的行为都是进化过程的结果。交际的姿态、手势、发出的特定音节等过程，既涉及生理系统，也涉及心理系统，还涉及行为系统的活动。有目的地进行边际异化信息迭代更是生理系统、心理系统和行为系统同步协同演化的依据，既是生理器官活动，也是感知、目的、计划等心理活动，还是利用工具的行为活动。

工具作为外界环境的特例，异化作用表现为利用工具需要生理活动达到相应的灵活程度，并对工具的作用有充分认识，甚至还具有制造工具的能力。当然，异化作用是通过边际异化信息迭代过程将边际异化信息嵌入生理系统、心理系统和行为系统，这意味着生理系统、心理系统和行为系统演化的水平是同步的。从某种意义上说，生理进化的水平是心理和行为进化所能抵达程度的深层生理基础，由于边际异化信息迭代的经验作用，心理活动的结果直接指向行为，并在计划中设计行为程序，通过感知等心理活动控制行为。行为活动是生理功能和心理状态的外化表现，行为进化水平折射出生理、心理进化水平，同理，生理或心理进化水平也是行为进化水平的折射。进化总是全方位展开。生理系统、心理系统和行为系统构成一个进化的系统，由猿的生理系统、心理系统和行为系统开始，一点点地将生理系统、心理系统和行为系统的边际异化信息嵌入其中，任何一种边际异化信息嵌入，都将改变生理系统、心理系统和行为系统，以及它们相互作用的方式，这种新的相互作用方式所导致的边际异化信息迭代，都能使边际异化信息同步嵌入这三个系统，最终导致生理系统、心理系统和行为系统的同步协同、同步演化。

六、人与社会的同步进化

在从猿到人的生理系统、心理系统和行为系统的同步演化中，无论是群体结构的变化，还是使用工具，都涉及物质资料生产。物质资料生产的同时，行为方式逐渐脱离了生物本能的控制，物质资料生产足以成为文明的标志，也是社会文明的开始，从此，社会就在文明的维度上不断演进。就人而言，社会成为外界环境的重要组成部分，社会系统演化过程似乎就是脱离自然环境的过程，当外界环境完全变成了社会环境时，社会对人的异化作用便成为人成长不可缺少的过程。物质资料生产从没有物质资料生产的社会系统初始状态开始，人的物质资料生产和人的生产在两个完全不同的系统中进行，物质资料生产在社会系统中进行，并且推进社会系统演化；人的生产使得人类系统不断地建构，并在社会系统的异化作用下演化。在人类系统中，人的生产以生理遗传的形式进行，但是，人的心理和行为程序却是在社会生活中获得的，要经历社会学中所阐述的社会化过程，也就是要经过一系列的边际异化信息迭代过程的异化作用和经验作用实现，才能适应社会生活。生理遗传提供了适应社会的生理基础，边际异化信息迭代过程可以将心理和行为要求嵌入个体心理系统和行为系统之中，从这种意义上说，生理系统、心理系统和行为系统演化总是同步协同进行。

恩格斯曾指出了物质资料的生产和人本身的生产的相互制约性关系。这种相互制约性以物质资料的生产和人本身的生产分别属于两个不同系统为前提，社会系统和人类系统独立存在，社会系统演化需要人类系统的作用，人不生产物质资料，社会系统就无法演化，反过来，物质资料生产决定了社会文明，人需要社会化后，才能适应社会文明，这种相互作用是通过边际异化信息迭代过程实现的。恩格斯在《家庭、私有制和国家的起源》序言中指出，"根据唯物主义观点，历史中的决定性因素，归根结底是直接生活的生产和再生产。但是，生产本身又有两种。一方面是生活资料即食物、衣服、住房以及由此所必需的工具的生产；另一方面是人类自身的生产，即种的繁衍。一定历史时代和一定地区内的人们生活于其下的社会制度，受着两种生产的制约：一方面受劳动的发展阶段的制约，另一方面受家庭的发展阶段的制约。劳动愈不发展，劳动产品的数量、从而社会的财富愈受限制，社会制度就愈在较大程度上受血族关系的支配"。① 不仅是物质资料的生产和人本身的生产是相互制约的，在从猿到人的进化过程中，人类在创造社会系统的同时，人本身的生产需要被社会系统异化，被异化的人类系统又反过来创造社会系统，就这样，通过社会系统与人类

---

① 《马克思恩格斯选集》第 4 卷，第 2 页。

系统的相互作用，使得社会系统和人类系统同步演化。任何物质资料获取方式的改变，都会导致种的交配和育幼方式的改变，进而改变繁衍方式，繁衍方式的改变又会导致物质资料获取方式的改变。

对人类的祖先古猿而言，从原来林栖过渡到地栖后，不仅改变了群体结构，也改变了原有生活物质资料的获取方式，从原有的分散为小群觅食的素食者，转化为结成大群统一狩猎、采集的杂食者，还也改变了种的繁衍生命延续方式，在与雌性交配过程中，雄性间相互容忍以及幼仔集中照料。与现代猿类群体结构相比，林栖猿类结成小群方式活动，群与群之间仍然存在雌雄交配的雄性忌妒和争斗，但这种忌妒和争斗比较低等动物大大弱化了，幼仔照料还只由雌猿承担，也许作为人类动物祖先的古猿在林栖阶段，两性交配方式和育幼方式也大致如此。

猿从林栖过渡到地栖后，适应外界环境的结果，就是将团结互助原则嵌入猿的群体中，这必然导致雌雄交配过程中，雄性间忌妒和争斗的逐步减弱和克制，由于群体防御、狩猎和采集需要，团结互助原则不断地获得强化，集中照料子代的机制日益完善。由此可见，生活资料获取方式和种的繁衍方式在相互制约过程中得到统一，正是社会系统与人类系统的协同演化，使得古猿地栖群体逐渐适应环境并获得发展。古猿群体获取生活资料方式的群体化，导致了种的繁衍方式的变化，而繁衍方式的变化，又反过来巩固获取生活资料方式的群体化，这种相互作用是通过边际异化信息迭代过程的异化作用和经验作用实现的。在雄性频繁争斗情形下，大规模群体难以控制。生活资料获取方式和种的繁衍方式的最初变化，是边际异化信息迭代通过对生理系统、心理系统和行为系统作用实现的。在边际异化信息迭代过程中，既包含体质形态结构和性交的边际异化信息，也包含情感诸如如何消除忌妒、对异性关系认识等边际异化信息，这导致群体行为的变化。随着古猿群体狩猎、采集能力的发展，猿群的种的繁衍生命延续方式上也在变化，最为明显的就是雌性发情期的消失。高等动物和现代猿类的雌性只有在发情期中才允许异性交配，人类女性的发情期消失了。从雌性的猿有发情期到女性的人无发情期，经历了一系列的演化过程。

在猿向人过渡的过程中，狩猎活动是与大型动物激烈搏斗的群体活动，这种活动会激发担当这种活动的壮年男子的性需要，这样，这些壮年男子的性满足只能在两次狩猎之间的间隙进行。壮年男子性满足机会的定期变化，导致了女性性满足机会的相应变化。当女性发情期和狩猎期重合时，根本不可能发生性关系；女性处于非发情期，但正值狩猎间隙时，可能发生性关系。性交的定期变化，打乱了女性性生理的发情期和非发情期的周期性变化，导致了奇特效应：得不到满足的发情期被逐步拉长，原来的非发情期被性生活激发为发情期，发情期和非发情期同时消失，形成了新的性生理活动，随时都可与异性交配，这是在边际异化信息迭代过程的经验作用下形成的新的关系存在。随着性生理活动的产生，调节性关系的因素被强化，爱情的心理活动得以发展，随时可与异性交配的性生理活动逐渐由爱情支配。狩猎生产这种行为方式的进化，通过边际异化信息迭代过程的异化作用和经验作用，导致了性生理活动的进化，而生理活动的进化，又通过边际异化信息迭代过程的异化作用和经验作用，导致了爱情这种新的心理活动的发展。

　　从猿向人进化的过程中，行为系统和生理系统演化同步进行。在猿的直立行走向人的直立行走进化过程中，女性骨盆上缘部分被扩张，可以承受躯干以上的全部重量，可也导致骨盆下方耻骨弓角度和出口直径的缩小。这使难产率急剧增加，许多孕妇死于生产，造成男女比例严重失调。边际异化信息迭代过程的异化作用结果，导致了只有那些在体质形态上通过了分娩关的女子才能生存下来，经过漫长的演化，只有那些具有适宜生理形态女子的遗传基因获得遗传，男女比例严重失调得到缓解，这是获取生活物质资料的行为方式进化过程中，边际异化信息迭代过程的异化作用和经验作用引起的生理系统演化。由此可见，狩猎、采集获取生活资料的过程，导致行为系统演化的同时，种的繁衍方式的变化导致了生理系统演化。在行为系统和生理系统演化的过程中，必然有心理系统演化的发生。心理系统演化表现为新的群体意识发生，图腾与禁忌成为心理系统文明的标志。由于边际异化信息迭代的经验作用，人总是将生产的失败归结为特定时期发生的性行为，用禁忌规范来阻止特定时期的性行为。禁忌规范总是与图腾崇拜相联系，于是，就产生了狩猎仪式、禁猎和禁食对象，以及对猎物分配、享用仪式等等，这是边际异化信息迭代过程的经验作用的结果。

　　在行为系统和生理系统演化过程中产生出的群体意识，会反过来影响行为系统和生理系统演化。禁忌规范和图腾崇拜在边际异化信息迭代过程中，使得群体中的不同个体拥有了相同的价值观念，这种群体意识强化了个体对群体的心理依赖，使得群体具有强大的凝聚力，后果是自我封闭。不同群体具有不同的禁忌规范和图腾崇拜，在禁忌规范和图腾崇拜朦胧阶段，群体很容易接纳其他群体中的个体。在禁忌规范和图腾崇拜清晰阶段，群体又很难接纳其他群体中的个体，必然导致群体自我封闭。群体开放对群体的发展是有利的，其他群体中的个体加入会给群体带来不同的文化，这将充分发挥边际异化信息迭代过程的经验作用，不仅如此，还会携带不同的遗传基因，不同遗传基因有助于生理遗传结构的优化。自我封闭的后果是，造成导致基因退化群体近血缘交配。自我封闭群体由于不能解决近亲繁殖所引起的基因退化，群体中个体的生理素质逐步下降。值得注意的是，在生理系统、心理系统和行为系统演化过程中，边际异化信息迭代过程的异化作用和经验作用交替进行，在环境急剧变化时期，异化作用发挥了重要作用，致使古猿的脑结构和生理结构发生改变，尤其是从林栖过渡到地栖的过程中，实现了手的分化和直立行走；在外界环境相对稳定时期，主要是经验发挥重要作用，在地栖生活环境下，更多的是心理和行为发展，在抽象思维层面上进行边际异化信息迭代，使得群体意识得到大大发展。群体意识的产生和发展是经验作用的结果，由于经验作用，边际异化信息迭代过程中反反复复出现的某些边际异化信息，作为纯粹的精神活动产物，对心理产生神秘影响，这是图腾与崇拜的基础。由于生理系统、心理系统和行为系统演化的同步协同作用，生理系统进化为心理系统和行为系统演化提供了物质基础，心理系统和行为系统演化使得生理系统功能进一步完善。这样，心理随着行为和生理的发展而发展起来，发展起来的心理又反过来限制行为和生理的发展。所以，不仅生活资料获取方式进化制约种的繁衍的生命延续方式进化，而且，种的繁衍的生命延续方式进化也制约生活资料获取方式进化。解决物质资料生产必须解决人本身生产的问题，解决人本身生产的问题又必须解决群体意识的心理问题，这就要克服造成群体自我封闭的心理障碍。这样，心理进化也就成了生理进化、行为进化的先决条件。当然，这是生理、心理和行为相互作用的复杂过程，从猿到人转化的每个环节，都依赖涉及生理、心理和行为的边际异化信息迭代过程的异化作用和经验作用。

图腾与禁忌可以克服人本身生产的危机，当群体中的个体意识到不育、畸形儿、低能儿产生的根源是两性关系，而且，当这种意识转化为群体意识，可以产生新的图腾。这个新的图腾比以前的图腾的改变在于，禁止群体内部的两性关系，由此产生了禁止群体内部通婚的禁忌；打破群体间性交往的封闭性，由此产生了群体间的婚姻联盟。群体间的婚姻联盟解决了即将形成的人本身生产的危机，随之而来是物质资料生产的发展。也许人本身生产的危机的解决，可以成为人类社会诞生的标志。群体间婚姻联盟方式的改变，使得人类历史上出现了人本身生产的社会结构，完成了人和人类社会的形成过程，这是人对社会作用的结果，人的进化与社会的进化同步进行，人类进入了社会历史发展时期，社会环境对人的作用结果是使人不断进化，人的进化反过来又会作用于社会。由此可见，人类社会诞生的标志是双重的，即物质资料生产和人本身生产的社会结构，在这个双重标志中隐含了生理遗传、心理模式和行为方式进化的三个维度。

第十五章　社会人的形成与发展

　　人类社会的形成和发展是宇宙演化的特殊领域。人类社会由人类系统和社会系统构成，社会系统由不断发展的文明构成，并作为人类系统的外界环境而存在，同时，又以人类系统存在为前提，人类系统与社会系统之间相互作用，构成了多重交织的复杂关系。这种以不同形态存在的系统，只有从关系存在的角度去探讨它们之间的联系，才可能揭示人与社会之间那种本质的联系。在社会的维度中，任何人都不可能从头开始，自然人需要社会化才能符合社会的要求。社会系统演化处于不稳定阶段，而人本身作为稳定的生物系统，需要在社会环境下生存，这就需要将社会对人的要求嵌入到个体的心理模式和行为模式之中，以便人在成年后与社会环境形成一种必然的联系。社会化过程是从人进入社会环境开始的，社会化过程从无到有，满足初始条件等于零，而且，人适应社会的能力从低级向高级、从无序到有序、从简单到复杂、从不稳定向稳定发展，所以，人的社会化过程就是适应社会的过程，社会化系统是嵌入生成系统，社会化过程主要是边际异化信息迭代过程的经验作用。值得注意的是，在社会节奏变化比较慢的社会，社会化的经验作用可以持续一生，但是，当人类进入信息社会以后，社会节奏变快，原有的心理暗示会黯然失色，甚至出现经验作用的极限趋于零的情况，这时，人的心理不仅会失衡，还会有心理生理过程的变化，导致各种心理疾病和精神疾病。

一、社会化与社会人的形成

　　人具有自然人和社会人双重属性，社会化就是由自然人到社会人的转变过程。人必须经过社会化才能使外在的社会行为规范、准则内化为自己的行为标准，这不仅是社会交往的基础，也是人类特有的行为，并且，只有在人类社会中才能实现。费尔巴哈说过，当人刚刚脱离自然界的时候，他也只是一个纯粹的自然物，而不是人；人是人、文化、历史的产物。恩格斯非常赞赏这句话，并称之为名言。由此可见，人的社会化就是从纯粹自然物到社会人的过程，就是接受人、文化和历史作用的过程。社会化不仅是过程，社会化的内容具有历史性和社会性，通过边际异化信息迭代过程，社会将其历史性和社会性嵌入到个体的心理模式和行为模式之中。社会化的历史性表现在生产力发展水平和人的社会化的程度成正比。在原始社会，人的社会化的程度是很低的，随着生产力水平的提高，社会生产的发展，人的社会化的程度也逐渐提高信息社会的生产力高度发展，生产高度社会化，人的社会化水平也提到历史上最高的程度；社会化的社会性表现在生产方式决定社会化的性质，亦即人的社会化的性质和社会地位相一致。不同社会，社会化水平完全不同，同一社会，社会化水平也存在差异。

社会化是个体对社会的认识与适应，并通过个体与社会环境相互作用的内化过程实现。人作为生物个体，一出生就置于复杂的社会环境中，社会环境总是通过边际异化信息迭代过程从不同角度作用于人，使其成为符合社会要求的成员，遵循社会行为规范。个体出生后，总是与社会形成这样或那样的联系，也就是社会环境不断地作用于个体，在边际异化信息迭代过程中，个体逐渐从自然人发展为社会人，个体不仅认识、适应了社会，而且还形成了与他人不同的心理模式和行为模式。社会化过程就是社会行为模式的建构过程，在边际异化信息迭代过程的异化作用和经验作用下，可以形成社会环境认可的社会行为模式，以至于能对社会环境中的各种简单与复杂的刺激给予合适、稳定的反应。人的社会化由社会教化和个体内化构成，社会教化和个体内化总是相辅相成，社会教化是边际异化信息迭代过程的异化作用和经验作用的结果，没有社会教化，就没有个体内化，同样没有个体内化，社会教化也就失去了意义，社会教化对个体成长具有潜移默化的作用；个体内化通过学习，通过边际异化信息迭代过程将社会目标、价值观念、道德规范和行为模式的边际异化信息嵌入，转化为稳定的人格特质和行为模式。由此可见，社会教化是社会化的外部原因，个体内化是社会教化得以实现的内在因素。个体内化在个体的活动中实现，是个体内部心理结构与社会环境相互作用，对社会环境适应的过程，这是社会作用于人的结果。人的社会化是社会作用于人的结果，随社会发展而变化。在社会发展的不同阶段，社会环境不同，社会化内容也完全不同，不仅如此，由于个体心理差异，对社会要求不同，亦即人的社会化有时是有意识、有目的的，有时是无意识的、无目的的潜移默化。

在生物进化过程中，由于边际异化信息迭代过程的异化作用和经验作用，不断地分化使其遗传素质表现出发展的特殊性，这为人类的产生和人类社会的形成提供了可能。由于遗传基因不同，即使最灵巧的动物，生活在人类社会并施以精心训练，甚至掌握了某些人类的行为模式，最终也只能是动物。虽然狼孩从小生活在动物环境中，回到人类社会后，可以在一定程度上恢复人的行为。除了外界环境作用，狼孩也是人类遗传基因携带者，存在由上代遗传的心理模式和行为模式的结构与功能。只要在一定的社会环境中，这些先天由人类进化而来的潜能在边际异化信息迭代过程中就能转化为现实。

在人的社会化过程中，边际异化信息迭代过程的异化作用使得个体通过进入社会环境、社会关系体系，掌握社会经验；边际异化信息迭代过程的经验作用使得个体通过积极介入社会环境而对社会关系体系进行积极地反映，亦即不仅要掌握社会经验，而且还要其改变成自己的价值观念和立场体系。社会经验的改变意味着个体不是消极地接受社会经验的积累，而是以自己的积极活动为前提去建构社会经验。当然，社会化总是有选择性地形成，由于性别、年龄、智力、体质、遗传特性和生理状态的不同，社会化过程的内容也不同，即使生活在同一社会环境，个体意识和行为模式也不完全相同，还由于社会对个体要求不同，人的社会化过程完全不同。

社会化的目的要求个体能够成为社会所需要的成员，在社会节奏变化快的社会，由于边际异化信息迭代过程的经验作用，社会化过程贯穿一生，亦即终生社会化。心理学家哈维斯特指出，学前期是接受社会化的最佳时期，这期间儿童要学会说话、走路，学习区别善恶是非等等；儿童期是学习男、女角色，建立良好的同伴关系，发展独立个性的时期；青年期是生理发展和智力发展的黄金时期，在这个时期，青年要学会认识自己的生理构造，学会保护自己，扮演好男、女的社会角色，进行男女间的社会交际，并进行职业选择，以及为结婚和组织家庭做必要的准备等等；成年期是建立事业的时期，一方面要适应职业生活，习惯于同合作者协同活动，还要管理家庭、教育孩子，完成公民应尽的社会责任等等；老年期则是建立同龄人密切交往的时期，为了减少寂寞和孤独与同龄老人建立各种人际关系，进行密切交往，又要适应体力和健康的衰退，以及退休后收入的减少和配偶伤亡带来的心理打击等等。

人类有较长的生活依附期。人与动物的最大差别就是出生后，到独立生活，有比较长的生活依附期。由于依附期受文化传统、经济和社会发展水平的影响，大致持续 13—25 年。随着经济和社会发展，依附期有变长的趋势。较长的依附期给个体接受社会化提供了有利的条件。个体可以在家庭、学校和社会接受广泛的教育，学习生活生产技能，学习道德规范，学习并获得社会角色，树立人生理想，生活依附期的社会化是个体未来适应社会生活的基础。人的社会化过程总是通过边际异化信息迭代过程的异化作用和经验作用实现，边际异化信息迭代过程的异化作用和经验作用在神经系统的高级中枢大脑中形成与社会生活条件相对应的关系，包括社会生产方式、政治和法律制度、社会规范、价值体系、信仰体系、风俗、种族和民族、家庭、学校、友伴、群众、宗教、职业、其他社会团体或组织等。个体社会化过程有赖于个体与社会的相互作用，有赖于个体生理禀赋与社会环境的充分接触，有赖于个体参加社会实践活动。

社会化过程的实质是个体反映社会现实的过程，不仅学习和接受社会文化，获得语言、思想、感情，掌握基本生活技能和生产技能，懂得社会规范，明确生活目标，适应社会生活，而且还要将思想、技能、经验能传给下一代，使下一代人继承和发展文化遗产，维持代际关系，在适应社会的基础上改造社会，把社会不断推向前进。

二、社会化与心理成长

被誉为 20 世纪推动人类进步的 100 位伟大人物之一的心理学家弗洛伊德，他著名的心理分析理论强调童年经验对成年生活的影响。由于边际异化信息迭代过程的异化作用和经验作用，童年经历的每一件事情都可能影响到成年，这是心理发展的连续性不受意识控制的结果，也就是说，对某些事情的心理感觉不被意识控制，根本意识不到为什么会有这样的感觉，但是，在弗洛伊德看来，一个与本能有关，一个与童年经验有关。性别是一种注定，性别的存在不在于是否有性别意识，在没有性别意识的时候，就已经有性取向了。著名的恋母恋父情结说，小女孩喜欢父亲，小男孩喜欢母亲等等，当然，这个概念还可以在性的维度泛化，异性之间存在着潜在的吸引力。心理发展规律由遗传决定，在心理发展的每个阶段，都会有一定的心理需求，需求满足了才能向下一个阶段发展，不满足心理发展就会停滞。诸如小女孩与单亲的母亲生活在一起，她对成年男性的那种接近的需要没有获得满足，于是，她很容易被某个成年男子所吸引，她会不由自主地想这个男子，就是与同龄的小女孩在一起玩，她也无法专注，甚至在过家家的时候，都会扮演那个男人，她会被这种需求所控制。不同的情形，那些家里有父亲，而且得到父爱的女孩，她们感兴趣的是比自己大一点的男孩。心理遵循心理轨迹发展，心理发展的契机是心理需要，这是一种内在的需要，当然，满足是外界赋予的，是自己本身无法完成的。小女孩的心理需要是，父母、同龄异性、同龄同性，而后，在这个模式下重复。人的性心理的发展，从出生的哪一刻就开始了，直到成年，心理发展进入下一个阶段。所有的童年经历，将成为成年心理的全息缩影。因为心理发展的痕迹，只有心理分析师才能辨析，所以，在青春期以前的心理发展，很容易将性别概念忽略，这是不应该的。

社会化使外在于个体的社会行为规范、准则内化为行为标准，这是社会交往的基础，并且社会化是人类特有的行为，是只有在人类社会中才能实现的。社会环境决定心理发展的水平，童年的社会环境对心理发展的作用巨大，那是边际异化信息迭代过程的异化作用和经验作用的基础。最初对异性的好感就是恋父恋母情结，而后是对同龄的异性感兴趣，女孩儿总是喜欢比自己稍大一点的男孩儿，因为女孩儿的情感发育比男孩儿早一两年。这最初的爱情是天真无邪的情感游戏，绝对不可能有性生理需要，因为小孩的器官正在发育，有的只是性心理需要。问题是成人愿意将自己的感觉强加给孩子，不懂孩子的感情与成人的感情有什么不同。孩子的感情中只有性心理需要，没有性生理需要。如果这个时候阻止女孩儿与男孩儿交往，他们的性心理发育就会在那儿停顿。这个年龄的孩子，有的是性心理需要，对异性的好感受本能支配，由达尔文所说的视觉快感决定。漂亮的女孩儿更受关注，健壮的、勇敢的男孩备受欢迎。小孩子的爱情是幻想，现实总是让他们失望，这导致了爱情的易变，在爱与被爱，伤害别人和被别人伤害中，会有许多感觉，成年后的爱情将受益于这些感觉。值得注意的是，这时的感情没有任何社会意义，也不可能涉及责任，而且，无论犯下多大的过错，都有足够的机会重新开始，这种演练的社会意义在于摆脱嫉妒。

人是群体性社会动物，在群体中发挥心理功能的心理发展，对个体成年生活至关重要。嫉妒是与生俱来的本能，是别人比自己优越时具有憎恨色彩的感觉。这种感觉如果得不到发展，心理就会停留在这个水平。这时的心理发展是在超越人性。怎么超越的？嫉妒是看人家比自己好生气，可能有破坏优越的欲望，如果做不到，就会有你比我好，我要比你更好。前一种是跟别人过不去，后一种是跟自己过不去，这两种感觉都不怎么样。需要超越的是这两种想法，那就是不与别人比较，坦然地接受现实，尽力地做自己想做的事情。这是心理的转折，嫉妒转变为竞争意识。嫉妒转变为竞争意识，与青春期有什么联系呢？小孩儿最爱比较的当然是长相，也就是说，小孩儿的好恶是由感官决定的，实际上，长相仅仅在最初起作用，交往的感觉虽然看不见，摸不着，却在起作用。在反反复复的肯定与否定过程中，就会明白内在同样重要，而且最终能取悦于人的是内在，这样，心理感受将超越感官的控制，注意力将不自觉地转移到目的上，这时，也许还有嫉妒的感觉，但嫉妒已经成为催人向上的力量了。

　　心理发展中存在的社会问题在于成人混淆了性与情，以为情就是性，剥夺了同异性的交往。只有青春期之前这段时间有自由交往的经历，到了青春期才有能力审视内在，发展自我控制能力，否则，就会有被束缚感，不自觉地疏远家长，这才是最危险的。倘若在青春期前没有同异性往来，一旦有与异性往来的机会，不管这人的年龄有多大，心理需要依然停留在青春期前的那个水平。这不仅是对快乐的剥夺，也是对能力的剥夺，那是很可怕的，导致有的人生理年龄很大，心理年龄却很小，处理问题像个小孩儿。

　　社会化的结果可以用情商来测度，比如说善解人意的能力、控制自己的能力、处理人际关系和情感的鉴赏能力等等，青春期以前的这个阶段是情商培养的关键期，在个体与社会环境相互作用的过程中，在快乐原则支配下，边际异化信息迭代过程的经验作用可以形成善解人意的能力，这是在小孩儿的交往中获得的，如果在这个时期没有发展这种能力，这种能力就永远丧失了。至于其他的能力，都是在这个能力之上的。没有这些能力就会被嫉妒所控制，容不得别人比自己强，总是对别人的缺点特别敏感，从不宽容也无法同他人合作等等。这个时期对孩子的干涉是不应该的，由于阅历的欠缺，会使孩子混淆情与性，成年后依然如此，这样，爱情和人际关系难免陷入糟糕状态，成年后的感情问题、社会适应能力问题都与童年经验有关。倘若成人知晓童年爱情中隐匿着如此秘密，还会疯狂地迫害孩子们的爱情游戏吗？若是成人敢面对真实，容忍或接受孩子们去爱和实现爱，成年后的心灵和境界将有很大的改善，会避免成年后许多感情问题。可是，成人为了自己的清静，将问题留给了孩子，孩子长大后将付出的是怎样的代价呢？家长对待孩子的态度，决定着孩子心理发展的水平。也许比青春期更早，就要有意识地进行情感教育，到了青春期就已经晚了。当然，对待孩子的态度，是由家庭伦理道德观念决定的，倘若用传统的家庭伦理道德观念去教育孩子，他们成年结婚后依然会玩孩子时的游戏，依然在解决童年的问题。

三、从自然选择到社会选择

人由动物进化而来，自然选择规定了动物之间的关系，达尔文指出，自然选择是生物与自然环境相互作用的结果。在物竞天择、适者生存的竞争原则下，能生存下来的个体不一定是最适者，只有生存下来并留下众多后代的个体才是最适者；由于进化是群体而不是个体，现代综合进化论从群体遗传学的角度修正了达尔文理论，认为自然选择是群体中不同基因型的有差异的（区分性的）延续，是群体中增加了适应性较强的基因型频率的过程。群体性社会动物在群体的哺育中接受各种陶染，获得将来结成个体之间关系所必需的素质。随着社会文明演进，自然选择逐渐被社会选择所替代，在人与人之间关系其重要作用的就是道德，道德是人与人之间关系社会选择的依据。

道德社会化是社会成员通过社会互动、学习道德规范和内化道德价值的过程，主流价值观念是社会对社会成员的要求，这种要求包括对人与自身、人与他人、人与社会、人与自然所持有的态度，价值观念总是在不觉中对决策产生影响，是否符合社会要求，往往从心理感受中反馈出来。人与自身的和谐是指人的内在条件和外在表现都能同时代的社会相适应，并积极推动社会发展。人与自身的和谐是人与他人和谐、人与社会和谐、人与自然和谐的基础，有了人与自身的和谐，就会自觉地克制自身不合理的需要，调适合理需要的实现途径，追求与社会系统秩序相协调，使得自身发展与社会发展相和谐。人与自身的和谐是自我与经验的一致，自我与经验的一致是人对自我评价与其自身实际表现的一致或和谐，这里自我等同于内在条件，自身的实际表现等同于外在表现，所以，自我与经验的一致实际上就是内在条件与外在表现适应社会发展，也就是边际异化信息迭代过程的异化作用和经验作用的统一。人与自身的和谐包含着两方面的内容，即内在条件和外在表现。作为自然人的人完全由肌体遗传所决定，而作为社会人的人承载的是非肌体遗传的人类社会意识的遗传。任何人都不可能从头开始，社会赋予个体特定的价值观念，特定的价值观念具有鲜明的时代特征。人与他人的关系和人与社会的关系决定了人与自身的和谐状况。作为自然人的人，个体的内在条件表现为生理需要和心理需要，这些需要具有一定的层次性。从最基本的生理需要、安全需要、归属需要到更高层的爱的需要、自尊的需要以及自我实现的需要，基本需要满足层次越高自我就越和谐。物质决定意识，社会意识以价值观念的形式作用与个体。物质水平决定着需要的层次，与物质水平相联系的是同时代特定的价值观念，价值观念决定了个体的外在表现，所以，价值观念既是自我和谐的标志，也是影响自我和谐的因素。价值观念通过人与人之间的相互作用渗透给个体，个体自身的和谐是个体与他人和谐的反射。

人与他人的和谐决定了人与他人之间是利他利己的关系，人对自我评价与其自身实际表现的一致或和谐，是利他利己的结果，也实现了人与他人的和谐。价值观念随着社会的发展而变化，在时间的维度中，人与他人的关系经历了损人利己、损己利他和利他利己的演变过程。最初的人与他人的关系完全由镶嵌在基因中的行为程序所决定，遵循的是弱肉强食的"适者生存，不适者淘汰"的法则，人与他人的关系被损人利己所笼罩，但是，由于这时自我水平的低下，外在表现几乎完全由自然本性使然，不存在自我与经验的一致，心理处于原始的冲突状态，边际异化信息迭代过程的异化作用和经验作用严重冲突。随着社会发展，受文明制约的因素在不断增加，弱肉强食的法则逐渐被文明的法则所替代。文明社会竭力推崇利他行为，用以击毁本性中恶的链条。人是群体性的社会动物，群体的认同感对于个体来说非常重要，为了赢得社会的肯定，会在不知不觉中以牺牲自己的利益为代价。损己违背了自我的自然意愿，这是为了外在表现能得到社会赞许的必要丧失，自我评价与其自身的实际表现不仅不一致或不和谐，而且还有强烈的冲突。虽然行为得到了社会的肯定，心理却不和谐，尽管群体的认同感给心理冲突一定的补偿，但是，心理不和谐所造成的伤害却不会因此而消失。进入21世纪后，物质的极大丰富为实现高层次的需要提供了物质基础，爱的需要成为个体追逐的目标。爱是一种奉献，同时又是一种回报，爱得越多，奉献越多，得到的回报也越多，境界也就越高，利他即是利己。人与他人的和谐是利他利己的必然结果，也是心理和谐的表现形式。

人与社会的和谐是心理和谐的前提。多元化的价值观念为心理和谐提供了可能。人存在于社会之中，个体的集合构成了集体或社会。价值观念是独立于个体的、先在的存在，在农业经济时代，一元化的价值观念决定了君臣关系、父子关系和夫妻关系等等，这些都是不平等的服从关系，在这样的关系中，处于服从地位的个体完全丧失了自我，心理冲突时刻都可能产生，心理和谐无从谈起；在工业经济时代，大机器的生产形成了二元化的价值观念，自我有了判断是非的标准，在这种情形下，个体总是抑制内在的恶，表现的是符合时代要求的善，问题是抑制得越强烈，内在条件和外在表现的冲突就越大，就越远离心理和谐；到了知识经济时代，由于交通的便利和信息的快捷，不同的价值观念相互交融，导致了价值观念的多元化，在多元化的价值体系下，个体能够寻求到克制自身不合理的需要的途径，并调适合理需要的实现，追求着与社会的总体秩序相协调，使自我的发展与社会的发展相和谐，在这样的过程中，个体始终处于心理和谐的状态，而且，自我的发展与社会的发展越和谐，心理和谐程度就越高。人与自然的和谐是心理和谐所导致的必然结果。人存在于自然之中，人与自然环境不是简单的主观与客观的关系，在可持续发展的理念下，人与自然的主体地位发生了转变，人不再是主宰者，而是自然的一部分，在这样的价值观念下，心理和谐导致的必然结果敬畏自然，科学规律成为个体调整行为的准则。

心理和谐是和谐社会在人那里的全息缩影，也是边际异化信息迭代过程的异化作用和经验作用的高度统一。只有绝大多数个体达到心理和谐状态，才能使社会达到和谐，所以，个体的心理和谐直接影响到和谐社会的构建，正确地认识心理和谐在构建和谐社会过程中的意义是非常重要的。我们已经有了构建和谐社会的物质基础，但是，丰富的物质既为心理和谐提供了可能，也是心理危机的根源。热衷于物质财富的创造和享受可能会演变成一种偏执，沉湎于构造世俗的、物质的可靠性，来代替已经失去的精神可靠性的结果，是给人的精神和心理造成了巨大的压力和损伤。和谐社会建构的新型的社会关系，能够平衡精神与物质，并对受伤的心理和精神有康复作用。

四、社会化与社会发展

社会化总是与社会发展密切相关，但是物质丰富程度和幸福指数不成比例，当心理需要层次从物质抵达心理和精神层面后，边际异化信息迭代过程的经验作用开始遵循非理性原则。同样一件事情，瞬间的心理反应完全不同，而且这种反应跟意愿毫无关系，遵循的是心理原则。按照心理学家马斯洛的心理需要理论，贫困的时候，幸福指数可以由吃住水平决定，在相对富裕的时候，吃饱之后想的就不再是与吃有关的事情，而是对更丰富、更奢侈生活的嫉恨。虽说这种感受可以驱使人向更高的目标攀登，但是，当这种能量没有在行动上发泄时，绝对是一种折磨和不幸，将导致无法品味当下的幸福，生活在仇恨与愤怒之中。不仅如此，潜隐中会对更贫穷感受到无常，过去、现在和未来复杂的交织在一起。物质的满足是有限度的，心理需要的欲望是无止境的，物质是幸福指数的基础，一旦超越了这个界限，起作用的就是欲望。心理学的研究表明，幸福与痛苦比，可以用稍纵即逝来形容，幸福感如此短暂，痛苦总是挥之不去。糟糕的是，物质丰富到一定程度，倘若心理得不到调整和提升，就不是幸福指数的问题，而是痛苦指数的问题。

人是群体性社会动物，需要满足程度不是个人的，即便是发生在个人那里，体现的也是社会发展水平。谁都不可能从头开始，人的生活总是在社会系统的某个发展阶段上，从某种意义上说，绝大多数人的心理需要与社会社会发展水平相对应，心理学家马斯洛为心理需要评价社会发展提供了理论依据。马斯洛指出，存在两类不同的需要，沿生物谱系上升方向逐渐变弱的本能或冲动，称为低级需要和生理需要；随生物进化而逐渐显现的潜能或需要，称为高级需要。低级需要是高级需要的基础，五种不同层次需要隐藏在心理，在不同的时期表现出迫切程度完全不同，只有最迫切的需要才是激励行动的主要原因和动力，需要从外部得来的满足逐渐向内在得到的满足转化，这涉及一系列的边际异化信息迭代过程。低层次需要基本得到满足后，激励作用就会降低，优势地位不再保持下去，高层次需要会取代成为推动行为的主要原因。心理需要一经满足，便不能成为激发行为的原因，而被其他需要取而代之。高层次需要比低层次需要具有更大的价值，诸如热情是由高层次需要激发的。最高需要即自我实现就是以最有效和最完整的方式表现潜力，只有这样才能得到高峰体验。五种基本需要往往是无意识的，在边际异化信息迭代过程中发挥作用。无意识动机比有意识动机更重要，当社会中绝大多数人有几乎相同的无意识时，这种无意识就会转变为集体无意识，这样的集体无意识既可以成为推动社会发展的力量，也可以成为阻碍社会发展的根源。

马斯洛理论把需要分成生理需要、安全需要、社会需要、尊重需要和自我实现需要五类，依次由较低层次到较高层次，边际异化信息迭代过程也遵循这个原则。生理需要是人类维持自身生存的最基本要求，包括衣、食、住、性方面的需要，这些需要得不到满足，生存就会成问题，在这个层次上，生理需要是推动行动最强大的动力，只有这些最基本的需要满足到维持生存所必需的程度后，其他的需要才能成为新的激励因素，相对满足的需要就不成为激励因素了。安全需要是保障安全、摆脱事业、丧失财产威胁、避免侵袭等需要，肌体是卓越的追求安全机制，感受器官、效应器官、智能的主要功能是寻求安全，甚至可以将价值观念都看成是满足安全需要的一部分，当这种需要相对满足后，也就不再成为激励因素了。社会需要既包含友爱需要，也包含归属需要，不仅需要爱情、亲情和友情，还需要有归属感，并相互关心照顾。尊重需要是希望有稳定的社会地位，个体能力和成就得到社会承认，尊重需要又分为内部尊重和外部尊重，内部尊重是在各种不同情境中有实力、能胜任、充满信心和独立自主，即自尊；外部尊重是希望有地位、有威信，受别人尊重、信赖和高度评价，尊重需要的满足，能产生信心，对社会充满热情，体验到自我价值。自我实现需要是最高层次需要，是实现理想、抱负，发挥能力到最大程度，完成与能力相称的一切事情的需要，才会感到最大的快乐。马斯洛提出，为满足自我实现需要所采取的途径因人而异，自我实现的需要是努力实现自己的潜力，使自己越来越成为所期望的人物。五种需要像阶梯一样从低到高，按层次逐级递升，这样次序不是完全固定的，可以变化，也有种种例外情况。某一层次的需要相对满足了，就会向高层次发展，追求更高层次的需要就成为驱使行为的动力。相应获得基本满足的需要就不再是一股激励力量。五种需要可以分为高低两级，其中生理上的需要、安全上的需要和感情上的需要都属于低级需要，这些需要通过外部条件就可以满足；而尊重需要和自我实现的需要是高级需要，通过内部因素才能满足，而且，对尊重和自我实现的需要无止境。同一时期，可能有几种需要，但每一时期总有一种需要占支配地位，对行为起决定作用。任何一种需要都不会因为更高层次需要的发展而消失。各层次需要相互依赖和重叠，高层次需要发展后，低层次需要仍然存在，只是对行为影响的程度大大减小。

马斯洛和其他的行为科学家都认为，一个国家多数人的需要层次结构，是同这个国家的经济发展水平、科技发展水平、文化和受教育的程度直接相关的。在不发达国家，生理需要和安全需要占主导的人数比例较大，而高级需要占主导的人数比例较小；而在发达国家，则刚好相反。在同一国家不同时期，需要层次会随着生产水平的变化而变化，戴维斯（K. Davis）曾就美国的情况做过估计。在小康阶段，心理需要是社会需要和尊重需要，这些心理需要不是来自本能，而是来自社会，这就意味着心理需要与价值观念密切相关，追求尊严与拯救，社会化与社会发展总是密切相关。

第十六章　经络系统与非物质存在

　　人是生物进化的产物，肌体结构和功能十分复杂，构成肌体的基本成分是细胞和细胞间质。功能和结构相似的细胞和细胞间质，有机地结合起来组成了具有特定功能的组织。各种组织又结合成具有一定形态特点和生理功能的器官，诸如如皮肤、肌肉、心、肝、脑等等。器官组织结构特点与功能相适应。系统就是能够完成一种或几种生理功能组成的多个器官的总和，诸如口腔、咽、食管、胃、肠、消化腺等组成消化系统，鼻、咽、喉、气管、支气管、肺组成呼吸系统。肌体由运动系统、循环系统、呼吸系统、消化系统、泌尿系统、生殖系统、神经系统和内分泌系统组成，肌体是由多器官和系统共同组成的完整的统一体，任何一个器官都不能脱离整体而生存。神经系统是肌体内起主导作用的功能调节系统，肌体的结构与功能极为复杂，在神经系统的直接或间接调节控制下，器官、系统功能和生理过程互相联系、相互影响、密切配合，使肌体成为完整的统一体，维持正常的生命活动。同时，肌体生活在经常变化的外界环境中，外界环境的变化随时影响体内的各种功能，这就需要神经系统对体内各种功能不断进行调整，使肌体适应体内外环境的变化。神经系统是由神经细胞（神经元）和神经胶质所组成，肌体有数以亿计的神经元，遍布身体的每一角落。

　　人可以从遗传那里获得肌体，肌体的生理基础完全被基因所决定。人脱离母体后，必然要与外界环境相互作用。外界环境必然引起神经系统的活动，神经系统的活动也是为了适应外界环境，而且，无论外界环境作用于肌体的哪个部位，诸如手或脚，引起的是整个神经系统的活动。任何外界环境的作用都会引起神经系统活动，这个过程时连续的是肌体适应外界环境的状态。值得注意的是，外界环境与肌体的作用实实在在地发生在某个部位的同时，也会传入大脑皮质，那么，与外界环境具体作用的部位是否存在特殊的记忆呢？当然，任何与外界环境相互作用的部位不仅体现了肌体活动的状态，同时也是神经系统的活动状态。肌体与外界环境的相互作用，最终表现为在神经系统那里表现为边际异化信息迭代过程。由于神经系统镶嵌在不同组织或器官中，肌肉、骨骼和器官等组织之间形成了复杂的联系，这就存在某个局部的某个点在与外界环境相互作用时，导致的神经活动的效能最大，这样的点分布在肌肉、骨骼和器官等组织的关系中，作为这些组织活动的关系存在而存在，也就是穴位。当然，这不是说对穴位以外的部位作用不通过神经活动传入大脑，而是对穴位的作用，引起的周围组织活动对神经系统的作用效用最大。穴位实现着肌肉、骨骼和器官等组织之间的联系，而且，当穴位与外界环境相互作用时，使得穴位所在的局部组织处于一种特殊状态，这种状态影响整个神经系统的活动，当然，也可以通过对穴位的作用，调节神经系统活动。

在肌体中只要存在肌肉、骨骼和器官等不同组织之间的联系，就有穴位存在，这是在生物进化的过程中，边际异化信息迭代过程的异化作用和经验作用的结果，异化作用形成了生理结构，经验作用形成了肌体中不同组织之间的关系存在。这样，经络系统由肌体与外界环境相互作用的状态构成，表达着肌体存在的状态。

一、经络与关系存在

在中国第一部医学巨著《黄帝内经》中，经络概念贯穿始终。经络是经脉和络脉的总称，经脉是纵贯全身的大干线，络脉是在这些大干线上有一些分枝，在分枝上又有更细小的分枝，经络遍布于肌体各个部分。在经脉之外，还有络脉、经别、经筋、皮部和奇经等，共同组成了经络系统。

经络系统既看不见，也摸不着，只是在一定条件下能感到。经络的客观存在性是绝对不可置疑的，只是人们在探索经络的客观实在性时，屡遭挫折，似乎无法在解剖学意义上证明它的存在，以至于实证主义者对它的存在产生了怀疑。其实，在承认人类主观存在的前提下，可以利用社会学、心理学的调查方法，对经络存在做一次社会调查，无论采用什么样的抽样调查方法，不用调查就可以得出经络存在的结论，因为千百年来，一直都设定为经络存在，并在此基础上展开了大量的医学实践活动，采用物理或化学手段，诸如声、光、电、热和同位素示踪等，证明了经络的存在。尽管如此，似乎只要没有解剖学上的证明，它的客观性似乎永远存在疑问。那些来自于声、光、电、热和同位素示踪的证据确实属于客观存在范畴，但是，依然无法证明这经络存在的客观性，更大的可能是经络活动引起的肌体方面的变化。在边际异化信息嵌入理论看来，经络是肌体各部分联系的一种状态，也就是肌体不同组织之间相互作用的切点，边际异化信息迭代发生在切点上。肌体不同组织是相互联系的，于是，所有切点在肌体内部构成了强大的网络，也就是现在所说的经络。所以，经络只有在活的肌体或者说活系统才存在，肌体中的不同组织，一旦不相互作用了，经络也就不存在了。

用边际异化信息嵌入理论解释经络，经络是一种关系存在，具有客观存在而不实在的特征。经络是客观存在，但不是客观实在，不可能在解剖学上找到结构实体。经络是肌体中的不同组织相互作用的一种状态，后一时刻的相互作用总是在前一时刻经络活动状态的基础上进行的，对于不同的个体，即使是同卵双胞胎，由于所处的外界环境不同，肌体组织各部位的反应就不同，边际异化信息迭代就不一样，经络活动就不一样，两个人的健康程度就不相同。

经络作为关系存在，肩负生理功能。经络系统中，除奇经八脉、经别、别络、经筋、皮部各有其特定的功能外，经络的功能主要表现在运行全身气血以营养脏腑组织，联络脏腑器官以沟通上下内外，感应传导信息和调节肌体各部分功能。（1）运行全身气血，营养脏腑组织。气血是肌体生命活动的动力和物质基础，机体的各个组织器官，均需气血的濡养才能发挥其正常的生理功能，而气血必须通过经络的传输才能布散于全身各处，维持机体的正常生命活动。十二经脉是肌体经络系统的核心，是气血运行的主要通道，其在内属络脏腑，在外连属五官九窍、四肢百骸，肌体气血通过以十二经脉为中心的遍布全身上下内外的经络系统，流转不息，灌注渗透到各个组织器官中去，以提供充足的营养和能量，使其发挥正常的生理功能。与此同时，气血亦依赖经络的传注输送，通达于全身，发挥其营养机体、抗御外邪等重要作用。因此，经络的功能活动正常，气血运行畅通，各脏腑功能强健，则能抵御外邪的侵袭，防止疾病的发生。反之，经络失去正常的机能，经气不利，则御邪不力，外邪就会乘机入侵而致病。（2）联络脏腑器官，沟通上下内外。肌体是由五脏六腑、五官九窍、四肢百骸等组成的复杂有机体，其各部分虽有各不相同的生理功能，但又共同组成一个有机的整体。这种相互联系、彼此配合及有机协调的关系，主要是依靠经络系统的联络、沟通作用实现的。由于十二经脉及其分支纵横交叉，入里出表，通上达下，相互络属脏腑，连络肢节；奇经八脉联系沟通十二正经，调节盈虚，使肌体各个脏腑，以及体表各个组织器官之间有机地联结起来，构成一个内外、表里、左右、上下彼此之间紧密联系，协调共济的有机整体，经络在肌体内多方位、多层次的发挥的沟通联系作用。（3）感应传导信息，调节机体功能。感应传导是经络系统对针刺或其他刺激的感觉、接收和传递的作用。肌体作为一个具有自动调控功能的复杂巨系统，在生命的每一瞬间都有千万个信息变换过程发生，但无论这些信息的变换过程如何复杂，其传递一般都是在经络系统中进行，以气血为载体实现的。经络系统作为肌体的信息传导网络，可以感受来自肌体内外环境中的各种信息，并按其性质、特点和量度等传递至相应的脏腑组织、五官九窍、四肢百骸，反映或调节其功能状态。这种传导既可以发生在各脏腑组织器官之间，也可以发生于体表与内脏之间；既可以把局部的信息感传于全身，又能把整体的信息传导于某一局部。如肌表受到外界某种刺激，其信息可由经络感受并传送至内脏，根据信息性质和强度的不同，而产生补或泻的作用。而内脏功能活动或病理变化的信息，也可由经络感受并传导于体表，反映出不同的症状的主要结构和生理基础，经络作为关系存在浸润于肌肉、骨骼和器官等不同组织之中。

二、经络系统中的边际异化信息迭代

经络作为关系存在浸润于肌肉、骨骼和器官等不同组织，功能就是将局部与外界环境相互作用的结果传入大脑。人只有在出生后肌体才与外界环境进行相互作用，而且，只要肌体活着，肌体与外界环境的相互作用就不会停止，经络反映肌体与外界环境相互作用的状况。由于肌体是处于稳定状态的系统，经络系统演化的边际异化信息迭代过程的经验作用，遵循肌体内部关系存在和肌体与外界环境相互作用的关系存在，维持肌体与外界环境的平衡，所以，经络系统是满足初值条件等于零的嵌入生成系统。穴位是经络的结点，对人系统而言，穴位时时刻刻都在进行边际异化信息迭代，经络系统由不同层次的边际异化信息迭代构成。无论是用古典医籍中对经脉的循行路线和血气运行规律，还是用已知的神经、血管和淋巴系统的结构和功能，都无法解释经络系统的诸多现象，似乎只有从肌体与外界环境相互作用的层次上才能诠释。在边际异化信息嵌入理论的语境下，经络系统是肌体与外界环境相互作用的过程中，神经系统、血管系统、淋巴系统、骨骼和肌肉等所有组织之间的切点，相互作用的结果，也就是在每个切点处都要进行边际异化信息迭代，边际异化信息迭代的结果决定肌体的运行状态。经络系统是与神经、血管和淋巴系统等物质存在相对应的非物质存在，在肌体组织中的每一个切点上，嵌入了边际异化信息迭代的每个结果。而且，由于肌体组织之间的不同层次，决定了经络系统的不同层次，进而决定了边际异化信息迭代的不同层次。这样，任何一个切点，也就是穴位，既有局部边际异化信息迭代过程结果的嵌入，也有经络系统整体边际异化信息迭代过程结果的嵌入，是局部边际异化信息迭代与整体边际异化信息迭代的统一，任何一个穴位的边际异化信息迭代都会引起整个经络系统的边际异化信息迭代。

人作为特殊的高级系统，囊括了边际异化信息迭代的最复杂的规律。在生命科学领域中，生命作为复杂系统，存在的一分一秒都是边际异化信息迭代的结果。经络系统是非物质存在，经络系统的结构在《黄帝内经》就已揭示：经络系统是肌体气血运行的通路，内属于脏腑，外布于全身，将各部组织、器官联结成一个有机的整体。经络作为运行气血的通道，以十二经脉为主，其"内属于府藏，外络于肢节"，将肌体内外连贯起来，成为一个有机的整体。十二经别，是十二经脉在胸、腹及头部的重要支脉，沟通脏腑，加强表里经的联系；十五络脉，是十二经脉在四肢部以及躯干前、后、侧三部的重要支脉，起沟通表里和渗灌气血的作用；奇经八脉，是具有特殊作用的经脉，对其余经络起统率、联络和调节气血盛衰的作用。此外，经络的外部，筋肉也受经络支配分为十二经筋；皮肤也按经络的分布分为十二皮部。早已揭示了穴位在肌体中的确切位置，以及这个位置涉及哪些肌体组织的相互作用，只有阿四穴游离于已知之外。

经络系统反映着生命的活动状态，并通过气血的活动实现正常演化。气血是生命活动动态的完整体现。经络系统演化人的系统演化的非物质存在形式，边际异化信息迭代过程记录了肌体与外界环境相互作用的每一个过程。当肌体的某个部分出现了可以让人感受到的问题，这是组织之间相互作用出现了问题，为了修复这样的问题，可以在边际异化信息迭代过程中，嵌入其他边际异化信息，这样就可以通过局部的边际异化信息迭代过程的变化，引起整个经络系统的活动，从系统活动的意义上对部分进行调节。当然，局部边际异化信息嵌入，可以改变局部组织相互的状态。诸如通过针刺或艾灸，以边际异化信息嵌入的方式，改变局部组织之间的相互作用，亦即使不正常的边际异化信息迭代过程，通过经络整体的边际异化信息迭代过程得到调整。

三、穴位是肌体与外界环境相互作用的切点

肌体与外界环境的相互作用既有行为的，也有自然而然的，只要人在外界环境之中，就要与外界环境相互作用，诸如空气、大气压和温度等等，都对肌体产生一定的作用，只是这种作用一直以被忽略的形式存在着。经络活动体现

了肌体器官组织与外界环境的联系，经络系统将肌体与外界环境融为一体，使得肌体的统一性、完整性与外界环境相互关系，肌体是一个有机的整体，构成肌体的各个组成部分之间在结构上不可分割，在功能上相互协调、互为补充。而且肌体与外界环境也是密不可分的，外界环境的变化随时影响着肌体，人类在能动地适应外界环境和改造外界环境的过程中维持着正常的生命活动。关于人与外界环境的联系，中国古代就有多种论述。

天人合一是人与自然相互作用的最高境界。庄子阐述了天人合一的概念，汉代思想家、阴阳家董仲舒又将天人合一发展为哲学思想体系，由此建构了中华传统文化主体。天人合一的哲学思想对古代医学的形成和发展也起到了非常重要的作用，中国医学由经验医学上升为理论医学的医学典籍，《黄帝内经》将天人合一具体表现为天人相应学说。《黄帝内经》反复强调人"与天地相应，与四时相符，人参天地"[1]，"人与天地相参也"[2]，"人与天地如一"[3]。独立于精神意识之外的客观世界"天"与具有精神意识主体的"人"有统一的本原、属性、结构和规律，自然界阴阳五行之气的运动与肌体五脏、六经之气的运动是互通的，这不仅是人与自然的联系，也是可以相互作用的前提。

客观世界中的事物具有完全不同的结构和形态，它们之间的相互作用和相互联系，必须通过一定的规则在非物质层面上进行，倘若在物质层面上进行，物质的结构和形态就要发生变化，只有在非物质层面上进行，才能在保持原有的结构和形态的基础上，缓慢的对结构和形态发生作用。同样，人与天之间的相互作用，只有在非物质层面上才能反映出来，否则，就会改变人的存在的结构，人不能作为具有独立存在的系统而存在。天人合一的思想是从宏观上对人与天整体关系的把握。也就是说，天人合一的内涵主要指人如何与天地这个大宇宙相应的。人天同构是《内经》天人合一观的最粗浅的层次，人天同象与同类是取象比类思想的具体体现，人天同数是人与天气运数理的相应，不管怎么说，都是将生命过程与自然规律进行类比，探讨外界环境对肌体的决定作用。

人天同构是《内经》天人合一理论的粗浅层面，指出了人与天之间的关系的关系存在。《内经》中给出了身体结构与天地结构之间的对应关系。《灵枢·邪客》中指出："天圆地方，人头圆足方以应之。天有日月，人有两目。地有九

---

① 《灵枢·刺节真邪》。
② 《灵枢·岁露》、《灵枢·经水》。
③ 《素问·脉要精微论》。

州，人有九窍。天有风雨，人有喜怒。天有雷电，人有音声。天有四时，人有四肢。天有五音，人有五藏。天有六律，人有六腑。天有冬夏，人有寒热。天有十日，人有手十指。辰有十二，人有足十指、茎、垂以应之；女子不足二节，以抱人形。天有阴阳，人有夫妻。岁有三百六十五日，人有三百六十节。地有高山，人有肩膝。地有深谷，人有腋腘。地有十二经水，人有十二经脉。地有泉脉，人有卫气。地有草蓂，人有毫毛。天有昼夜，人有卧起。天有列星，人有牙齿。地有小山，人有小节。地有山石，人有高骨。地有林木，人有募筋。地有聚邑，人有蝈肉。岁有十二月，人有十二节。地有四时不生草，人有无子。此人与天地相应者也。"肌体形态结构与天地万物一一对应起来。肌体的结构可以在外界环境中找到相对应的东西，肌体仿佛是天地的缩影。人的存在与自然存在的统一性，可以成为相互作用的前提。

人天同类研究的是人与天之间具体的联系，《汉书·董仲舒传》曰："天人之征，古今之道也。孔子作春秋，上揆之天道，下质诸人情，参之于古，考之于今。"《素问·气交变大论》曰："善言天者，必应于人。善言古者，必验于今。善言气者，必彰于物。善言应者，因天地之化。善言化言变者，通神明之理。"《内经》所强调的人天同类与董仲舒辈的神秘的天人感应不尽相同，《素问·金匮真言论》、《素问·阴阳应象大论》等篇中的五行归类，是根于事物内在的运动方式、状态或现象的同一性。《素问·金匮真言论》曰："东方青色，人通于肝，开窍于目……其应四时，上为岁星……其臭臊。"是将在天的方位、季节、气候、星宿、生成数，在地的品类、五谷、五畜、五音、五色、五味、五臭，在人的五藏、五声、五志、病变、病位等进行五行归类，这样就可以通过类别之间"象"的普遍联系，来识别同类运动方式的共同特征及其相互作用规律。"同气相求"，而不是物质结构的等量齐观，人与自然的相互作用是有规律的，而且这种规律就是人这种存在本身与自然的相互联系，这种联系作为一种关系存在，在人与自然相互作用过程中发挥作用，亦即边际异化信息迭代过程被这种规律所控制。《灵枢·通天》还以阴阳为原则将人分为大阴、少阴、太阳、少阳、阴阳和平五类，认为太阴之人"多阴而无阳"，少阴之人"多阴少阳"，太阳之人"多阳而少阴"，少阳之人"多阳少阴"，阴阳和平之人"阴阳之气和"。这种将先天阴阳之"气"作为人性的基础，是先秦诸子人性论所未涉及的。作为医学著作，《内经》并不太关注人性的社会性以及人性是否可以改变等问题，而是以气论人性，从先天生理因素寻找人性的根据。

人天同象从天人合一理论出发，由于传统文化与中医学都重道、重神、重无、重和谐、重势，核心就是"象"与"数"。"象"就是经验的形象化和系统化，象的特征是动态的，不是单纯地模仿其形，而是模仿其变。象使得万事万物息息相关，《内经》中的藏象系统就是通过生命活动之象的变化和取象比类的方法，说明五藏之间与其他生命活动方式之间的相互联系和相互作用规律的理论。"象"又分为法象、气象、形象。"法象莫大乎天地"①，诸如"阳中之太阳，通于夏气"②，为法象；阴阳四时，"其华在面"③，为所见气象；"其充在血脉"④ 为所见形象。藏象理论是《内经》理论最为重要的理论基础，将五藏联系六腑、五官、五体、五志、五声、五情，以五行理论阐释的五大"象"的系统，完全成为天人合一的综合功能。这是自觉的而不是自发的努力，旨在指出肌体内部与肌体外部都是按照"阴阳五行"这一基本法则统一、整合起来的。《内经》中关于人天同象的描述旨在通过已知的自然现象推知隐藏的内藏功能。诸如借助对天动地静的认识，以像天动的胃、大肠、小肠、三焦、膀胱为腑，主泻而不藏；以像地静的心、肝、脾、肺、肾为藏，主藏而不泻的关系存在。

人天同数是人与天在术数上的联系，象与数的关系正如《左传》中指出的那样："物生而后有象，象而后有滋，滋而后有数。"《内经》认为生命运动与自然一样，有理、有象、有数。通过取象比类，可知气运数理。《素问·六节藏象论》先论数理，后论藏象，深意寓在其中。《内经》中的藏象理论则以五元序列来表现。自然以四时阴阳为核心，四时阴阳涵盖了五方、五气、五味等外界环境因素以及它们之间的类属、调控关系；肌体以五藏阴阳为核心，五藏阴阳涵盖了五体、五官、五脉、五志、五病等形体、生理、病理各因素及它们之间的类属、调控关系。外界环境的四时阴阳与肌体的五藏阴阳相互收受、通应，共同遵循阴阳五行的协调、生克制化的法则。因此，人天同数是《内经》把时间的周期性和空间的秩序性有机地结合观念的体现，强调肌体外界环境节律是与天文、气象密切相关的生理、病理节律，故有气运节律、昼夜节律、月节律和周年节律等。其基本推论是以一周年（四季）为一个完整的周期，四季有时、有位，有五行生克。因此，以一年分四时，则肝主春、心主夏、肺主秋、肾主冬……月节律则与该月相和所应之藏在一年之中的"当旺"季节相关。其昼夜

---

① 《周易》。
② 《素问·六节藏象论》。
③ 《素问·脉要精微论》。
④ 《素问·脉要精微论》。

节律也是将一日按四时分段，指肌体五藏之气在一天之中随昼夜节律而依次转移，则肝主晨，心主日中，肺主日人，肾主夜半的关系存在。

《内经》认为肌体与宇宙之间存在某种数理上的一致性，诸如《内经》论述肌体呼吸完全与太阳的运行联系起来，将呼吸与天地相通、气脉与寒暑昼夜相运转的规律，与太阳的周日运行规律联系起来。如《灵枢·五十营》将肌体气血运行与日行28宿直接挂钩，认为太阳一昼夜环行28宿一周，肌体气血运行肌体50周（白天25周、夜晚25周），如此太阳每行一宿，血气行身1.8周，人呼吸为一息，气行6寸，270息，气行16丈2尺，即行肌体之一周。由此再进一步，太阳每行一宿（此指28宿均匀分布的一宿，实际上28宿不是等长的），人呼吸486息，据此推算人一昼夜有13500息。《平人气象论篇》曰："人一呼脉再动，一吸脉亦再动，呼吸定息脉五动，闰以太息，命日平人。平人者，不病也。"即平常人一息，脉跳动5次，一次脉的跳动，气行1寸2分。如此用气运行的长度表示脉搏的频率，从而表示一种时间周期。这种以大气贯通一切为基点而形成的肌体与宇宙的相互模拟，在《内经》理论中比比皆是，强调了天人一致的内在本质。《内经》的天人之间的取象比类，是超逻辑、超概念的类比，是同气相求，而不是物质结构的等量齐观。而感觉的相似、感觉的类同、感觉的相通，必然有着深刻的生理学、心理学乃至物理学的意义。

经络系统使肌体不同组织在整体水平上相互联系，具有统一性和完整性。肌体是一个有机的整体，构成肌体的各个组成部分之间在结构上不可分割，在生理上相互协调、互为补充，并且时刻与外界环境保持高度统一。

第十七章　人类社会的演化

人类社会是宇宙演化的最高形式，是人在特定的物质资料生成基础上相互交往共同活动形成的各种关系的有机系统。人类社会系统是社会结构不稳定的系统，在边际异化信息迭代过程中，边际异化信息迭代过程的异化作用十分明显，与之对应的边际异化信息迭代过程的经验作用也处于变化之中，也就是社会系统没有达到稳定之前，边际异化信息迭代过程的作用是使社会系统演化，最终目标是使人获得全面自由发展。人类社会以使用工具创造物质为开端，人类社会系统满足初始条件等于零，而且在边际异化信息迭代过程的异化作用和经验作用下，从低级向高级、从无序到有序、从简单到复杂，从不稳定向稳定发展，所以，人类社会系统是嵌入生成系统。

人类社会起源于自然界，在自然界发展一定阶段上随人类产生而出现，是整个自然界的特殊部分。人类社会的形成不是人的生理组织与机制进化的生物学过程，而是以劳动为基础的人类共同活动和相互交往等社会关系形成的过程。人类社会的形成是在人类祖先古猿那种动物群体关系的基础上，经过边际异化信息迭代过程的异化作用和经验作用，演化为今天的社会。社会系统有两部分组成，就是社会的物质存在和关系存在。社会系统演化过程中，边际异化信息迭代过程的异化作用使得社会物质逐渐丰厚，逐步取代了人与自然那种天然的联系；边际异化信息迭代过程的经验作用使得社会以非物质形式存在的关系存在越来越复杂，亦即那些对人产生异化作用的价值观念、伦理道德和法律等等，都是以关系存在的形式存在。社会系统演化过程中使物质存在和非物质存在获得高度统一，与自然界不同的是，社会系统中的物质存在和非物质存在都有人造的痕迹。社会系统脱离自然的控制后，与之相关的物质存在和非物质存在都镶嵌了文明色彩。由于社会对人的异化作用，就是将社会系统的非物质存在的关系存在嵌入人的心理模式和行为模式。曾几何时，人所遵循的生存法则在社会异化作用下，完全被社会系统的非物质存在的关系存在决定，社会系统在文明维度上演化的目的是使人获得全面自由发展。从某种意义上说，人类社会系统还是不稳定系统，社会系统演化的目的是使社会系统的结构向更高级、更有序、更复杂、更稳定的方向发展。

一、人类社会的形成与发展

人类的直接祖先古猿是群居动物，它们在严酷的大自然面前不得不以群体的联合力量和集体活动来弥补个体能力的不足。恩格斯曾把过着群居生活的古猿称之为社会化的动物，把它们的群体关系称为社会本能。恩格斯指出，我们的猿类祖先是一种社会化的动物，人，一切动物中最社会化的动物，显然不可能从一种非社会化的最近的祖先发展而来①。人类祖先群体关系的社会本能，是从猿进化到人的最重要的杠杆之一。同劳动的发展相适应，这种群体关系越来越广泛和密切，终于随人类的出现而成为真正意义上的社会关系。

---

① 《马克思恩格斯选集》第 3 卷，第 510 页。

人类社会与动物社会的区别和联系在于，人类的社会关系和猿类的群体关系，人类社会和动物社会，存在发生学上的渊源关系，活动方式也有许多相似之处。人类社会与动物社会的本质的区别是生存方式不同，从昆虫到猿类的许多动物的群居习性，都是盲目的、无意识的、指向目的的本能，这是动物肌体适应个体生存和物种延续需要的过程中演化的结果。人类社会在以劳动为基础，有意识、有目的改造自然的活动中形成。人类的社会关系都是直接或间接适应劳动生产的需要形成在和发展的，劳动是人类和动物区别的第一个历史行动，也是人类社会不同于动物社会的根本标志。人类所特有的生存方式，形成了不同于古猿的人与人之间的相互关系，古猿群体中的个体之间的关系由镶嵌在基因中的行为程序决定，而人与人之间的关系由使用工具决定。工具出现后，作为非自然环境的社会环境，在成为社会物质存在的同时，也形成了人与人之间新的关系，这意味属于社会的社会结构和社会组织的形成，也就是人与人之间相互作用的规则和形式的关系存在的形成。从这种意义上说，社会的形成和发展是以劳动为基础的工具创造的结果，也正是这个结果创造了新的社会结构和组织方式，劳动在创造人的同时，也创造了社会。社会系统的形成与发展在两个完全不同的维度上进行，即社会的物质发展维度和社会的非物质存在的社会关系发展维度。社会系统发展是人与社会相互作用的结果，在人与社会的相互作用中，边际异化信息迭代过程的异化作用使得社会的物质不断增加，边际异化信息迭代过程的经验作用使得社会结果和组织形式不断发展。

社会系统发展依赖于人与社会环境的相互作用，但是，个体生命总是有限的，而社会发展又呈连续状态，这必然涉及非肌体遗传的社会遗传问题。动物世代延续通过种性遗传实现，在外界环境相对稳定的条件下，动物本能行为很少发生变化。人类社会世代延续通过积累的社会性继承实现，个体不是简单地重复前一代人的活动，而是在继承前一代人的劳动成果，继承现实的生产力和与之相适应的社会关系，继承以语言文字等形式存在的文化知识成果的基础上，进行新的创造活动。人类改造自然的能力不断提高，亦即人与社会相互作用的过程中，边际异化信息迭代过程的异化作用使社会物质越来越丰富，越来越复杂，边际异化信息迭代过程的经验作用使社会结构和社会关系越来越复杂，而且，社会系统演化在物质与非物质相互作用过程中达到高度统一。

某些动物群体在觅食、防御、栖息和迁徙中具有的分工和协作等社会行为，都是受适应环境、生存竞争等自然规律支配的纯粹生物现象。人类社会是本质上不同于生物有机体和生物群体的社会系统，除遵循自然规律外，还有社会系统自身特有的不同于自然规律的社会规律，诸如生产方式发展规律、经济基础与上层建筑矛盾运动规律等等，经济基础属于社会物质存在范畴，生产方式发展规律和上层建筑矛盾运动规律属于非物质存在范畴。社会规律与自然规律虽然都是客观的、不以人的意志为转移的，但内容和实现形式却完全不同。自然规律是无意识的自然物之间的相互作用，社会规律则是通过有意识有目的的人的活动来实现。

社会系统发展经历了漫长的过程，在社会赖以生存方式的语境下，狩猎与采集的社会是最早和最简单的社会，人与社会的相互作用在很大程度上依然是人与自然相互作用，靠狩猎和采集果实生存，建立在血缘和亲属联系的基础上的社会群体较小，生活区域变动不大，几乎没有专门的劳动分工，不仅社会对人的异化作用很小，就社会系统本身的物质存在而言也十分匮乏，边际异化信息迭代过程的经验作用在很大程度上由人与自然的关系决定；畜牧社会出现于不适于耕作而适于放牧、饲养牲畜的地区，剩余产品和私有财产的出现，使得社会拥有了更多的物质财富，这是边际异化信息迭代过程的异化作用的结果，与社会物质财富相对应的关系存在就是等级、阶级、冲突和战争，这是边际异化信息迭代过程的经验作用的结果，进而导致了政治、经济、宗教和文化制度的形成，政治、经济、宗教和文化制度既是物质存在，也是非物质的关系存在，是物质存在和非物质存在的高度统一；初民社会在适于耕作的地区随初步掌握耕作方法而出现，种植农作物为主要生产方式，狩猎与采集果实降为次要方式，出现了较大规模定居的社会群体，与畜牧社会一样，不平等和阶级分化开始出现；到了农业社会，随着犁的发明，铁具的使用，畜力、风力和水力的应用，为较发达的农业生产和小作坊手工业生产奠定了基础，在人与社会相互作用的过程中，边际异化信息迭代过程的异化作用结果是社会剩余产品大量出现，社会阶级体系和分层体系更加巩固，官僚制度、官僚阶层的关系存在更加复杂，这是边际异化信息迭代过程的经验作用的结果；被称为现代社会的工业社会，自 17～18 世纪的工业革命以来产生和发展起来，蒸汽机、电力等机械动力代替人力、自然力后，大规模的工业体系开始形成，社会物质财富急剧增加。与之相适应的社会结构和组织形式发生了根本变化，出现了人口向城市集中的城市化和劳动分工体系的专业化，形成了现代的官僚制度，以及教育、医疗、保险、服务等现代化社会机构与制度，同时，不具人格的社会关系逐渐取代了血缘的、亲属的社会关系，社会的物质存在和非物质存在的关系存在在边际异化信息迭代过程中达到高度统一，社会系统演化到高级阶段；到了信息社会，社会物质财富极大丰富，与之相对应的人与人之间的关系更加复杂，边际异化信息迭代过程的节奏加快，由于边际异化信息迭代过程的经验作用的滞后性，经验作用相对异化作用而言滞后，亦即社会管理落后社会发展。

二、社会物质财富与社会系统演化

人类对物质财富的创造远远超出了自然演化的范畴，是物质演化的全新形式。物质财富是人类社会演化过程中，边际异化信息迭代过程的异化作用和经验作用的结果，更为明显地体现为异化作用的结果。物质财富的创造涉及物质资料的生产方式，生产方式对社会系统演化起决定作用。物质资料的生产方式是社会物质生活条件中最主要的因素，决定整个社会的性质，决定一种社会形态向另一种社会形态的过渡。

在物质生活中，物质资料的生产劳动是人类社会生活首要的和最根本的内容，是人类从事其他活动的基础。同物质生产密切相关的是物质生活资料的消费活动，消费活动是物质生活的重要组成部分，是使人类自身得以生存、繁衍和发展的必要条件。值得注意的是，社会依赖与人存在，却不以人的意志转移，在社会与人和社会与自然相互作用的过程中，边际异化信息迭代过程的异化作用和经验作用使得物质财富不断增加。与物质财富息息相关的是人的衣食住行，物质财富的增加意味着衣食住行的水平不断提升。由于边际异化信息迭代过程的异化作用和经验作用，物质生活领域又包含精神生活的内容，诸如饮食、衣着服饰、建筑等，不仅体现了物质生活和精神生活的统一，也体现了物质存在和非物质存在的关系存在的统一。

物质资料生产方式的变化，导致社会结构的变化，社会结构与社会系统演化密切相关。社会结构指一个国家或地区占有一定资源、机会的社会成员的组成方式和关系格局，包含人口结构、家庭结构、社会组织结构、城乡结构、区域结构、就业结构、收入分配结构、消费结构、社会阶层结构等若干重要结构，其中社会阶层结构是核心。社会结构具有复杂性、整体性、层次性、相对稳定性等重要特点，理想的现代社会结构，具有公正性、合理性、开放性的重要特征。在社会系统演化过程中，社会阶层结构由简单化到多元化，由封闭转向开放，现代社会阶层结构已基本形成，这是社会物质财富相对应的关系存在，只有这样的关系存在，才能适应社会系统演化。马克思主义社会学关于社会结构有广义和狭义两种理解。广义的社会结构指社会各个基本活动领域，包括政治领域、经济领域、文化领域和领域之间相互联系的一般状态，是对整体的社会体系的基本特征和本质属性的静态概括。由此可见，广义的社会结构发展是边际异化信息迭代过程的异化作用和经验作用的结果，体现了社会物质存在和非物质存在的关系存在的高度统一，是社会系统演化的必然结果。在社会各种基本活动领域，社会经济结构对于社会政治结构、文化结构等具有决定性的影响和制约作用，这种关系存在的本质就是社会政治结构和文化结构是社会经济结构的关系存在派生出来的关系存在，亦即社会经济结构是社会的经济基础，具有将其他社会领域结合为一个有机整体的作用。在经济基础上建立起来的上层建筑，包括政治法律制度和各种意识形态，都是为经济基础服务的。当然，上层建筑的各部分具有相对独立性和稳定性，并对社会经济具有能动的反作用，直接或间接地影响社会经济结构，在此过程中，一系列的边际异化信息迭代过程使得上层建筑更适合经济基础的需要。

狭义的社会结构指社会分化产生的各主要的社会地位群体之间相互联系的基本状态，这是社会系统中的关系存在，诸如阶级、阶层、种族、职业群体、宗教团体等。在阶级社会中，阶级结构是理解其他群体的地位和作用的基础，阶级关系决定着整体社会和各个社会群体的发展方向。

社会系统由传统控制型社会向现代开放型社会演化的过程中，社会结构发生深刻变化，人口流动性增强，个人与社会组织的依存关系大大减弱，直接后果就是社会事业建设与经济发展存在的不协调，亦即社会系统演化的直接结果就是使用工具方式的变化，导致了人口流动性增强，这是与社会物质财富增长相适应的关系存在的变化，但是，这种关系存在的变化，需要社会系统整体水平上建构一种关系存在，就是社会管理体系。正常的社会流动，既是社会系统演化的结果，也是社会系统演化的原因，需要在制度上构建社会利益协调机制，保障失业人员、低收入者、进城农民工等底层人群的生存权利，提供公平发展的机会，满足向上流动的发展诉求，这些都需要边际异化信息迭代过程的异化作用和经验作用。

三、社会组织与社会系统演化

在人类社会早期阶段，整个社会发展水平极为低下，人共同活动的群体形式最初是以血缘关系为纽带的原始群、血缘家庭和家族，稍后出现的以地缘关系为纽带的村社等，这些都是人类发展的初级社会群体形式。随着社会分工的发展，阶级的出现，人们之间的社会关系以及人们的社会活动日趋复杂，社会组织适应社会及社会成员的需要逐渐形成并发挥作用。这时社会关系和共同活动的形式还是以初级社会群体为主。人类社会进入工业社会以后，社会生产力飞速发展，社会分工越来越细，社会生活和社会关系越来越复杂，初级社会群体在很多方面已无法适应社会发展和社会活动的需要。因此，完成特定目标和承担特定功能的社会组织的大发展就成为近代社会发展的必然趋势。

社会组织是社会系统的重要组成部分，社会组织有广义、狭义之分。广义的社会组织指人从事共同活动的所有群体形式，包括氏族、家庭、秘密团体、政府、军队和学校等。狭义的社会组织是为了实现特定的目标而有意识地组合起来的社会群体，诸如企业、政府、学校、医院和社会团体等，是人类组织形式的一部分，是为特定目的而组建的稳定的合作形式。

社会组织就是社会系统中的关系存在，规定了人与人之间的关系，当然，这种关系存在是与社会结构相对应的。社会组织产生的动力来源于功能群体的出现，以及群体正式化的趋势。在社会系统演化过程中，在功能性群体自然演化成正规的社会组织的同时，社会群体的正式化造就了组织形式，这是有意识有目的的关系形成，那种认为社会组织只能通过社会分工产生的观点显然是片面的。社会组织目标是明确的、具体的，表明某一组织的性质与功能，围绕某一特定的目标才形成从事共同活动的社会组织。社会组织既是人类自身的一种人群聚合体，又是人类所创造的一种物质工具。社会组织这种关系存在是为社会发展而建构的关系存在，这种关系存在不同于自然演化过程中的关系存在，这种关系存在需要在边际异化信息迭代过程中不断地调整，在经验作用等于零时，社会组织将处于混乱的冲突状态。任何社会组织都有其特定的组织目标，在一定时间和空间内实现目的和结果，或者说社会组织通过自身的努力去追求的某种事实事未来状态。组织目标是组织的灵魂，是组织开展活动的依据和动力，代表社会组织的未来和发展方向。社会组织是非常复杂的关系存在，社会组织目标对于组织的存在和发展具有十分重要的意义。社会组织目标是组织存在的根据，既是确定组织活动路线的根据和基础，也是衡量组织活动的效果和效率的最终标准。

社会组织由规范、地位、角色和权威四个要素构成。规范指稳定的规则与规章制度，不仅是社会运行的基础，也是社会关系及其功能价值的具体表现。社会组织是对人行为的规定，这是人有目的行为的一部分，是由人创造的关系存在，社会组织要求个人或团体如何思考、感觉与信仰，在各种情况与关系当中应如何行动，规范的目的是使社会生活中的互动行为标准化。地位指个人或团系在社会关系空间中所处的位置，社会中人与人之间互动基本上是地位之间的互动，社会组织的互动也是经由地位而建立的，这是人与人在社会中的关系，这种关系不是由本能决定，而是由社会中的各种规则决定。角色指按照一定社会规范表现的特定社会地位的行为模式，角色是地位的动态表现，地位则是角色的静态描述，社会组织就是由一组互相依存、相互联系的角色构成，人与人之间的关系存在完全由社会决定，或者说，角色决定了人与人之间的关系。权威指一种合法化的权力，是维持组织运行的必要手段，使组织成员在组织内受到约束和限制。人类的经济、政治和社会需要，大部分是通过社会组织满足的，无论从生理上，还是智力上，个人都无法满足自己的需要，只能以群体的形式来加强满足需要的能力。建立在社会分工基础上的专业化组织，将具有不同能力的人聚合在一起，以特定的目标和明确的规范协调人的活动和能力，更有效地满足人的多种需要。

社会组织具有一系列功能，这些功能就是社会功能的一部分，虽说社会组织与社会发展有一定的适应性，但是，社会组织又是掺杂了人的意识的关系存在，在发挥社会组织功能的同时，边际异化信息迭代过程的异化作用和经验作用，可以使社会组织越来越完善。社会组织的整合功能可以通过组织的各种规章制度（包括有形的、无形的）约束组织成员，使组织成员活动互相配合、步调一致，通过组织整合既可以使组织成员的活动由无序状态变为有序状态，又可以把分散的个体粘合为一个新的强大的集体，把有限的个体力量变为强大的集体合力，组织整合功能的有效发挥有利于组织目标的实现；社会组织的协调功能可以使组织内部各职能部门、各组织成员服从组织统一要求，由于各自的目标、需要、利益等得以实现的程度和方式存在差异，组织成员之间或组织的各职能部门之间必然存在矛盾和冲突，这就需要组织充分发挥协调功能，调节和化解各种冲突和矛盾，保持组织成员的密切合作，这是组织目标得以实现的必要条件；社会组织的维护利益功能使基于一定利益需要的组织有效发挥功能，提高组织的凝聚力，增强组织成员的向心力，从而顺利高效地实现组织目标；社会组织的实现目标功能依靠组织成员的统一力量，而这种统一力量的形成，需要组织整合和协调功能有效发挥作为基础，以利益功能为动力，使组织达标功能得以充分发挥。

四、制度与社会系统演化

制度是社会的"游戏"规则，是对人与人之间关系设定的制约，制度有三种类型，正式规则、非正式规则和这些规则的执行机制。正式规则是正式制度，政府、国家或统治者等按照一定的目的和程序，有意识创造的一系列的政治、经济规则和契约等法律法规，以及由这些规则构成的社会的等级结构，包括从宪法到成文法与普通法，再到明细的规则和个别契约等，共同构成对人的行为的激励和约束；非正式规则是人在长期实践中无意识形成的，具有持久的生命力，并构成世代相传的文化的一部分，包括价值信念、伦理规范、道德观念、风俗习惯及意识形态等因素；实施机制是为了确保正式规则和非正式规则得以执行的相关制度安排，是制度安排中的关键环节。这三部分构成完整的制度内涵，是不可分割的整体。由此可见，制度是社会系统演化过程中，边际异化信息迭代过程的异化作用和经验作用的结果，不论是正式规则还是非正式规则，都是与物质资料生产方式相适应的关系存在，这种关系存在以非物质形式存在，但是，与这些规则的执行机制相适应的却以物质形式存在，社会演化过程是物质存在与非物质存在的高度统一。

在社会系统演化过程中，不同层次的社会制度产生不同的功能，影响和制约的范围也不相同。总体社会制度决定社会形态的性质，是制定各种制度的依据，不同领域里的制度决定各种具体模式和规则。制度是极其复杂的关系存在，这种关系存在具有一系列的功能；制度对行为具有导向功能，制度通过权利和义务确定人的地位和角色，提供行为模式，使人较快地适应社会生活，以避免个人与社会的矛盾和冲突；制度具有社会整合功能，制度的规范体系能协调社会行为，调适人与人之间的关系，发挥社会组织的正常功能，清除社会运行的障碍，建立社会正常的秩序；制度具有传递与创造文化的功能，制度通过保存与传递人类的发明、创造、思想、信仰、风俗、习惯等文化，使之世代沿袭，同时，制度促进文化的累积与继承，进而创造新文化。在社会与人、社会与自然相互作用的过程中，社会制度总是滞后于社会发展，由于边际异化信息迭代过程的经验作用，制度具有的负功能就是代表传统行为模式，难免消除刻板、僵化的因素，从而对人的行为与社会发展起阻碍作用。

社会系统依然处于不稳定的演化过程，由于边际异化信息迭代过程的异化作用和经验作用，一方面是物质财富的不断增加，另一方是非物质存在的关系存在不断地向更加高级、有序、复杂的方向演化，演化的目的是将社会对人的异化推向极致，实现人的自由与全面发展。无论是人的系统，还是人类系统，还是社会系统，演化总是在信息层面上进行，否则，人的系统、人类系统和社会系统不会在原有的物质形态上演进。所以，演化总是在信息层次上，通过边际异化信息迭代实现。但是，当社会发展到了可以找到信息相互作用的切点时，社会系统演化将脱离自然轨迹，当然，这一过程总是从对人的改变做起，以此改变人类，进而改变社会。无论如何，人的系统、人类系统和社会系统的演化都是全息协同统一的，人改变了，人类就要改变，人类改变了，社会就要改变。社会发展抵达到一个新的拐点，这个拐点犹如那遥远的过去，我们祖先使用工具进行有目的的活动，社会发展走向何方？没有人知晓。

第四篇　非物质价值论

第十八章　非物质的价值存在与价值本质

边际异化信息嵌入理论是物质和非物质双重存在和双重演化的理论，为哲学的价值论研究提供了全新视角。这将导致对价值存在范畴和价值本质，以及价值发生的具体机制的全新理解，还涉及对物质价值和非物质价值的价值事实、价值反映、价值评价、价值取向、价值实现的诸多领域的全新阐释。

在传统哲学的论述中，价值论属于认识论范畴。但是，关于价值哲学问题的研究，已经远远超越了认识论限定的范畴。价值哲学必须在价值本质的规定上，揭示价值范畴具有的普遍性，不仅如此，价值哲学体系应该具有内在逻辑性，而且，以自然本体为基础，不应该把价值问题局限在人的范围。在哲学的层次上研究价值哲学，不仅是关于人的哲学，而且还是关于自然本体存在和演化的哲学。

一、关于价值的定义

价值是一个弹性很大的概念，而且一定具有相对意义，也就是说，一定要有价值参照系，一切价值都可以在这个参照系中展开，以此获得价值评价。然而，对价值本质的探讨，需要界定价值范畴。由边际异化信息嵌入理论可知，绝对孤立的事物是绝对不存在的，但这不等于绝对孤立的概念不可界定，只是绝对孤立的概念没有什么用途。同样，对概念的定义需要将概念放到特定的关系中，任何概念都可以在特定关系中生成。

关于价值的定义，需要给出一个价值参照系，一切价值都可以在这个价值参照系中展开。这里给出的价值参照系是在边际异化信息嵌入理论的框架下展开的，在价值参照系中，参照系的始点或原点就是存在，存在具有两个维度，一个是物质存在，一个是非物质存在，也就是说，物质与非物质可以互为参照。传统哲学中的存在由物质与精神构成，物质与精神是对立统一的关系。物质与精神的对立不是在物质存在的始点或原点发生的，而是只有当人的意识产生后，这种对立才存在，价值只有在意识产生后才存在，这种价值讨论显然不是以自然本体为基础，但是，在非物质存在没有提出之前，价值问题也只能局限在人的范围内。更确切地说，在精神与物质对立的框架中，很难找到以自然本体为基础的价值参照系，很难摆脱以人的存在价值为中心，或者以人的存在价值为标准，衡量物质存在的价值。

在边际异化信息嵌入理论中的存在由物质与非物质构成，精神不过是非物质的高级形态而已。物质与非物质的对立统一关系，不是生物进化到一定阶段的产物，而是从宇宙大爆炸时开始的，所以，物质与非物质的对立统一关系的始点或原点，与宇宙大爆炸的始点和原点是重合的，这才符合哲学意义上的那种无条件的绝对的对立统一。在边际异化信息嵌入理论框架下展开的价值参照系，任何存在都可以从物质和非物质两个维度诠释，都可以从物质系统和非物质系统的演化水平上去评价。价值永远都离不开价值参照系，存在的价值只有在价值参照系中才具有确定的意义，由此可见，价值有了属于自己的定义。

二、价值存在的范畴

关于价值本质的规定，与存在的构成密切相关。在现有的价值哲学和价值学理论中，不同理论具有的趋同化观点就是将价值存在的范畴，限定在以人为参照的主客体关系领域，不同理论差异在于强调价值的主体性意义和对主体外延的理解，有的学者强调个人主体的价值，也有的学者加上了社会和团体主体的价值，还有的学者强调上帝主体和绝对精神主体的价值。事实上，上帝和绝对精神是不存在的，最终的落脚点是人和社会。

将价值存在框架构建在以人为参照系的主客体关系领域，意味着价值问题只在主体的人那里才存在。在这样的理论中，隐含三个前提，亦即在宇宙系统演化的维度，人和社会产生前，以及人和社会消亡后，宇宙系统似乎不存在任何价值关系；在宇宙系统存在的维度，人和社会之外不存在任何价值关系；在宇宙系统存在价值的维度，那些没有进入人认识的事物，不能构成与人相对立的客体，这些事物也就不可能与人发生价值关系。由此可以推论，直到人类产生前，宇宙系统演化，以及银河系、太阳系、地球的形成，生物产生与进化等等，相对于任何事物都不具有存在价值。在宏观领域，宇宙系统演化相对于任何事物，都不具有存在价值；在微观领域，那些尚未发现的病毒，也毫无存在价值。不仅如此，襁褓中的婴孩在没有成为有意识能力的人时，他们的任何活动对自身都不具有价值意义，因为他们不是真正意义上的主体，那些与他们相关的事物也就不能成为客体。

传统哲学将价值理论设定在以人为参照系的主体和客体关系的框架中，不可能在存在意义上阐释价值问题。这样的价值理论无法阐释人作为主体产生前，宇宙系统对人类产生所起的价值作用，也无法阐释外部环境对作为主体的人的产生所起的价值作用，更无法阐释现存社会和个体主体以外的尚未客体化的事物，对社会和个体主体的存在和发展的价值作用，不仅如此，还完全否定了一般自然事物存在价值的可能性。

将价值问题限定在以人为参照系的主客体关系框架的价值理论，深层的理论根源就是从存在构成演绎出的物质与精神对立。由于精神属于非物质存在范畴，又不能囊括所有的非物质存在，所以，那些没有囊括在与非物质对立的物质范畴中的物质，自然被抛弃在主客体关系以外。在宇宙系统中，与物质存在具有对立统一关系的是非物质存在，人、人类和人类社会是宇宙系统演化的特定阶段的产物，所以，那些以人为参照系的主客体关系框架的价值理论，无法给出价值问题的逻辑推断。只有将价值存在问题从以人为参照系中解脱出来，价值问题才能回归到客观意义。

价值关系应当是对客观存在的客观评价，尽管这种客观评价是主体作出的，评价本身却是客观的。这将触及哲学最根本的问题，就是客观存在由什么构成，以及客观存在中包含的对立关系是什么，这些问题只有在客观存在本身的对立关系中，才能找到价值的真正意义，也就是说，尽管价值本身具有相对意义，但是，价值关系应当是一种客观存在，所以，价值关系的范畴，必然超出以人为参照系的主体和客体关系框架。

人、人类和人类社会都是宇宙系统演化的自然结果，从宇宙大爆炸开始，宇宙系统演化经历了诸多发展阶段，才演化出人、人类和人类社会。从银河系到太阳系再到地球再到地球生物等等，在这一系列演化过程中，前一阶段的演化与后一阶段的演化具有直接的价值关系，对再次的后阶段则具有间接的价值关系，在宇宙系统演化的维度上，呈现出一系列的价值关系。当然，这一系列价值关系的形成与发展，是宇宙系统中的物质在相互作用，边际异化信息迭代过程的异化作用和经验作用的结果。这其中隐含着客观存在由物质和非物质构成的设定，所以，价值参照系是在以宇宙始点为原点的参照系的物质与非物质关系框架下展开的，这将给出事物之间和事物内部相互作用中存在的最基本的价值关系。

在边际异化信息嵌入理论的框架下，事物之间的相互作用是通过边际异化信息迭代过程实现的，边际异化信息迭代过程的异化作用的结果长久地嵌入事物的物质形态中，边际异化信息迭代过程的经验作用的结果暂时地嵌入事物的非物质存在的关系存在。边际异化信息迭代过程必然引起参与相互作用事物的物质结构和相互关系的改变，其中必然伴有价值关系的发展。边际异化信息迭代是事物相互作用的方式，无论在即时意义，还是在历时意义上，都是客观而普遍存在的，因此，价值关系存在也必然具有普遍性。由此可见，价值关系存在的范畴就是事物相互作用存在的范畴，价值关系总是存在于物质与非物质关系之中。

三、价值的本质

现有的价值理论都以价值本质研究为核心，并且都在以人为参照系的主体和客体关系框架中界定价值本质：以需要为基点的价值理论认为，价值是客体能够满足主体的一定需要；以意义为基点的价值理论认为，价值是客体对主体的意义；以属性为基点的价值理论认为，价值是客体能满足主体需要的那些功能和属性；以劳动为基点的价值理论认为，哲学的价值凝结了主体改造客体的一切付出；以关系为基点的价值理论认为，价值是客体与主体需要之间的一种特定的肯定或否定关系；以效应为基点的价值理论认为，价值是客体属性与功能满足主体需要的效应，是客体对主体的功效。由此可见，以人为参照系的主体和客体关系框架界定的价值本质，价值本质不可能充分展示出来，这与以人为参照系的主体和客体关系框架有关，这样的关系框架使得关于价值本质阐释，还存在诸多局限。

以需要为基点的价值理论，关注的是主体的主动意向。但是，主体和客体之间的价值关系不都是主体的主动需要，有些价值关系是主体不需要，并竭力避免的。在客观意义上，主客体的关系，不需要不等于不发生，甚至无法逃避，诸如客观环境对个体发展的制约，自然灾害对个体的伤害等等，也是价值关系存在。在严格限定的客体对主体作用的层面，价值关系不只存在于主体的主动意向中，还存在于主体被动接受中。

以意义为基点的价值理论，关注的是主体的理解和评价。事实上，主体和客体之间的价值关系是客观存在，主体对价值关系的理解和评价是另外一回事，它们存在于客观和主观两个极为不同的层面上，主体对价值关系的理解和评价不能完全诠释主体和客体之间的价值关系，用意义规定价值本质在逻辑上是不成立的。

以属性为基点的价值理论，将价值阐释为作用于主体的客体具有的某种属性。价值的确是在事物相互作用中呈现出的属性，却不能以此推论属性与价值的等价。价值不是作用物的属性本身，而是通过作用物的属性对被作用物特性的作用效应。属性只是作用物自身的特性，价值则是就被作用物特性的改变效应。正因为如此，才有同一物的属性作用于不同的物，可能有完全不同的价值。

以劳动为基点的价值理论，局限于以劳动产品的价值代替哲学的普遍价值。哲学价值范畴与劳动价值论完全不同，劳动价值论属于经济理论范畴，而不是哲学理论范畴，进而，哲学价值范畴不可能等于商品价值范畴，政治经济学中的劳动价值论，不是哲学意义上的价值理论。然而，在经济学领域，对人有价值的事物并非全是劳动产品。当有人将"劳动是一切财富和一切文化的源泉"写进德国工人党纲领草案时，马克思给予严厉的批判，马克思指出，这是"给劳动加上了一种超自然的创造力"，这是"把自然界当做隶属于他的东西来处置"，"劳动不是一切财富的源泉。自然界和劳动一样也是使用价值，而物质财富本来就是由使用价值构成的源泉"①。马克思的论述可以引导我们必须从宇宙系统演化的维度上阐述价值问题。

以关系为基点的价值理论，将价值确定为客体与主体需要之间的肯定或否定关系。这一价值理论洞悉了价值不是主体或客体任何一方独有，而是主体与客体相互关系决定的，并且隐含了认同价值对主体和客体的相互意义，因为价值是主体和客体相互关系决定的。但是，以关系为基点的价值理论的问题也是不可忽略的，由于注重客体与主体需要之间的特定关系，就可能落入以需要为基点的价值理论的局限之中，不仅如此，仅仅从肯定或否定的关系来界定价值本质，不仅过于简单，而且不能涵盖主客体之间的复杂关系。

以效应为基点的价值理论，将价值界定为客体对主体的效应。尽管用效应

---

① 《马克思恩格斯选集》第 3 卷，第 5 页。

界定价值十分正确，但是，只要涉及效应，就涉及效应范围的限定，用效应界定价值的问题不存在于效应概念本身，而存在于对效应范围的限定，诸如将效应限定在以人为参照系的主体和客体关系框架中，效应本身难以客观界定客体对主体的价值。不仅如此，还会导致只承认客体对主体的效应，不承认主体对客体的效应等等。

若要对一般价值哲学中的价值范畴做出本质规定，可以接受以效应为基点的价值理论的合理内核，放弃效应范围的限定，这就需要将效应范围从以人为参照系的主体和客体关系框架，转移到以宇宙始点为参照系的物质与非物质关系框架中，以此对价值范畴作出相应的定义。在哲学层面上，价值是事物的存在方式，物质和非物质，在与外界环境相互作用实现的效应总和。

价值定义囊括了价值本质的内涵。价值是一切事物内部或外界环境相互作用中普遍存在的，这里的事物是广义存在的事物，是宇宙系统中的一切事物，是物质和非物质的总和。价值是物质系统、非物质系统和精神系统相互作用过程中实现的效应，或者是在物质与物质、非物质与非物质、精神和精神之间相互作用实现的效应，以及在物质和非物质、物质和精神、非物质和精神之间相互作用实现的效应。值得注意的是，事物间的作用是相互的，在此相互作用中所实现的价值就是多向的，进而价值作用不可能是单向的。边际异化信息嵌入理论告诉我们，系统之间的相互作用，通过边际异化信息迭代过程的异化作用和经验作用，必然引起系统改变，以及系统与外界环境关系的改变，改变效应就是价值。某事物的存在和发展，边际异化信息迭代过程的结果引出的效应可能导致熵的减少，使系统向更高级、更复杂、更有序、更稳定的方向演化，也可能导致熵的增加，使系统向更低级、更简单、更无序、不稳定的方向演化。但无论是熵的减少或增加，在系统演化维度上的效应都是价值关系，所以，价值可以区分正价值、负价值和中性价值等等。

四、价值与非物质存在

从哲学层面上，价值是事物的存在方式，物质和非物质，通过内部或外界环境相互作用实现的效应。事物之间相互作用实现的效应是多重的，最起码是在物质效应和非物质效应两个维度进行，这双重性质的效应即为物质价值和非物质价值。

宇宙系统中的任何事物总是处于相互作用之中，边际异化信息迭代总是不断地将边际异化信息嵌入物质之中，不仅改变物质结构，也改变物质与外界环境之间的关系。事物之间相互作用实现的物质价值和非物质价值，总是与物质效应和非物质效应同步进行，并且，具有必然性和普遍性。更为重要的是，事物之间相互作用所实现的物质效应和非物质效应、物质价值和非物质价值互为基础和表征内在统一。非物质效应和非物质价值的实现是边际异化信息迭代过程经验作用的结果，在过去经验影响现在的同时，使事物向更高级、更复杂、更有序的方向发展；物质效应、物质价值的实现是边际异化信息迭代过程的异化作用结果，事物的物质结构向更高级、更复杂、更有序的方向发展。

值得注意的是，事物之间相互作用本身就建构了时间，价值是在时间维度中实现的。事物之间的相互作用具有同时性，横向相互作用是效应的过程，只有在时间维度上的积累，才能得到效应的结果，时间是价值建构不可或缺的重要因素。当然，事物之间相互作用实现效应的具体内容非常复杂，演化和时间不过是对效应结果的抽象表述，演化和时间的效应只能通过相应的物质结构和非物质结构的建构来实现。在时间维度中，横向相互作用实现的是非物质效应，纵向相互作用实现的是物质效应，时间是横向相互作用实现的非物质价值和纵向相互作用实现的物质价值的具体、现实的统一。由此可见，事物之间相互作用实现的效应可以在诸多层面上阐述，物质效应和非物质效应在这诸多层面阐述中，仍然处于最为具体和最为基础的地位。

在物质和非物质双重存在和双重演化的边际异化信息嵌入理论中，隐含着在事物之间相互作用过程中，同时实现物质价值和非物质价值的双重效应理论，这一双重效应理论构成了非物质价值论赖以成立的最深层次的基础和根据。

第十九章　价值的事实、反映与评价

在哲学层次上，价值是由物质和非物质构成的事物，通过内部和外界环境相互作用实现的效应。从这种价值本质规定出发，可以推导出事实与价值、价值与价值反映、价值反映与价值评价之间的区别、联系和统一。

一、事实与效应事实

在哲学层次上，区分事实与价值，需要在事实与价值之间确立严格的区分标准。即便是那些主张在事实和价值之间可以相互过渡的观点，也试图找到从事实推论价值判断的方法。西方文化总是把价值严格限定在主观认识领域，否认客观价值的存在，不仅如此，还不能在价值与价值评价之间作出应有的区分，往往以价值评价简单解释价值。价值参照系只有在以宇宙始点为原点的物质与非物质关系框架下，阐释一般价值哲学，才能有效克服否认客观价值的存在和以价值评价简单解释价值这两个问题，从而消除事实与价值的绝对分离。

根据事物存在的方式和联系，可以区分两类不同的事实，即事物自身的存在事实，以及事物在相互作用中引起变化结果的效应事实。诸如火是存在事实，而火烧掉了森林则是效应事实。存在事实是非价值事实，而效应事实应该属于价值事实。由此可见，价值不仅不与事实分离，而且作为一种客观存在事实，是事物之间普遍相互作用导致的效应事实。

效应事实或价值事实不仅在事物之间相互作用过程中普遍存在，而且还在人、社会、感知、思维的相互作用中普遍存在，即在边际异化信息迭代过程中，由于异化作用和经验作用，不断地产生新的边际异化信息，将这些边际异化信息还原为客观事物，就成为效应事实或价值事实。由此可见，只要不像有些西方学者那样，把价值现象严格限定在主观认识领域，事实和价值就是统一的，价值现象本身就是客观的存在事实。值得注意的是，价值与事实的统一，不是指价值过程可以等同于事实过程，而是指价值过程和价值就是事实过程和事实本身。

二、价值反映与非价值反映

传统的价值理论似乎不能对价值和价值评价加以区分。尽管价值出自于人的评价，事实上，事物之间发生的价值关系是一回事，对这一价值关系的评价是另外一回事，价值关系和价值评价根本不是在同一层面上，价值属于客观的存在事实，而价值评价则属于主观活动，价值绝对不能等同价值评价。

在人的存在层面上，不仅存在与一般事物相一致的存在价值的发生过程，而且，人还有能力对价值进行主观把握，这一过程通过价值反映和价值评价完成。价值反映解决对一般价值的直观把握，价值评价则是对承受价值效应的事物，影响现实和可能关系的具体性质的认识，最为重要的环节就是价值过程对人和社会带来怎样影响具体性质的认识。如同一般的认识过程，从价值到价值反映，价值必须通过边际异化信息迭代过程，生成一系列与事实相关的边际异化信息，最后作为边际异化信息迭代过程的异化作用和经验作用的结果，也就是认识的结果，边际异化信息将还原为所指代的内涵，即那些关于价值现象的价值反映。

从价值现象到价值反映的过程中，存在两类完全不同的事实，即存在事实和效应事实，与此相对应的是，认识过程要进行两种不同的边际异化信息迭代，对存在事实进行的边际异化信息迭代和对效应事实进行的边际异化信息迭代。

对存在事实进行的边际异化信息迭代不能获得价值反映结果，只有在对效应事实进行边际异化信息迭代才可能蕴含价值反映。因为，在存在事实和效应事实之间，既不能缺少事实产生效应的过程，也不能缺少时间，只有对效应事实进行充分的边际异化信息迭代，才能获得事物之间相互作用导致的价值效应。诸如对存在事实，火进行的边际异化信息迭代，除了火的边际异化信息，不可能有其他方面的边际异化信息，这不是价值反映；而对效应事实，火烧掉了森林进行的边际异化信息迭代，不仅包括火的边际异化信息，还包括烧掉森林的所有边际异化信息，经过一系列的边际异化信息迭代，能够得到火对森林作用的价值，烧掉了森林，这就是价值反映。

关于存在事实的边际异化信息迭代的经验作用，很可能得到不同层面的价值反映。虽然对存在事实的边际异化信息迭代不能直接获得价值反映过程，但是，由于边际异化信息迭代的异化作用和经验作用，边际异化信息迭代过程很可能引起其他层面的价值反映。对客观事实的主观反映是通过边际异化信息迭代实现的，这种从客观事实到边际异化信息迭代的过程，就是客观事实的边际异化信息相互作用的过程，这一过程实现了特定相互作用产生的效应价值，这一过程本身就是客观存在的效应事实。人的任何一种反映都要进行边际异化信息迭代，这是对象的边际异化信息和由边际异化信息构成实质性相互作用引出的效应结果，即是价值产生的过程，也是现实的效应事实发生的过程。在对存在事实进行的边际异化信息迭代过程中，不可避免地要在另外两个层面上进行价值反映：对存在事实与其边际异化信息之间相互作用效应结果的反映，亦即在边际异化信息迭代经验作用下，边际异化信息与已有的边际异化信息形成了新的联系；对存在事实的边际异化信息与认知结构之间相互作用效应结果的反映，亦即在边际异化信息迭代经验作用下，认知结构向更加复杂的方向发展。这两个层面上的价值反映过程，同样会存在对效应事实进行价值反映的过程中。在对效应事实进行的边际异化信息迭代，同时发生的则可能是三个层面上的价值反映，由此可以看到认知过程的复杂性。人对客观事实进行的认识，伴有各类价值反映，由此可以得出，人的价值反映过程具有一般性和普遍性。

三、认知性发现和评价性发现

价值反映属于认知发现的反映，属于认知性发现过程，亦即在边际异化信息迭代的经验作用下，得到了一些与价值相关的结果。然而，人类的发现过程，除了认知性发现，还有评价性发现。认知性发现的价值反映是评价性发现的前提和基础，评价性发现是对认知性发现的价值反映的内容具有的价值和关系性质的评价，即价值评价。

客观世界中存在和演化的存在事实和效应（价值）事实都属于物质或非物质活动，那么，价值反映和非价值反映、认知性发现和评价性发现都不再属于客观活动过程，而属于人的主观活动领域，主观活动确实是非物质活动的一部分。

由于认知性发现和评价性发现属于主观活动范畴，认知性发现的价值反映可能获得的内容，以及这些内容可能呈现的方式和样态，与反映者的神经生理结构和心理认知结构直接相关。在边际异化信息迭代经验作用下，不可避免地要有来自情感、兴趣和主观欲望等因素的边际异化信息的参与。在绝大多数情况下，价值反映过程所关注的是反映对象的事实本身，价值反映过程较少或并非直接地受到的情感、兴趣和主观欲望等因素的影响。

价值性发现的价值评价与认知性发现的价值反映不同，价值性发现的价值评价过于理性，在边际异化信息迭代过程中，就会引起与道德伦理、美学艺术和利害关系等有关的边际异化信息参与边际异化信息迭代，更多地受到评价者情感、兴趣和欲望等因素的影响。正因为如此，在西方传统价值理论中，派生出从人的主观心理随机活动为基点的界定价值本质的流派，这些传统的西方价值理论对中国价值理论研究也产生了深刻影响。但是，这种价值理论不能区分价值与价值评价，只是简单地以价值评价替代价值、以价值评价的某些特点解释价值。由此可见，认知性发现的价值反映是对效应事实，即价值现象的主体性超越，而作为评价性发现的价值评价则是对价值反映的一种主体性超越。这两种主体性超越是边际异化信息迭代的经验作用在不同层次上的结果，并在边际异化信息迭代过程中依次相继、递进实现。所以，既不能将价值反映等同于价值事实，也不能将价值评价等同于价值反映，必须清晰界定不同层次上的事物的主体性超越。

四、价值评价的层次

价值评价可以在不同层次上展开，而且，在不同层次的评价中可能呈现诸多的评价类型。关于事实评价的客观与主观问题，对存在事实的认知反映不是直接的价值反映过程，但是，由于这是通过存在事实的边际异化信息迭代实现的，对存在事实的认知反映不可能不涉及主观和客观价值评价的问题。因为，存在事实是在边际异化信息迭代的过程中，与之相关的诸多边际异化信息都会参与边际异化信息迭代，边际异化信息迭代过程的异化作用和经验作用的结果既可能与存在事实相吻合，也可能是纯粹的主观结果，没有任何客观事实与之对应。对存在事实的客观确认，有必要对边际异化信息迭代结果的客观性进行评价，识辨出存在事实原本存在的状态。当然，只要涉及评价，就隐藏着评价的参照系，只有在以宇宙始点为原点的物质与非物质关系框架下建构的参照系中进行客观性的评价，才能避免带有主观性特征的性质。对存在事实的认知性反映的分析，同样适合于对效应事实的价值性反映的分析。只是在对效应事实的价值性反映的主观和客观的价值评价中，不仅要确认效应事实的原本存在状态，还要判断原本存在状态蕴含在边际异化信息迭代过程中实现的效应结果，即事物之间在相互作用过程中呈现出的对象性价值。

关于质地评价的好坏问题，存在事实价值评价的认知性反映的边际异化信息迭代，涉及的边际异化信息的事实问题，也就是质地评价。质地评价涉及的边际异化信息的精确性问题，就是边际异化信息质地的好坏问题。边际异化信息质地的评价是在对同类边际异化信息可能呈现多种模式的比较中进行的。在诸多边际异化信息模式比较中，可以发现获得的边际异化信息质地的准确程度。质地性评价问题，不仅在对事实的边际异化信息评价中存在，在对价值反映的价值评价的再评价中也存在，这是对价值评价质地问题的再认识，而且，质地评价问题还在对预测结果评价中存在。

关于道德与伦理评价的善恶是非问题，在西方传统的价值理论中，有用善解释一切价值的倾向。善恶是非属于价值评价范畴，而不是价值本身。事物本身的存在，以及事物与事物之间的相互作用，不涉及善恶是非问题，善恶是非是人类依据伦理道德标准作出的价值评价。由于善恶是非评价以伦理道德为标准，不同时代和不同文化背景中的伦理道德标准存在巨大差异，边际异化信息迭代对同一现象可以得到截然不同的善恶是非评价。但是，善恶是非问题只是诸多价值评价中的一种评价，不可能涵盖价值评价所有领域。

关于艺术与美学评价的美丑问题，基于艺术标准和审美原则，给评价者带来艺术与美学的价值评价。艺术与美学的价值评价并不简单地决定于审美对象的外观，更多的是取决于评价者的内在审美维度和情感体验。这种现实的情感体验就是效应事实，在边际异化信息迭代的经验作用下，会引起那些与情感、兴趣和爱好有关的边际异化信息活动，自然就会产生感受效应，所以，美感就是效应事实。美总是与好相对应，丑总是与坏相对应，美丑在另外层面上，可能成为某种价值评价。这意味着美丑问题具有二重化的特征，这有必要区分美感体验的价值效应和艺术与美学评价的美丑问题。美丑问题的二重化特征，难于在价值与价值评价之间作出清晰判断。这也是为什么在西方传统价值理论中，不区分价值和价值评价，用价值评价来解释价值现象的原因。

关于感受性评价的幸福与痛苦问题，属于感受性评价范畴，并具有二重化特征。在边际异化信息迭代过程中，很容易区分某种感受性效应事实的幸福体验，以及某种评价性的幸福观念，因为评价不带有任何感觉色彩。关于自身或他人幸福与否的内在体验和评价，不仅依赖于人所处的环境、生活、经验等等，还依赖于关于幸福或痛苦的观念，以及相关的价值标准。与幸福与痛苦问题相类似的感受性评价诸多，诸如喜与悲、愉快与沮丧、舒适与遭罪等等，二重化的特征。

关于事物本身和对事物的评价，可以渗透所有的事物之中。就评价本身而言，不管评价结果多么客观，支持评价的内容永远由边际异化信息构成，这样，也就永远无法解脱主观色彩。即便如此，由于社会文化中的各种标准的存在，也由于边际异化信息迭代过程的经验作用，还由于个体感受系统的存在等等，在事物存在的同时，与这个事物之间的关系，立刻就注定对事物的评价，诸如因为有了法，所以才有罪，这样的因果关系。对事物的评价，不论是主观的，还是客观的，对个体而言，都具有价值评价的价值。

由此可见，价值评价总是无法摆脱主观性的干系。但是，无论如何，价值评价是有价值的，最起码可以成为边际异化信息迭代的经验作用依据。事物有多复杂，关于这个事物的价值评价不仅有多复杂，而且还具有多样性。在哲学层面上，区别的价值评价、价值事实和价值反映是十分必要的，因为它们确实存在于不同的层面上，反映的是不同层面的问题。但是，价值评价、价值事实和价值反映之间既相互区别，又相互联系，在边际异化信息迭代过程中交织在一起。价值评价、价值事实和价值反映是边际异化信息迭代在不同层次上得出的不同结果，在客观意义上存在可以推证的内在逻辑关系。

第二十章　价值哲学的范畴体系及价值形态的发展

关于价值哲学的理论研究，必须确立价值哲学的基本范畴，即要确立价值哲学的范畴体系。然而，价值过程的观念体现的价值范畴和关系，应当与体现对象的价值过程相对应相一致。因此，研究价值哲学的范畴体系需要从价值过程开始。

一、关于价值过程的描述

价值哲学的逻辑开端应当是事物之间的相互作用。边际异化信息嵌入理论认为，事物之间的相互作用是通过边际异化信息迭代实现的。事物通过相互作用建立对象性关系，并在这种关系中将自身的特性映现出来。在时间维度中，由于边际异化信息迭代的异化作用，事物与其自身的历史形态建立了对象性关系；由于边际异化信息迭代的经验作用，事物之间建立了对象性关系，在边际异化信息迭代过程中，事物以它事物为对象。正是这种对象性关系的建立，任何事物都将在边际异化信息迭代过程中映现自身，这种映现是通过边际异化信息嵌入实现的。

事物的对象性是通过相互作用建构的特定结构实现的，而这种特定结构的建构就是边际异化信息迭代，每一次的边际异化信息迭代都意味着事物旧有结构的改变，这种结构的改变就是通过相互作用实现的效应，即价值。在价值哲学中总是涉及一般存在物和价值存在物两个概念，这两个概念总是与对事物的两种不同的研究方式相对应。一般存在物割裂了事物所具有的内部或外部的相互作用，进行纯粹孤立性研究。虽然，该事物具有区别其他事物的内在规定性，但是，这一规定性又没清晰地呈现出来。在抹去事物之间相互作用的前提下，对事物进行孤立研究，不可能得到对事物本质的认识，因为事物之间相互作用是事物的存在方式，所以，不应当对孤立的事物进行研究，否则，一切结论都是没有意义的。对事物的研究必须从相互作用的关系开始，这样，事物便不再以一般存在物的方式出现在我们的研究中。在时间维度中，由于边际异化信息迭代的异化作用，事物总是与自身的过去建立效应关系；由于边际异化信息迭代的经验作用，事物总是同与之相互作用的其他事物之间建立效应关系。由此可见，事物是价值存在物，而且由于事物之间相互作用的普遍性，可以确定事物作为价值存在具有普遍性。

事物作为价值存在物，在边际异化信息迭代的过程中，由于边际异化信息不断的嵌入，事物本身就是凝结特定效应关系的生成物。事物作为凝结特定效应关系的生成物，不可能以纯粹的一般存在物的方式存在。正是特定效应关系的凝结，事物拥有了双重价值存在方式，即物质价值和非物质价值的双重价值维度。由于双重维度的价值存在方式的生成，事物二重化了自身：任何事物都是具有特定结构的物质体，也都是凝结种种特定历史关系、演化程序的非物质体。所以，任何价值过程都同时就是边际异化信息迭代的异化作用和经验作用的过程。在价值过程和边际异化信息迭代过程内在统一的维度上，事物之间相互作用就是边际异化信息迭代的异化作用和经验作用的过程，边际异化信息嵌入不仅实现了边际异化信息交换，而且还使事物对象化，最后产生了价值效应。

二、价值哲学的范畴体系

关于价值哲学的范畴体系的研究，必须面对价值认识问题。不仅要研究价值过程是怎样发生的，还要研究价值实现的过程是怎样完成的。在人的活动层面上，不仅存在与一般事物相一致的本体价值发生过程，而且，还能对价值进行主观把握和认识，这一过程需要经历价值反映、价值标准和价值评价才能完成。价值是对一般价值现象的直观把握，亦即边际异化信息迭代，在边际异化信息迭代过程中，边际异化信息迭代的经验作用实现从一般价值现象到价值反映。价值标准以往经验和认识确立的价值评价维度，而价值评价则是关于价值效应的事物的利害关系认识，最重要的是价值过程给人和社会带来怎样影响的认识。

在从价值反映到价值标准再到价值评价的过程中，认识价值现象的目的是为了更好地趋利避害，更好地利用价值现象。这必然涉及多种价值关系的选择问题，以及理想价值关系模式的创造问题。与这两个问题相关的便是价值取向和价值设计，而价值取向和价值设计又以主体寻求价值为动力。这样，可以得到描述理想价值关系模式的创生过程逻辑结构，从价值需求到价值取向再到价值设计。

设计理想化价值关系模式经历了漫长的过程。最初是以边际异化信息迭代的方式呈现出来，而且，只要这一模式符合事物自然发展的本性，又具备了实现的现实条件，就可以通过特定实践活动使理想的价值关系模式转化为现实的价值关系，主体设计的价值模式就是这么客观实现的。从主体设计的新价值模式，到实现这一价值模式展开的实践活动，在主体设计的实现设计价值的方案指导下进行。通过特定实践实现设计的价值模式的逻辑结构，从价值实现计划到价值实现过程再到价值实现结果。

通过价值实现不仅可以检验所设计的社会价值模式的合理性，还可以对种种价值关系有更为深刻的认识。价值认识、价值设计和价值实现是在人的活动层面上展开的实现价值过程。在价值实现的过程中，事物之间相互作用与边际异化信息迭代过程相统一；对象化与边际异化信息迭代的异化作用和经验作用相统一；效应（价值）过程与边际异化信息嵌入过程相统一。

价值认识、价值设计是认识主体的感知、思维活动的边际异化信息迭代过程。价值实现过程是通过人的实践活动实现的，实际上，人的实践活动是主体设计的目的性计划在客体那里实现的过程，也就是边际异化信息模式的客体实现。价值实现的过程就是主体目的性的边际异化信息模式转化为客体结构变化的过程，就是主体边际异化信息模式在客体中实现的过程。

三、客观价值与主观价值

由于价值评价结果中的客观性和主观性存在，在价值哲学的研究中，似乎永远都不会放弃价值评价的客观性追问，于是，就有了相对于主观价值的客观价值，意在摆脱主观价值的主观性束缚。这自然涉及阐述价值哲学的方法，价值、价值评价和价值取向的关系，以及本体价值等诸多问题。

价值问题放到主客体关系领域研究，并在主体需要的满足维度上界定价值，成为国内价值理论研究遵循的方法论模式。有哲学家认为，这种模式为主客体价值关系模式，或价值关系的主客体模式。这种方法论的深层理论根基在于将价值现象严格限定在认识主体的世界中。对主客体价值关系模式提出批评，就是这一模式没有将以人为维度的立场发挥彻底，只关注客体对主体的价值，而忽略了主体自身的价值，或仅将主体当做客体时才论及主体的价值。对此，有哲学家提出了更为具体的主观价值和社会规范价值，并将主客体价值关系模式称为效用价值，称主观价值是规范价值及效用价值的终极判据，价值就是人类赞赏、希望、追求和期待的事情；也有哲学家认为，价值是人，价值是一个特定的实体的人。

对主客体价值关系模式提出的另外批评，就是这一模式过人类中心化，忽视了人类产生前提和人类持存发展基础的自然本体的存在和演化。对此，有哲学家指出，从物质以时空形式运动的本体角度，追问价值的本质，追问主体何以拥有价值，永远是价值研究需要面对的主要问题，主客体方法在具有明显的局限，这是因为无视主体出现之前在客观事物之间已存在非主体的前价值关系，因而，必然推出的主体价值，或者弄不清价值的本体含义，或者可能遁入唯心境地。为克服主客体价值关系模式的局限性，也有哲学家提出价值即时间的进化价值论，认为价值本体就是进化范式实现所形成的物质进化维度性；还有哲学家提出，以人为维度的主客体价值关系模式，这是直接相反的另一种研究价值哲学的方法，这一方法就是以自然本体的名义阐释价值哲学。

将价值限定在主客体关系领域的理论，就是将价值限定在以人为参照系的主体和客体关系框架，深层的理论依据就是人的至高无上。这种原则不仅片面，而且非常狭义，宇宙系统中真正至高无上的不是人，而是宇宙的自然本体。在宇宙系统演化的过程中，自然本体在特定阶段演化出人、人类和社会。在以人为参照系的主体和客体关系框架中，无法找寻到解决人的问题和社会问题的答案。在宇宙系统演化过程中，事物进化的前一阶段对其后阶段的进化具有直接的价值关系，在事物进化的系列关系上，同时呈现进化的系列价值关系。在宇宙系统演化的过程中，事物进化的系列关系总是通过事物相互作用的横向关系来实现，边际信息迭代的异化作用引起了事物结构的改变，进而在时间维度上产生进化的价值效应。事物进化就是其旧有结构的改变和新结构建构，这种结构变化是边际异化信息迭代的异化作用的结果。在以宇宙始点为原点的物质与非物质关系框架下建构的参照系中，横向事物之间和事物内部的相互作用导致了纵向的事物进化，这样，在事物之间和事物内部的相互作用中存在着最基本的价值关系。

在哲学方法论意义上，本体论和认识论是哲学最为宏观的两种方法，规定了研究问题的两种不同的维度。本体论方法又可以分为以人为本体和以自然为本体的两个维度。在哲学的宏观方法上，在已有的价值哲学研究中，有三种不同的方法：以人为本体的本体论方法，诸如主客体价值关系模式或主客体相互作用的效应模式，这类模式以人所承受的现实的价值效应为研究价值问题的出发点；以人的认识为研究出发点的认识论方法，研究问题的基点不是现实的价值效应，而是从人的价值评价或价值取向出发，用价值评价代替价值效应；以自然为本体的本体论方法。

对价值问题的研究必须依赖人的认识，没有人的认识，任何现象都不能被认识，任何理论都不可能被建构出来。价值在客观世界普遍存在，只是不能在以人为参照系的主体和客体关系框架中研究价值问题。只有在以宇宙始点为原点的物质与非物质关系框架下研究价值问题，才能使主观反映所认识的价值现象的客观内容回归于自然，并在自然的语境下进行客观阐述。虽然，这种阐述不可避免地受到人的认识能力和认识水平的限制，但是，阐述的内容却与自然相对应，而不是关于人的认识。在自然本体的语境下，价值反映、价值评价、价值取向和价值设计等等，是对自然价值过程的映射的认识，随着认识水平的提高，价值反映、价值评价、价值取向和价值设计等等，会不断地被建构。

四、价值形态的发展

在宇宙系统演化过程中，存在事物之间相互作用的逻辑顺序。一般物体的物质性相互作用过程中，实现的价值是最初具有和发生的价值形态，即物质价值。然而，在事物的物质性相互作用过程中实现的效应不仅是物质性的，而且还是非物质性的。因为，物质性的相互作用在物质那里呈现为边际异化信息迭代过程，边际异化信息迭代的异化作用，可以导致物质性的改变，同时，因为边际异化信息迭代的经验作用，在一般物的结构中凝聚关于自身历史、自身特性和自身未来发展趋势的边际异化信息，也就是关系存在。所以，所有的物体既是由质量和能量构成的物质体，也是由凝结种种复杂关系的非物质体。这样，在物体之间相互作用过程中，实现的效应不仅是物体物质性的改变，同时还有物体非物质性的改变。从物体相互作用中呈现出的非物质性活动的角度，有理由确定价值的另一种形态，即非物质价值的形态。

实现物质价值和非物质价值的过程并不是截然分离的两个不同过程，而是在同一个相互作用过程中实现的双重效应。从非物质价值的角度，物质价值的实现是非物质价值活动的结果；从物质价值的角度，非物质价值的实现是物质价值实现的过程。

在一般物的相互作用层面上实现的非物质价值，是自然本体意义上的边际异化信息迭代过程。倘若涉及感知、思维系统的活动，尤其是在人的活动层面上，还有充满主观色彩的精神活动，而精神活动属于非物质活动范畴，这使得边际异化信息迭代超出了自然本体意义，在更高级的思维层次上进行。当然，这里涉及另外一个问题，就是精神价值问题。正如精神是非物质活动的高级形态一样，精神价值也是非物质价值的高级形态。精神价值活动的范围既包括认识主体与客体的相互作用过程中的边际异化信息，也包括语言符号的边际异化信息，还包括情感、情绪和意志等的边际异化信息，这些来自不同层次不同方面的边际异化信息，在边际异化信息迭代过程中形成新的联系。值得注意的是，精神活动过程是在主体与客体相互作用过程中，由于边际异化信息迭代的经验作用，所有的边际异化信息将形成新的联系，这就是精神活动的本质。在精神活动过程中，边际异化信息形成的新的联系，不仅可以产生新的边际异化信息，而且当这些边际异化信息还原为所指代的意义时，不仅是对现实的极为客观的认识，也可能创造出现实还没有实现的愿景，还可能改变知识结构模式，这一切构成了精神价值活动的现实过程，亦即在思维层次上实现的非物质价值。

物质价值和非物质价值可以构成两类最为基本的价值形态，在此，精神价值是作为非物质价值的高级形式而从属于非物质价值。由于精神价值具有主观性，所以，物质价值、非物质价值和精神价值也可以构成三类最为基本的价值形态。

价值哲学总是关注关于人的价值、社会的价值等方面的问题。其实，人的价值与社会价值是统一的。人是社会中的人，社会中的人就一定要经历社会化过程，经过社会化的人又在社会中活动，所以，人只能属于社会，否则，人不能以人的方式来行动，诸如脱离了社会的狼孩、熊孩、豹孩，虽然具有人的形体，却不是真正意义上的人。这样，就可以用社会价值来研究人的价值、社会价值等问题。

就社会价值的活动性质而言，并不是基本的价值形态，只能是三种基本价值形态的综合。社会领域既有物质价值活动，也有非物质价值活动，还有精神价值活动，并且，这三种价值形态的活动在社会领域中总是内在的综合统一。无论是认识活动，还是实践活动，无论是人与人的相互作用，还是人与自然、社会与自然的相互作用，都是这三种基本价值形态交织综合、有机统一的结果。从三种基本价值形态和综合的价值形态出发，可以对价值问题进行广泛性和复杂性的研究，诸多价值问题需要在价值哲学中详尽研究。

第二十一章　现实社会与虚拟社会的价值冲突

当人类进入信息时代，虚拟社会闯入了人类生活，或者说，人的精神活动有了更为广阔的空间，这必然导致现实社会与虚拟社会的价值冲突，虚拟社会在社会系统演化过程中起到了重要的作用。

一、人的异化价值

现实文明由那些非宇宙系统自然演化所造的物质文明和精神文明构成。物质文明由物质构成，精神文明由伦理道德、价值体系等等构成。社会独立于个人而存在，社会系统演化在两个维度上进行，一个是物质文明维度，一个是精神文明维度。社会系统演化过程中，人既是社会作用的对象，也是在社会赖以存在的载体，还是社会发展的工具。随着社会系统演化，人作为社会作用的对象，社会对人的异化作用越来越大，劳动和工具对行为的异化，这种异化使得人的行为活动逐渐远离祖先的那种先天预成的行为模式，人的行为模式在劳动和工具的使用不断地被塑造；价值体系对心理的异化，也使得人的心理活动越来越远离祖先的那种先天预成的心理模式，人的心理模式在价值体系变迁过程中不断地被塑造。值得注意的是，人作为社会作用的对象，与社会的作用是相互的，就是在社会作用于人的同时，人也同样地作用于社会，亦即对社会作用于人的所有边际异化信息迭代，只是由于边际异化信息迭代的特点，不仅仅是价值体系作用于人的边际异化信息，还有人与人之间相互作用的边际异化信息，这样，关于价值体系的边际异化信息迭代就是对价值体系的重建。这里包含着一个极具重要的因素，就是在社会系统演化过程中，由于工具的不断进步，大大改变了人与人之间相互联系的方式，这使得边际异化信息迭代对社会的作用不断的发生变化，不论是人的系统，还是社会系统，都是在边际异化信息迭代的过程中演化的，边际异化信息迭代在人的系统和社会系统演化中实现自己的价值。

工具进步导致了人与人关系的变化，进而通过边际异化信息迭代，导致了价值体系的变化。在农业经济时代，在较低的水平上使用工具，不可能有远程信息处理工具，决定了一家一户的生产方式，以及自给自足的经济体制和集权的君主制度，同时，一元化的价值体系维护的是君主与封建的"家长"的利益，人与人之间的关系只能在等级制度框架内进行；在工业经济时代，实现了大机器的工业化生产，并且出现了电报、电话等远程信息处理工具，决定了社会化的生产方式，以及规模化、同步化的经济制度和高度集权化国家统治，组织形式的特点从上至下，同时，二元化的价值体系维护的是与大生产相适应的社会利益，人与人之间的关系依据对错标准维系；到了知识经济时代，由于计算机网络化技术的发展，不仅有了全新的信息处理、创制和传播方式，决定了自动化的生产方式，以及平等、开放的经济制度和非权威的国家统治，组织形式的特点是从下至上，同时，多元化的价值体系维护的是绝大多数人的利益，对个人权利有了前所未有的尊重，不仅如此，互联网络为精神活动搭建了新的平台，在拓展精神活动空间的同时，虚拟社会对心理和行为的异化越来越大，这意味着边际异化信息迭代中的边际异化信息已经超越了空间距离的限制，网瘾已经成为严重的社会问题。

社会系统演化过程中，人无论是作为社会作用的对象，还是作为社会赖以存在的载体，还是作为社会发展的工具，其价值体现在边际异化信息迭代的过程中的不同方面。作为对象的价值，社会只有对人才能发挥其作用；作为载体的价值，没有人的存在，就不可能有社会的存在；作为工具的价值，没有人进行边际异化信息迭代，就不可能实现现实文明的发展。

二、虚拟社会与现实社会的价值冲突

国际互联网导致了虚拟社会的诞生，一个完全由语言符号和符号建构的社会，并且可以全方位的作用于人的感觉器官。工具的使用拓展了感觉器官的功能，那些用感觉器官无法获得的信息，可以通过工具进入感觉的阈限；语言符号可以使边际异化信息迭代在思维层次上进行，或者说，最初语言符号的建立就是边际异化信息迭代的经验作用结果，将那些具有抽象意义的特征用符号表达出来，而后，这种特征便以符号的形式表示；互联网络延展了精神活动的空间，为精神活动和心理活动提供了各种可能的模式和机会，甚至可以说，虚拟社会是外化的精神和心理世界，都由语言符号和符号构成，唯有不同的就是虚拟社会的语言符号和符号之间的联系是人编排设计的，而精神世界中的语言符号和符号之间的联系是边际异化信息迭代过程的异化作用和经验作用的结果，并且不断地形成新的联系。由于虚拟社会不仅是现实社会的符号化，而且还拓展了现实社会的功能，那些在现实社会不可能的事情，在虚拟社会可以轻而易举地实现，实际上就是建立了一个由非物质——信息构成的世界。由于虚拟社会与精神世界具有同样的存在形式，即都是用语言符号和符号搭建的世界，这样，它们之间的相互作用更加容易，不仅如此，虚拟社会是为精神活动提供服务的空间，边际异化信息迭代可以在虚拟社会和精神活动之间进行。这似乎是自然而然的事情，虚拟社会完全由语言符号和符号构成，对于虚拟社会的任何语言符号和符号构成的模式，它们的边际异化信息可以直接嵌入边际异化信息迭代过程，这样的嵌入过程也就是将边际信息迭代拓展到了虚拟社会，甚至分不清边际异化信息迭代在大脑中进行的，还是在虚拟社会中进行的。值得注意的是，边际异化信息迭代过程也是虚拟社会对人的异化过程，只不过这种异化发生在精神和心理层面，虚拟社会可以完全对人的精神和心理异化。虚拟社会是由语言符号和符号建构的社会，同时，又被人的精神和心理掌控，完全颠覆了单向式、自上而下的集权控制的信息处理、创制和传播方式的诸多局限，形成了与传统文化和传统民主完全不同的网络文化和网络民主，必然导致相关行为和观念的价值矛盾和价值冲突。

就虚拟社会本身而言，它是由语言符号和符号建构的，是纯粹的非物质社会或非物质空间。从另一角度而言，语言符号和符号本身就是信息，一种名副其实的非物质存在。由于精神活动本身是非物质存在的最高形式，精神可以游走与虚拟社会和现实社会之间，同时，精神活动使得虚拟社会与现实社会得到了统一。人进入虚拟社会后，边际异化信息迭代无法区分边际异化信息来自于现实社会还是虚拟社会，更加有诱惑力的就是在边际异化信息迭代过程中获得的心理和精神满足。这样，价值矛盾和价值冲突深层次的根本原因就是来自于虚拟社会的满足和来自现实社会的不满足的冲突，所以，价值矛盾和价值冲突的冲突不是逻辑意义的冲突，而是心理感受的冲突。而且，心理感受永远遵循快乐原则，这就是网瘾形成的根本原因，也是虚拟社会高度异化的结果。也许虚拟社会存在的最大价值，就是可以抵达精神满足和心理满足的极限。

也许更为现实的就是虚拟社会对现实社会的影响。不仅虚拟社会由信息构成，现实社会也进入了信息时代。国际互联网络从根本上改变了人与人之间相互作用的方式，颠覆了传统的人际关系和人际关系交往准则，以及工业经济时代的国家集权体制。虚拟社会建构了人与人交往的超越时空的平台，消解了由权威机构主宰的由上至下的信息等级传播模式，为价值体系多元化发展提供了前提和可能。随着网络文化和网络民主的不断发展，由此引发的价值冲突也越来越尖锐，造成了网络生存方式与传统生存方式之间的价值冲突。与现实社会相比，虚拟社会具有虚拟、沉浸、角色异化和无限构造等特征，这些特征构成了全等的网络生存方式，颠覆了现实社会的生存方式、交往方式、生活方式和思维方式等，在这些方面都引发了价值冲突。

虚拟与真实之间的价值冲突是绝对的价值冲突，虚拟性是虚拟社会的基本存在方式。虚拟社会是人设计和建构的，人与人之间的关系依然不能脱离现实社会的那些关系，只是没有现实社会中的那些束缚，心理和行为可以完全可以获得解放和自由。由于虚拟社会是非物质构成的社会，必然不同于现实社会的感性和知性，但是，由于人总是通过感性直观获得对现实社会的认识，而且，从虚拟社会所获得的直观感受，在与通过感性直观获得的现实社会的情景类似的基础上，更具强烈刺激，很容易造成认知上的错觉和错位。对虚拟社会认同的那一刻，可能不再将虚拟社会与现实社会加以区分。虚拟性与实在性相混同就意味着虚拟社会与现实社会的混同，由此可以导致认知层面的理性混乱，不可避免地产生虚拟性与实在性之间的价值冲突。

三、自我与非我之间的价值冲突

自我与非我之间的价值冲突总是在不知不觉中发生，虚拟社会的存在方式，决定了虚拟社会中人与人交往方式的虚拟、沉浸、角色异化和无限构造等基本特征，在虚拟社会中派生出另一个自我，这使得迷恋于虚拟社会中的人具有与现实生活完全不同的另一种生存方式，这必然导致现实社会的自我和虚拟社会中的另一个自我之间的角色异化的价值冲突。

虚拟社会中的个体心理和行为没有任何约束，绝对自由，现实社会中的个体心理和行为要受到制度和法律的约束，这种没有任何约束和有约束之间的冲突，是虚拟社会与现实社会中的自我价值冲突的集中体现。在现实社会与虚拟社会的不同情景中，同一个人可以扮演截然不同的两种角色，这必然造成现实社会与虚拟社会中的角色异化和人性二重化的冲突。现实社会中的个体必须时刻承受各种不同的约束和压力，而虚拟社会不仅为个体价值的凸现提供了无限机会，而且还引导个体超越其现实社会中的角色地位。不仅如此，虚拟社会中的自我价值冲突还可能来自对角色的刻意营造，在虚拟社会可以将真实身份隐匿，以另外完全不同的身份与人交往，甚至可能以多重身份与人交往，而且不必承担任何责任，这就可能将人的多重性格不受约束的展示出来，必然造成角色的价值冲突。

虚拟社会正在改变现代人的生活，并且对心理健康产生越来越重要的影响。由于网络管理、网络规范发展的相对滞后等原因，虚拟社会可能引发心理障碍和心理疾病。网络成瘾与吸烟、酗酒和吸毒等成瘾行为极其相似，只是吸烟、酗酒和吸毒等成瘾行为依赖的是物质，网络成瘾行为依赖的是非物质，但是，它们对成瘾者作用的结果都是引起快乐吗啡，这必然引发心理上的价值冲突。当然，那些在现实社会受到约束的偷盗和多角恋爱等行为，在虚拟社会是那么自在的发生，心理价值冲突的结果可能造成严重的精神和心理创伤。